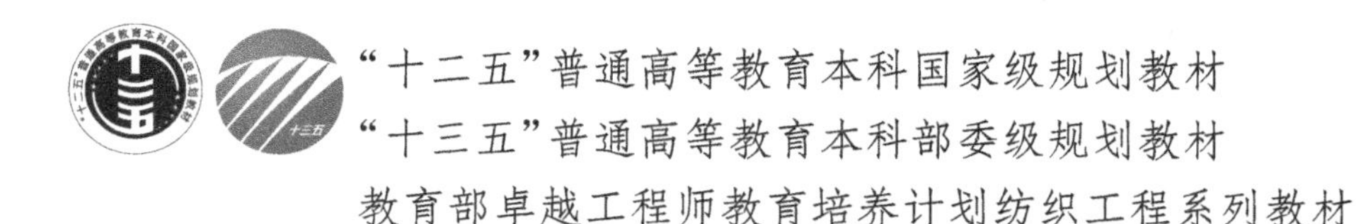

纺纱工程(下册)

(第3版)

谢春萍　苏旭中　王建坤　主编

国家一级出版社　中国纺织出版社　全国百佳图书出版单位

内 容 提 要

《纺纱工程(第3版)》分上、下两册。上册包括绪论、配棉与混棉、开清棉、梳棉、精梳、并条、粗纱、细纱、后加工、纺纱原理与工艺参数调节实验,共十章。系统介绍了纺纱基本原理,国产新型棉纺设备的机构特点、运动分析、工艺调节、优质高产的成熟经验,国外纺纱新技术的发展趋势,并对国产典型机械的传动和工艺计算、工艺调节做了介绍。纺纱原理与工艺参数调节实验主要包含每工序设备的结构、原理、传动系统、工艺参数调节等内容。

下册包括纱线质量控制、纺纱工艺设计、纱线产品开发、上机试纺实验,共四章。系统介绍和分析了纱线生产全过程中的质量控制问题,纱线工艺设计的一般原则、方法、步骤和典型产品的工艺设计,纱线产品开发的原则、方法、步骤。实验主要包含产品工艺设计,工艺参数变换并实施工艺上车,测试、分析半制品质量,纱线的质量评定等内容。

《纺纱工程(第3版)》可作为高等纺织院校纺织工程专业的教材,也可作为纺织企业工程技术人员和科研人员的参考书。

图书在版编目(CIP)数据

纺纱工程. 下/谢春萍,苏旭中,王建坤主编. --3版. --北京:中国纺织出版社,2019.8 (2023.1重印)
"十二五"普通高等教育本科国家级规划教材 "十三五"普通高等教育本科部委级规划教材 教育部卓越工程师教育培养计划纺织工程系列教材
ISBN 978-7-5180-5898-3

Ⅰ.①纺… Ⅱ.①谢… ②苏… ③王… Ⅲ.①纺纱工艺—高等学校—教材 Ⅳ.①TS104.2

中国版本图书馆CIP数据核字(2019)第004849号

策划编辑:沈 靖 孔会云 责任编辑:李泽华
责任校对:寇晨晨 责任印制:何 建

中国纺织出版社出版发行
地址:北京市朝阳区百子湾东里A407号楼 邮政编码:100124
销售电话:010—67004422 传真:010—87155801
http://www.c-textilep.com
中国纺织出版社天猫旗舰店
官方微博 http://weibo.com/2119887771
北京虎彩文化传播有限公司印刷 各地新华书店经销
2012年11月第1版 2019年8月第3版 2023年1月第5次印刷
开本:787×1092 1/16 印张:15.75 插页:1
字数:350千字 定价:68.00元

第3版前言

《纺纱工程(第2版)》是由教育部确定的“十二五”普通高等教育本科国家级规划教材,第3版在第2版的基础上修订,是中国纺织服装教育学会确定的“十三五”普通高等教育本科部委级规划教材。

为了适应新形势下纺织产业的发展和教育部“十二五”期间重点实施的“卓越工程师”培养计划的需求,纺织工程专业对学生的培养模式和教学方法进行了较大改革。“纺纱工程”作为纺织工程专业的平台课和专业课,在理论和实践教学方面也同步做出了较大改革。力求将理论和实践教学相融合,突出对学生工程能力的训练。

上册的关键点是:在讲清楚各工序设备结构、工艺原理的基础上,重点分析工艺参数的调节和调节后的影响,与后面学生上机进行工艺参数调节的试验内容相呼应。

下册的关键点是:如何控制纱线质量、如何进行纱线工艺设计、如何进行纱线品种开发。教学重点与学生制订详细工艺设计、进行工艺上车试纺、进行半制品和成品质量分析与评定的试验内容相呼应,将对学生工程能力的训练落到实处。

本书由江南大学联合天津工业大学等多所纺织类高等院校编写。编写前组织参编院校的教师对编写大纲进行了认真讨论,在重大内容改革方面达成共识,确定了编写大纲。

上册编写的具体分工如下:第一章,谢春萍、苏旭中;第二章,谢春萍、刘新金;第三章,吴敏、苏旭中;第四章,徐伯俊、苏旭中;第五章,谢春萍、任家智;第六章,李旭明;第七章,王建坤、张淑洁;第八章,王建坤、苏旭中、张美玲;第九章,谢春萍、喻红芹;第十章,赵博、谢春萍。

下册编写的具体分工如下:第一章,王建坤、李凤艳;第二章,赵博、苏旭中、谢春萍;第三章,苏旭中、吴敏、喻红芹;第四章,谢春萍、赵博、苏旭中。

全书由谢春萍、苏旭中统稿,由谢春萍进行审定。

由于编者水平有限,书中难免存在缺点和不足,敬请读者批评指正。

谢春萍
2018年11月

第1版前言

本书是由中国纺织服装教育学会确定的“十二五”部委级规划教材。

为了适应新形势下纺织产业的发展和教育部“十二五”期间重点实施的“卓越工程师”培养计划的需求，纺织工程专业的培养模式和教学方法进行了较大的改革。“纺纱工程”作为纺织工程专业的平台课程和专业课程理论和实践教学方面也同步做出了较大的改革，力求将理论和实践相融合，突出对学生工程能力的训练。

上册的关键点是：在讲述各工序设备结构、工艺原理基础上，重点分析工艺参数的调节及其影响，与后面学生上机进行工艺参数调节的试验内容相呼应。

下册的关键点是：如何控制纱线质量、如何进行纱线工艺设计、如何进行纱线品种开发。教学重点与学生制定详细工艺设计、进行工艺上车试纺、半制品和成品质量分析与评定的试验内容相呼应，将对学生工程能力的训练落到实处。

本书由江南大学联合天津工业大学等多所纺织类高校编著。编写前，参编院校的教师对编写大纲进行了认真讨论，在重大内容改革方面达成共识，制订了编写大纲。

上册编写的具体分工如下：第一章谢春萍，第二章谢春萍、刘新金，第三章吴敏，第四章徐伯俊，第五章谢春萍，第六章李旭明，第七章王建坤、张淑洁，第八章王建坤、张美玲，第九章谢春萍、喻红芹，第十章赵博、谢春萍。

下册编写的具体分工如下：第一章王建坤、李凤艳，第二章赵博、谢春萍，第三章吴敏、喻红芹，第四章谢春萍、赵博。

全书由谢春萍、徐伯俊和吴敏统稿，并由高卫东初审，谢春萍最后定稿。

由于编者水平有限，书中难免存在不少缺点和错误，敬请读者批评指正。

谢春萍

2012年6月

第2版前言

本书是由中国纺织服装教育学会确定的“十二五”部委级规划教材。

为了适应新形势下纺织产业的发展和教育部“十二五”期间重点实施的“卓越工程师”培养计划的需求,纺织工程专业的培养模式和教学方法进行了较大的改革。“纺纱工程”作为纺织工程专业的平台课程和专业课程理论和实践教学方面也同步做出了较大的改革,力求将理论和实践相融合,突出对学生工程能力的训练。

上册的关键点是:在讲述各工序设备结构、工艺原理基础上,重点分析工艺参数的调节及其影响,与后面学生上机进行工艺参数调节的试验内容相呼应。

下册的关键点是:如何控制纱线质量、如何进行纱线工艺设计、如何进行纱线品种开发。教学重点与学生制定详细工艺设计、进行工艺上车试纺、半制品和成品质量分析与评定的试验内容相呼应,将对学生工程能力的训练落到实处。

本书由江南大学联合天津工业大学等多所纺织类高校编著。编写前,参编院校的教师对编写大纲进行了认真讨论,在重大内容改革方面达成共识,制订了编写大纲。

上册编写的具体分工如下:第一章谢春萍,第二章谢春萍、刘新金,第三章吴敏,第四章徐伯俊,第五章谢春萍,第六章李旭明,第七章王建坤、张淑洁,第八章王建坤、张美玲,第九章谢春萍、喻红芹,第十章赵博、谢春萍。

下册编写的具体分工如下:第一章王建坤、李凤艳,第二章赵博、谢春萍,第三章吴敏、喻红芹,第四章谢春萍、赵博。

全书由谢春萍、徐伯俊和吴敏统稿,并由高卫东初审,谢春萍最后定稿。

由于编者水平有限,书中难免存在不少缺点和错误,敬请读者批评指正。

谢春萍

2015年6月

目录

第一章　纱线质量控制

本章知识点

1. 纱线质量标准的种类和内容。
2. 纱线均匀度的指标、影响因素及提高纱线均匀度的措施。
3. 纱线强力的指标、影响因素及提高纱线强力的措施。
4. 纱线棉结杂质的种类、影响因素及减少纱线棉结杂质的措施。
5. 纱线毛羽的指标、测试、形成原因及减少纱线毛羽的措施。

第一节　纱线质量标准

一、国家标准

国家标准是指对全国经济、技术发展有重大意义而必须在全国范围内统一的标准。强制性国家标准代号为GB，推荐性国家标准代号为GB/T，最后四位数表示标准制定的年份。例如，GB 398—1978《棉本色纱线》为1978年制定的强制性国家标准；GB/T 398—1993《棉本色纱线》为1993年制定的推荐性国家标准。本白棉纱的检验分等，一般按国家技术监督局发布的GB/T 398—2008执行。有关棉纱质量的国家标准见表1-1。

表1-1　棉纱质量国家标准

国家标准编号	国家标准名称
GB/T 398—2008	棉本色纱线
GB/T 5324—2009	精梳涤棉混纺本色纱线
GB/T 9996.1—2008	棉及化纤纯纺、混纺纱线外观质量黑板检验方法　第1部分　综合评定法
GB/T 9996.2—2008	棉及化纤纯纺、混纺纱线外观质量黑板检验方法　第2部分　分别评定法
GB/T 24125—2009	不锈钢纤维与棉涤混纺本色纱线
GB/T 3292.1—2008	纺织品　纱线条干不匀试验方法　第1部分　电容法
GB/T 3916—2013	纺织品　卷装纱　单根纱线断裂强力和断裂伸长率的测定

(一)棉纱分等规定

(1)棉纱线规定以同品种一昼夜三个班的生产量为一批,按规定的试验周期和各项试验方法进行试验,并按其结果评定棉纱线的品等。

(2)棉纱线的品等分为优等、一等、二等、三等,低于二等指标者为三等。

(3)棉纱的品等由单纱断裂强力变异系数、百米重量变异系数、条干均匀度、1g 内棉结粒数及 1g 内棉结杂质总粒数评定。当五项的品等不同时,按五项中最低的一项品等评定。

(4)棉线的品等由单线断裂强力变异系数、百米重量变异系数、1g 内棉结粒数及 1g 内棉结杂质总粒数评定。当四项的品等不同时,按四项中最低的一项品等评定。

(5)单纱(线)的断裂强度或百米重量偏差超出允许范围时,在单纱(线)断裂强力变异系数和百米重量变异系数原评等的基础上顺降一等处理。如两项都超出范围时,亦只顺降一次,降至二等为止。

(6)优等棉纱另加十万米纱疵一项作为分等指标。

(7)检验条干均匀度可以由生产厂选用黑板条干均匀度或条干均匀度变异系数两者中的任何一种。但一经确定,不得任意变更。发生质量争议时,以条干均匀度变异系数为准。

(二)棉纱技术要求

棉纱的技术要求包括对普梳棉纱、精梳棉纱、梳棉股线、精梳棉股线、梳棉织布起绒用纱、精梳棉织布起绒用纱的要求详见棉纺手册第五篇第二章。

二、行业标准

行业标准是指全国性的各行业范围内统一的标准,共有 57 个行业标准代号。强制性行业标准代号为 × ×,推荐性行业标准代号为 × ×/T。例如,纺织行业标准代号为 FZ,轻工行业标准代号为 QB,机械行业标准代号为 JB,邮政行业标准代号为 YZ 等。FZ/T 10007—2008《棉及化纤纯纺、混纺本色纱线检验规则》为推荐性纺织行业标准。有关棉纱质量的行业标准见表 1-2。

表 1-2 棉纱质量行业标准

行业标准编号	行业标准名称
FZ/T 10007—2008	棉及化纤纯纺、混纺本色纱线检验规则
FZ/T 71005—2014	针织用棉本色纱
FZ/T 12016—2014	涤与棉混纺色纺纱
FZ/T 12014—2014	针织用棉色纺纱
FZ/T 12015—2016	精梳天然彩色棉纱线
FZ/T 12011—2014	棉腈混纺本色纱线
FZ/T 12005—2011	普梳涤与棉混纺本色纱线
FZ/T 12006—2011	精梳棉涤混纺本色纱线

三、企业标准

企业标准代号一律在行业标准代号××前加Q，并在Q前加省、市、自治区的简称汉字，以区别各地方的企业标准。如山东、江苏、上海的纺织企业标准代号分别为鲁Q/FZ、苏Q/FZ、沪Q/FZ。

下列情况必须制定企业标准。

(1)凡是没有国家标准、行业标准的，都必须制订企业标准，作为衡量本行业、本地区或本企业产品质量的技术依据。

(2)已有国家标准、行业标准的，为了保证国家标准、行业标准的贯彻实施，赶超先进水平和满足使用需要，可制订比国家标准、行业标准水平更高的企业标准，作为本行业、本地区或本企业衡量产品质量好坏的技术依据。

(3)新产品经过试验研究和投产鉴定转为正式生产的产品时，如还不宜制定国家标准、行业标准的，必须制定相应的企业标准。

纱线可作为纺纱厂的产品，供机织厂、针织厂加工，又可作为工厂内的半成品。为了在企业内部和企业之间对纱线品质进行考核和验收，国家主管部门曾批准和颁布各种纱线的品质指标。纱线品质标准的内容，一般包括技术条件、评定纱线等级的规定、试验方法、包装和标志以及验收规定等。在品质标准中，评定纱线等级的根据是物理指标和外观疵点，不过对于不同种类和不同用途的纱线，考核的具体项目不同。

四、乌斯特(Uster)统计值

作为售纱和企业下道工序输入的半制品，本白棉纱的检验分等一般按国家技术监督局发布的GB/T 398—2008执行。由于未再制定新的标准，因此，国内多数厂家只用此标准评定纱线等级，而更多用乌斯特公报来衡量纱线质量。

(一)Uster统计值

Uster统计值是由瑞士乌斯特公司于1957年命名，其目的是使用户能掌握仪器所测试的数据代表的水平，并且每隔几年就要更新一次。统计值是从世界各地取样，在乌斯特公司的试验室中进行测试，并用统计方法将试验结果的数据进行整理，根据达到某水平的试样占取样总数的比例，划分为5%、25%、50%、75%、95%五档水平，其中5%为最好水平，50%为中位水平，95%为最差水平。当然，5%水平可能意味着成本高、价格高，而95%水平也可能代表非常有吸引力的价格，而且能满足某些特定市场的需要。因此，一个好的纺纱厂应尽可能用便宜的原料生产出质量能满足用户要求的纱线。

Uster统计值用五根等宽的百分位线表示五档水平，纵坐标表示纱线质量指标，横坐标可以是纤维的长度(mm)、纺纱过程的工序(AFIS试验)、成纱的线密度、偶发性纱疵或异性纤维的分级等。图1-1(a)表示环锭纺纯棉普梳针织管纱条干不匀率的2007年统计值，采用双对数坐标，横坐标是成纱的线密度，用公制支数为基本单位，并有对应折算的英制支数和特数，纵坐标为条干不匀率。图1-1(b)为该统计值的取样来源分布图，Uster2007的所有试样获取的地区分布为亚洲和大洋洲占51%，欧洲占20%，美洲占17%，非洲占12%。

通过Uster统计值可以发现纱线质量的发展趋势、纱线测试技术的进步以及纺纱技术的

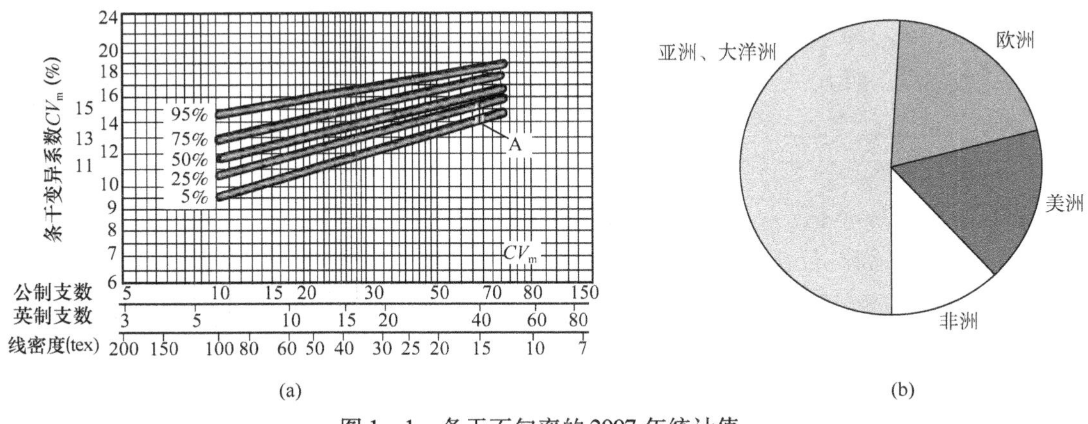

(a)　(b)

图 1-1　条干不匀率的 2007 年统计值

发展。

1. 纱线质量的发展趋势　以图 1-2 所示的 29.5tex(20 英支)普梳棉纱和 9.8tex(60 英支)精梳棉纱统计值的 50% 水平为例,从结果可以看到,50 年来世界纱线的条干均匀度总的趋势是不断改善的。

在 20 世纪 70 年代,由于设备加速,纱线的条干均匀度曾有恶化的趋向。但随着新设备与新技术的采用,棉纱的条干均匀度又不断恢复,到 2001 年统计值将针织纱与机织纱分开统计,反映出针织纱的条干均匀度要求高,所以统计值也比机织纱好。

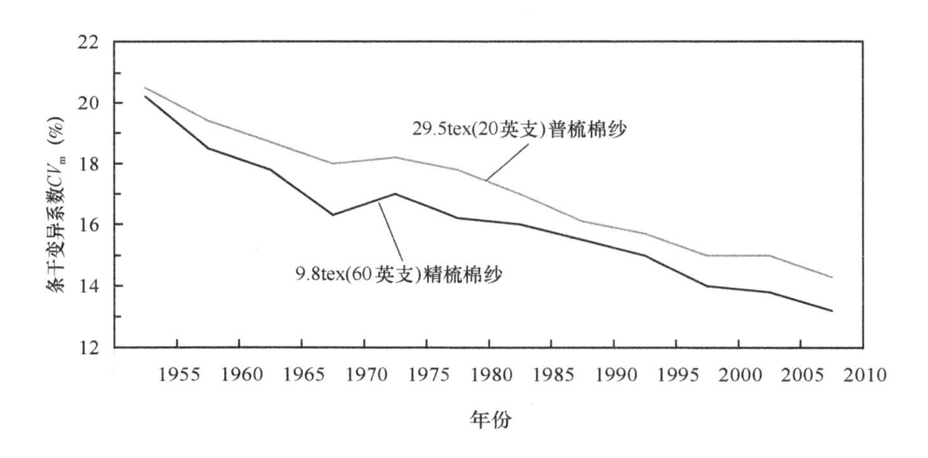

图 1-2　纱线条干变异系数变化

众所周知,相对于其他质量指标而言,条干与纺纱生产的工艺和管理关系更加密切。纺纱企业要密切关注其变化趋势,采取相应措施,控制该指标,提高纱线质量水平。

2. 纱线测试技术的进步　1989 ~ 2007 年,乌斯特的四次统计结果有关成纱质量指标的内容不断地在发生变化(表 1-3)。

2001 年统计值仅对纯棉和棉混纺产品做偶发性纱疵的分级,2007 年统计值仅对环锭纺纯棉和涤棉混纺产品做异性纤维分级。

表 1-3　近 20 年的四次统计值内容变化

发布年份		1989	1997	2001	2007
统计图数量（棉纺/毛纺）		280(205/75)	382(333/49)	745(655/90)	1239(1068/17)(1)
棉纤维检验		—	HVI,AFIS	HVI,AFIS	HVI,AFIS
前纺各工序纤维检验		—	AFIS	AFIS	AFIS
纤维质量与成纱支数		—	AFIS,HVI	—	AFIS
条子质量		经验值	CV,CV(100m)	CV_m,CV_m(100m)	CV_m,CV_m(100m)
粗纱质量		经验值	—	CV_{cb},CV_m,CV_m(3m)	CV_{cb},CV_m,CV_m(3m)
成纱质量	管间线密度变异	CV_t	CV_b	CV_{cb}	CV_{cb}
成纱质量	条干均匀度	U,CV,CV_b,I,CV(L)	U,CV,CV_b	CV_m，CV_{mb}	CV_m，CV_{mb}
成纱质量	细节、粗节、棉结（个/km）	设定水平：-50%，+50%，+200%（+280%）	设定水平：-50%，+50%，+200%（+280%）	两档设定水平：-50%，+50%，+200%（+280%），-40%，+35%，+140%（+200%）	两档设定水平：-50%，+50%，+200%（+280%），-40%，+35%，+140%（+200%）
成纱质量	毛羽	H,S_H,CV_b	H,S_H,CV_b	H,S_H,CV_{Hb}	H,S_H,CV_{Hb}
成纱质量	直径变异			CV_d	CV_d
成纱质量	截面形状			Shape(d_S/d_L)	Shape(d_S/d_L)
成纱质量	密度			Density(g/cm^3)	Density(g/cm^3)
成纱质量	杂质（>500μm）			Trash(个/km)	Trash(个/km)
成纱质量	微尘（<500μm）			Dust(个/km)	Dust(个/km)
成纱质量	断裂强力 断裂强度及变异系数 断裂伸长及变异系数 断裂功及变异系数	CRL20s CRE20s CRE5m/min	CRE5m/min CRE400m/min $F_{p=0.1\%}$ $\delta_{p=0.1\%}$	CRE5m/min CRE400m/min $F_{Hp=0.1}$ $\delta_{Hp=0.1}$	CRE5m/min CRE400m/min $F_{Hp=0.1}$,$\delta_{Hp=0.1}$ $F_{Hp=0.01}$,$\delta_{Hp=0.01}$
成纱质量	偶发性纱疵（个/100km）	5%,25%~75%,95%	5%,25%~75%,95%	5%,25%~75%,95%	5%,25%~75%,95% 异性纤维分级(27 级)：5%,25%~75%,95%

注　1. 生条、熟条和精梳条的统计值，自 1989 年以后皆为在线检测数据。

2. 截面形状指测出纱的短直径 d_S 与长直径 d_L 的比值，恒小于 1。

2001 年统计值开始有断裂强力指标。

2007 年统计值环锭纺纯棉筒纱拉伸试验 400m/min 时，新增 $F_{Hp}=0.01$ 弱环强力和 $\delta_{Hp}=0.01$ 弱环伸长的统计值。其中：$F_{Hp}=0.01$ 表示全部试样中 0.01% 个试样的强力值低于此值；$\delta_{Hp}=0.01$ 表示全部试样中 0.01% 个试样的伸长率低于此值。

由表 1－3 可知：

（1）统计的纱线品种不断增加。由于新仪器新功能的不断开发，2007 年的质量指标数最多的品种数已达 34 项。统计值图数量成倍增加，更能反映出不同工艺纱线质量数据的差别，提高了统计值与生产中质量数据的可比性和实用价值。

（2）由于 HVI 和 AFIS 的开发与应用，统计值反映了从棉纤维到成纱全过程的纤维质量数据与水平，便于及时调整工艺和掌握有关纤维与成纱质量的关系。

（3）纱线条干均匀度仪不断升级换代，功能不断扩展，增加了毛羽、直径变异、密度、表面尘杂等的检测，可对纱线内在的质量分布不匀和外观的形态与疵点两方面测试的结果综合起来评定纱线的条干水平；此外，如加装专家分析系统，可以对周期性不匀等疵点进行智能化分析，帮助找出机械或工艺上的缺陷。最新的 UTS 型条干仪还能检测纱线表面的异性纤维和测试花式纱的功能。

（4）随着世界纺纱技术的进步，纱线质量水平不断提高，频发性纱疵相应降低。2001 年起统计值对频发性纱疵灵敏度的设定分成两档作统计，新增的一档灵敏度提高了设定水平，为加强对频发性纱疵的控制提供了新的比照依据，有利于进一步促进频发性纱疵的降低。

（5）纱线拉伸试验的原理由 CRL 转向 CRE，拉伸速率由 20s 定时提高到 5m/min，以至达到高速拉伸 400m/min。此外，增设了弱环强力和伸长的指标，试样数量也相应增大，使纱线强力试验的结果更能预测纱线在后加工中的性能。

（6）新型电子清纱器已具有异性纤维检测功能，相应的纱疵分级仪也兼有偶发性纱疵和异性纤维的检测分级功能。2007 年统计值同时提供了纱疵分级和异性纤维分级的统计值，为加强偶发性纱疵和异性纤维的控制提供了参照依据。

（7）在线检测技术将进一步发展。由于在线检测具有能对产品全部检验、信息量大、反应及时、完全自动化的优点，今后在线检测技术将会进一步发展。

3. 纺纱技术的发展 随着新的纺纱技术的不断发展，乌斯特公报中也出现了这些新型纱线的质量统计结果，如紧密纺纱线、转杯纺纱线、包芯纱、喷气纱等，这就为纺纱新技术的采用提供了有用的信息。

（二）Uster 统计值的应用

1. 使用 Uster 统计值分析纱线质量的注意事项 纺纱厂用产品测试的质量数据与统计值进行对比时，必须重视测试条件（测试仪器、试样准备与试验环境、试验方法）的一致性。所用的测试仪器应由乌斯特公司生产，且在维护正常的条件下进行试验；试样必须按标准规定进行调湿或须先经预调湿处理，并在标准大气条件下进行试验；试验所采用的试样尺寸、测试速度等参数要一致。

2007 年统计值测试时，各测试项目的试验条件和每次试样数量如下。

（1）条干均匀度、频发性纱疵、毛羽、尘杂、直径变异试验。用 UT4 型条干仪，分别配 CS、OH、OI、OM 传感器；测试速率为 400m/min，测试时间为 2.5min；每次取 10 个卷装，每卷装测 1 个试样。

（2）支数变异试验。用 UT4 型条干仪配 FA 传感器，结合条干试验同步进行。

（3）拉伸试验。用 USTER TENSORAPID4 型强力仪，测试速率为 5m/min，每次取 10 个卷装，每个卷装测 20 个试样；用 USTER TENSOJET4 型强力仪，测试速率为 400m/min，每次取 10 个卷装，每个卷装测 1000 个试样；当测 $F_{Hp}=0.01$、$\delta_{Hp}=0.01$ 指标时，则每个卷装测 10000 个试样。

（4）偶发性纱疵与异纤分级试验。用 USTER CLASSIMAT QUANTUM 纱疵分级仪，取未经清纱的管纱或筒纱，每次试验总长度不少于 100km。

2. Uster 统计值的应用

（1）用测试结果的数据与统计值百分位线直接进行对比。将测试结果用一个线段直接汇制在统计图上，根据该线段落在的位置是在统计值百分位线的哪个区域，以评定其质量水平。

（2）将统计值解读成数字表作对比。使用单位常愿意将统计值图解读成数字表，用试验结果的数据直接进行对比。对于一般试验人员，这种方法简便而准确。2007 年统计值的百分位线已全部都是直线形的，因此可以用计算的方法求得其系列的数值。

求解方法为：先从直线的统计值百分位线两端各选定一点有 X 轴坐标刻度线处，再认真读准其 Y 轴上的质量坐标值，即得到该两个选定点的 X 轴、Y 轴坐标值。根据二元一次方程式，可写出百分线上沿或下沿的直线方程，从而可准确地计算出任意线密度纱线的相应质量指标数值。要注意的是统计值图为双对数坐标，而我们最终要求得的结果是真数值，在计算中要进行真数与对数的换算。实际上，可采用计算机编程计算，一次即可得到某一水平的各档常用线密度品种的统计值。

（3）从统计图上直接读取统计值或由测试仪器的报告中提供测试结果的水平。随着计算机软件技术的开发，今后的统计值应是在计算机上点击百分位数，就能显示出所选位置的统计值数值；或将统计值内置在测试仪器内，在打印测试报告中，直接提供测试结果相当于统计值的水平。

（三）Uster2007 年公报

1. Uster2007 统计公报　Uster2007 统计公报继续将机织纱和针织纱区别开来。机织纱和针织纱之间的界限用捻系数来区分。精梳棉纱的捻系数 $\alpha_e=3.7$（$\alpha_m=112$），普梳棉纱的捻系数 $\alpha_e=3.9$（$\alpha_m=119$）。捻系数小于上述两个值的纱线列为针织纱。

2. 采用新的纱线质量指标

（1）USTER TESTER4 测试仪新增 2 个光学传感器，即 OM 和 OI 传感器，可测出纱线直径变异、纱线横截面形状、纱线密度以及纱线中微尘和杂质颗粒的数量。

（2）随着纱线质量不匀的改善，在中支和粗支的精梳纯棉纱线中已找不到纱疵，因此，相对于之前的频发性疵点界限（细节 −50%，粗节 +50%，棉结 +200%），Uster2007 统计公报采用新的界限定义，即细节 −40%，粗节 +35%，棉结 +140%。气流纺和喷气纺的纱线棉结定义为

+200%。

(3)如今,质量性能变异越来越多地使用变异系数 CV 值来表示,因此,Uster2007 统计公报中不再使用不匀率 U。在正态分布下质量变异系数可用公式 $CV=1.25U$ 来转换。

第二节　纱线均匀度及控制

纱线均匀度从广义上划分,包括纱线粗细不匀、混合不匀、强力不匀、伸长不匀、捻度不匀和染色不匀等,其中,纱线的粗细不匀反映纱线的不同片段长度间的重量差异程度,粗细不匀率大,往往会导致纱线粗、细段强力差异增加,使强力不匀增大;并且由于纱线粗、细段的抗扭刚度存在差异,粗段抗扭刚度大,加捻少,细段抗扭刚度小,加捻多,因此纱线的粗细不匀大,也会间接导致纱线的捻度不匀和伸长不匀增加。因此,纱线的粗细不匀为基本不匀,是反映成纱质量的重要标志,在纱线质量控制中,首先应重点控制纱线的粗细不匀。

本节所述的纱线均匀度主要指纱线的粗细不匀程度,包括重量不匀率和条干不匀率。

一、纱线均匀度的指标及组成

(一)纱线均匀度的分类

1. 按照测试片段长度分类　纱线条干不匀的数值通常与测试的片段长度有关。对于同一品种,纱线的条干不匀率通常是指重量不匀率,这是因为条干不匀率通常反映的是纱条 8mm 片段间的重量差异,而重量不匀率通常反映纱条 100m 长片段间的重量差异。因此,纱条均匀度可以按照测试片段长度分为短片段不匀、中片段不匀和长片段不匀。

(1)短片段不匀:指测试纱条片段长度为纤维平均长度的 1~10 倍。

(2)中片段不匀:指测试纱条片段长度为纤维平均长度的 10~100 倍。

(3)长片段不匀:指测试纱条片段长度为纤维平均长度的 100 倍以上。

值得注意的是,根据测试纱条的片段长度对纱条不匀进行分类时,并无绝对的界限。

2. 按照取样范围和方法分类　在评价纱条不匀时,可视具体的情况进行取样。例如,可测试某一管纱的不匀结果,也可测试某一机台、某一车间等所纺纱条的不匀。因此,纱条均匀度可以按照取样范围和方法进行分类,具体可分为内不匀、外不匀和总不匀。

(1)内不匀:指将某一片段的纱条内部分割成若干长度相等的小片段,则这些小片段之间的重量不匀,称为内不匀,也称片段内不匀。

(2)外不匀:指若干片段长度相等的纱条,测试纱条各片段之间的重量不匀,称为外不匀,也称片段间不匀。

(3)总不匀:指在测试片段长度相等的情况下,总不匀包括内不匀和外不匀。

需要注意,以上三种不匀的划分也无绝对的界限。例如,某一细纱机可同时生产 50 只管细纱,当测试该机台的不匀时,则每管纱的不匀可视为内不匀;当测试单只管纱的不匀时,则管纱的不匀可视为外不匀。

3. 按照产生原因分类

(1)随机不匀:由纱条中纤维的随机排列产生的纱条不匀,包括理想纱条的随机不匀和实际纱条的随机不匀。

(2)附加不匀:纺纱过程中因工艺配置不当和机械缺陷等因素引起的纱条不匀,包括牵伸不匀和机械不匀。牵伸不匀是在牵伸过程中,牵伸区对浮游纤维的运动控制不当而产生的非周期性不匀;机械不匀是在机械部件有缺陷时,如罗拉偏心、弯曲、传动齿轮不良等而引起的周期性不匀。

(3)偶发性不匀:指非正常因素发生时,如机械失效、挡车工操作不良、飞花附入及外界环境发生突变等造成的条干不匀。相对于上述附加不匀,偶发性不匀发生频率低。

(二)纱线均匀度的指标

1. 常用指标

(1)平均差系数:将纱线分割成等长的若干片段,平均差系数可由左密尔公式计算得到。

$$U = \frac{2(\overline{X} - X_{下})n_{下}}{n\overline{X}} \times 100\% \qquad (1-1)$$

式中:$\overline{X}$——所有测试样品重量的平均值;

$X_{下}$——小于 $\overline{X}$ 的所有试验数据的平均值;

n——测试样本总数;

$n_{下}$——小于 $\overline{X}$ 的所有试验数据的个数。

(2)均方差系数:均方差系数又称乌斯特条干均匀度变异系数,可由乌斯特条干均匀度仪测试得到。将纱线分割成等长的若干片段,均方差系数的计算公式为:

$$CV = \frac{1}{\overline{X}}\sqrt{\frac{\sum_{i=1}^{n}(X_i - \overline{X})^2}{n}} \times 100\% \qquad (1-2)$$

式中:$\overline{X}$——所有测试样品重量的平均值;

X_i——第 i 段等长纱条的重量值;

n——测试样本总数。

(3)极差系数:极差系数又称萨氏条干不匀,可由机械式条干均匀度仪测试得到,反映纱线测试片段长度内重量最大值与最小值之间的差异,适用于测试样本数量较少时使用。极差系数的计算公式为:

$$\eta = \frac{X_{max} - X_{min}}{\overline{X}} \times 100\% \qquad (1-3)$$

式中:$\overline{X}$——所有测试样品重量的平均值;

X_{max}——测试数据中最大值;

X_{min}——测试数据中最小值。

(4)黑板条干:黑板条干是评定纱线短片段条干不匀的感官检验指标,也是纺织企业日常测试条干的常用手段,适用于环锭纺机织、针织用普梳和精梳纯棉纱线、棉与化纤混纺纱线、化纤纯纺纱线以及化纤与化纤混纺纱线的外观质量品级的评定,也适用于气流纺纱线,但不适用于毛纺纱线。黑板条干的评级结果可分为优级板、一级板、二级板和三级板。

在评定黑板条干时,要按照如下规定进行。

①凡生产厂正常性评级,可由经考核后合格的检验员1~3人评级。

②凡属于验收和仲裁检验的评定,则应由三名合格的检验员独立评定,所评的成批等级应一致,如两名检验员结果一致,另一名检验员结果不一致时,应予审查协商,以求得一致同意的意见,否则再重新摇取该份试样进行检验。

③评级时以纱板的条干总均匀度与棉杂程度对比标准样照,作为评定等级的主要依据。对比结果:好于或等于优级样照(无大棉结)的按优级评定;好于或等于一级样照的按一级评定;差于一级样照的评为二级。

④严重疵点、阴阳板、一般规律性不匀评为二级;严重规律性不匀评为三级。

⑤一级纱的大棉结数由产品标准根据需要另作规定。

黑板条干是观察按规定要求卷绕在黑板上的纱线试样所获得的一项直观性结果,具有较大的主观性。

2. 其他指标 上述表示纱线均匀度的常用数学表达式仅能表述纱条不匀的平均水平,可比较和判断不同试样的纱条均匀度,但不能说明纱条不匀的结构特征,而纱条不匀的情况不同,会出现几种纱线的不匀率值相同,反映在布面上的疵点却完全不同的结果。例如,三种纱线的不匀率值相同,但是分别为短片段不匀、中片段不匀和长片段不匀,用这三种纱线进行织造后,所得布面分别会出现“菱形”疵病、无明显疵点、“横档”疵病。因此,还需要下列一些指标进行补充说明。

(1)千米疵点数(I. P. I):千米疵点数用于定量分析细纱中的常见疵点,即粗节、细节和棉结。表1-4为上述频发性纱疵各档灵敏度的定义及对成品质量的感官描述。

①粗节:指纱线直径超过平均值一定比例且长度在4mm以上的片段,一般分为四档:+35%、+50%、+70%、+100%。

②细节:指纱线直径低于平均值一定比例的片段,一般分为四档:-30%、-40%、-50%、-60%。

③棉结:表示纱线中折合长度为1mm且截面积超过设定界限的纱疵,一般分为四档:+140%、+200%、+280%、+400%。

表1-4 频发性纱疵各档灵敏度的定义及对成品质量的感官描述

纱疵	设定灵敏度	纱疵的定义	纱疵的描述
细节	-60%	细节处的截面等于或小于纱条平均截面的60%	严重细节(位于几米处的纱条黑板上能辨认出)
	-50%	细节处的截面等于或小于纱条平均截面的50%	较严重细节(位于1m处的纱条黑板上能辨认出)

续表

纱疵	设定灵敏度	纱疵的定义	纱疵的描述
细节	-40%	细节处的截面等于或小于纱条平均截面的40%	较小细节(位于短距离处的纱条黑板上能辨认出)
	-30%	细节处的截面等于或小于纱条平均截面的30%	很小细节(在纱条黑板上难以辨认出)
粗节	+100%	粗节处的截面等于或大于纱条平均截面的200%	严重粗节
	+70%	粗节处的截面等于或大于纱条平均截面的170%	较严重粗节(位于几米处的纱条黑板上能辨认出)
	+50%	粗节处的截面等于或大于纱条平均截面的150%	较小粗节(位于短距离处的纱条黑板上能辨认出)
	+35%	粗节处的截面等于或大于纱条平均截面的135%	很小粗节(在纱条黑板上难以辨认出)
棉结	+400%	棉结处的截面等于或大于纱条平均截面的500%	很大棉结
	+280%	棉结处的截面等于或大于纱条平均截面的380%	较大棉结(位于几米处的纱条黑板上能辨认出)
	+200%	棉结处的截面等于或大于纱条平均截面的300%	较小棉结(位于短距离处的纱条黑板上能辨认出)
	+140%	棉结处的截面等于或大于纱条平均截面的240%	很小棉结(位于近距离处的纱条黑板上才能辨认出)

(2)不匀曲线图:不匀曲线图又称直观图,直接记录了测试长度内纱条质量的变化,其形态如图1-3所示。横坐标为测试纱条的长度,纵坐标为纱条不匀变化的幅度。利用不匀曲线图可直观地看出纱条不匀的特征,如粗节、细节的变化规律、波长和振幅的大小等。

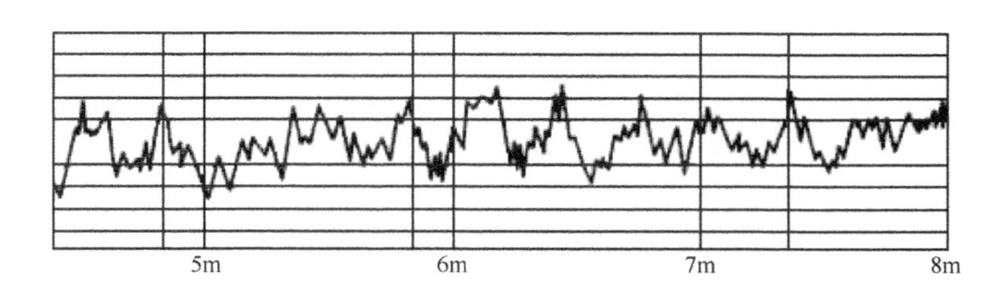

图1-3　不匀曲线图形态

(3)不匀波谱图:不匀波谱图又称条干周期性变异图,是对不匀曲线图上的非周期性函数进行分解所得,在频率域(或波长域)里表征纱条粗细不匀的状态,如图1-4所示。横坐标表示周期性变异不匀波长的对数，纵坐标表示变异的振幅。其中：A 为理想纱条的波谱图；B 为实际正常纱条的波谱图，由于实际生产的纱条中纤维没有完全伸直平行地排列，且还存在没有完全分离的纤维，因此其波谱图比理想波谱图的振幅高些；C 为因机械缺陷等引起的周期性不匀波谱图；D 为因牵伸工艺不良造成的不匀波谱图。可见，利用不匀波谱图可深入了解纱条不匀的性质，及时找出纺纱工艺或机械缺陷，估计它对织物外观的影响，对减少突发性纱疵有重要的指导作用。

(4)变异—长度曲线：变异—长度曲线是以纱条粗细不匀(CV)作为切断长度 L 的函数描绘得到的曲线。根据理论推导，理想的变异—长度曲线是一条倾角为 26.5°的直线，如图 1－5 所示。利用实测纱线的变异—长度曲线与理想曲线进行对比，可判断纱条的长片段不匀。如果实测曲线某处与理想曲线偏离较大，直线倾角较小，说明长片段不匀率偏高；反之，说明所测纱条的长片段不匀率较低。

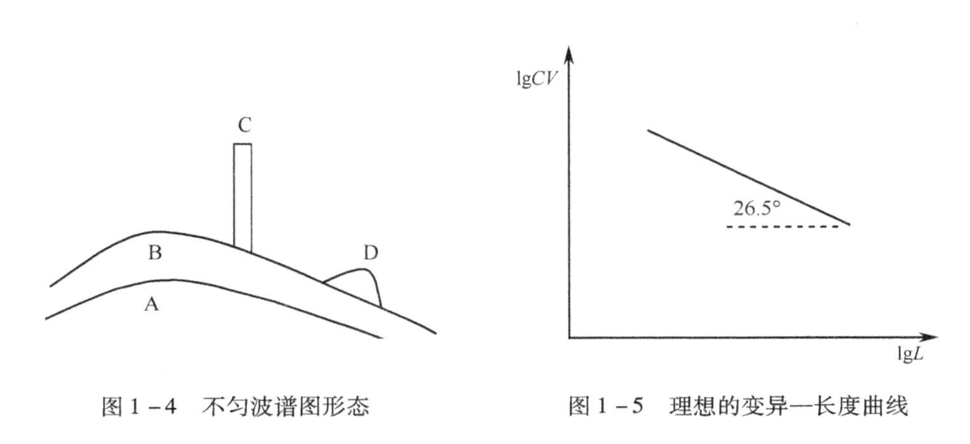

图 1－4　不匀波谱图形态　　　　图 1－5　理想的变异—长度曲线

(5)偏移率：偏移率是指在某特定片段长度不匀曲线的情况下，超出某一门限 α 的纱线累加长度占总长度的百分比，如图 1－6 所示。

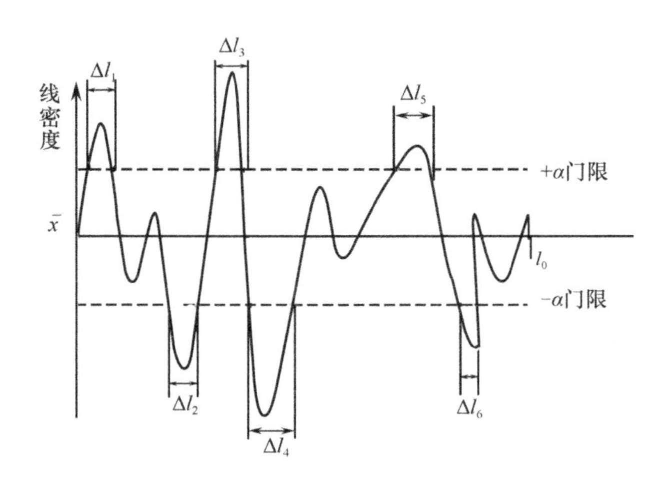

图 1－6　偏移率曲线

$$偏移率 = \frac{\Delta l_1 + \Delta l_2 + \Delta l_3 + \Delta l_4 + \Delta l_5 + \Delta l_6}{l_0} \quad (1-4)$$

由于目测织物时，较明显的是超过一定粗度或细度的不匀，因此偏移率测试结果与织物的外观评价具有较好的相关性，可根据织物特点适当选择片段长度及门限，滤除影响较小的短片段不匀，突出对织物外观影响较大的中长片段不匀，取得与人感官相近的结果。

二、影响纱线均匀度的因素

(一)纺纱原料对纱线均匀度的影响

1. 纤维细度及其不匀率　根据 Martindale 关于纱条不匀的经典理论，理想的纱条为纤维伸直平行、粗细均匀、长度相等，且纤维的头尾相对，等间隙无压缩分布，即纤维间无密度分布差异，随机排列在纱条中。此时纱条不匀率为 $CV = \frac{1}{\sqrt{n}}$，反映纱条内纤维的根数(n)分布不匀。可见，纱线的均匀度随截面内纤维根数的增加而减小。在纤维细度及其他条件相同时，纱线线密度大，则成纱不匀率降低；如果成纱线密度及其他条件相同时，则纺纱所用纤维越细，成纱不匀率越低。

但是，实际的纱条中纤维并非完全伸直平行和等长，且密度也并非一致，使纱条截面内存在厚度不匀。故在考虑了纤维在截面内分布根数(n)和纤维细度的变化(C_f)后，实际纱条的不匀率为 $CV = \sqrt{\frac{1}{n}(1 + C_f^2)}$，这就是 Martindale 纱条极限不匀率公式。可见：纱线的极限不匀率值与纱条截面内纤维根数的平方根成反比，与$(1 + C_f^2)$成正比；纤维平均细度越细，纱线极限不匀率指标越小；纤维粗细不匀越大，纱线极限不匀率指标越大。

纤维细度及其不匀对纱线均匀度均有很大的影响。但在一定条件下，细纤维可以纺出均匀度较好的纱线，纤维细度对纱线均匀度的影响比纤维细度不匀的影响要大。当然，使用细度较均匀的纤维进行纺纱，是获得优良纱线均匀度的基本条件。

用不同细度的涤纶纺制 13tex 涤棉(65/35)混纺纱线，成纱均匀度与涤纶细度的关系如表 1-5所示。

表 1-5　混纺纱中涤纶细度对成纱条干不匀率的影响

涤纶线密度(tex)	条干不匀率(%)	细节数(个/km)	粗节数(个/km)
1.4	14.9	32	220
1.7	15.1	39	215
2.5	16.0	65	278

可见，混纺纱中所用涤纶的线密度越低，所纺纱线的条干均匀度越好。

2. 纤维长度　纤维长度与纺纱质量密切相关，直接影响纤维的可纺性和加工有效性。纤维长度整齐度和纺纱原料中短纤维的含量对纱线均匀度影响很大。在纺纱过程(特别对于罗拉牵伸机构)中，由于不同长度的纤维在牵伸区所获得的有效控制不同，将会造成牵伸区内浮游短纤维数量增加，并引起纤维浮游动程过长，导致成纱均匀度恶化。

(1)纤维长度整齐度：目前，国际上主要采用HVI(高能量测试仪)模式衡量纤维的长度整齐度，其表达式为：

$$\text{HVI 模式纤维长度整齐度} = \frac{\text{上半部纤维平均长度}}{\text{纤维平均长度}} \tag{1-5}$$

纤维长度整齐度是保证成纱质量的前提。例如，29tex纯棉纱的两种配棉方案中。纤维长度为28mm的占40%，纤维长度为24mm的占60%；纤维长度为24mm的占100%。在配棉方案中，罗拉握持距如果以28mm长度的纤维来制订，那么罗拉牵伸过程中，占纤维主体60%的24mm长度的纤维其浮游动程将会过长，同时也会使牵伸区内浮游纤维的数量增加，牵伸区内纤维变速位置的急剧分散，导致成纱均匀度恶化；而如果以24mm长度的纤维来确定罗拉握持距，易导致28mm长度纤维在牵伸区的断裂，且纱条在牵伸过程中可能由于牵伸力过大，造成罗拉钳口处的滑溜或者纱条牵伸不开等问题，同样导致成纱均匀度恶化。可见，从稳定成纱均匀度的角度考虑，采用长度整齐度好的纤维进行纺纱更加有效。

(2)短纤维含量：对纺纱原料中短纤维含量的控制，主要是针对天然纤维而言。以棉纤维为例，棉花的短纤维含量又称短绒率或短纤维率，指纤维长度短于某一长度的纤维重量(根数)占试样总重量(根数)的百分比。不同国家对短纤维的长度界限规定不同。英国和瑞士等国家将低于平均长度的纤维视为短纤维；美国以12.7mm以下长度的纤维视为短纤维；在兹威格系统(Zweigle System)中，长度不足10mm的纤维为短纤维；我国规定棉短纤维的界限以棉花类别进行区分，细绒棉界限为16mm以下，长绒棉界限为20mm以下。

纺纱实践证明，短纤维含量高时，清棉、梳理尤其是精梳工序的落棉率增加，导致用棉量和白色废料增加，纺织厂的生产成本提高。但是因短纤维难以彻底清除和控制，仍有部分短纤维存在于生条中，在牵伸过程中不受罗拉握持，形成浮游纤维，从而引起牵伸波，造成纱线粗、细节增加，均匀度恶化。表1-6示出纺制不同细度纱线时，纺纱原料中短纤维含量对成纱条干不匀率的影响。

表1-6　原棉中短纤维含量对成纱条干不匀率的影响

成纱线密度(tex)	10mm以下短纤维含量(%)	条干不匀率(%)
19.44	4.5	20.1
	9	22.6
	15	27.8
14.58	4.5	21.7
	9	23.4
	15	29.7

从表1-6可以看出，纺相同细度的纱线，条干不匀率随着原棉中短纤维含量的增加而增加；而当原棉中短纤维含量相同时，条干不匀率随纺纱线密度的降低相应地增加。因此，从原料

选配的角度出发，减少原棉中短纤维含量也是提高纱线均匀度的重要措施之一。

3. 纤维强伸性　单纤维应具有一定的强伸性，这是纤维具有纺纱价值和使用性能的必要条件之一。单纤维的强力低，纺纱加工过程中纤维易被拉断，损伤就多，半制品内短纤维数量增加，从而使纱线均匀度恶化。对于断裂伸长率较大、弹性良好的一些新型纤维，如聚对苯二甲酸丙二酯纤维（PTT）和聚苯二甲酸丁二酯纤维（PBT），成纱均匀度还受纤维断裂伸长率的影响。在牵伸过程中，如果牵伸力较小，当纤维从慢速向快速转变时，纤维束可能会只伸长不变细或者少变细，随后弹性回复到原来的长度，导致牵伸效率下降。

4. 纤维其他性质

（1）纤维中有害杂疵：在纺纱原料中，对纱线均匀度影响较大的杂疵主要集中在质量较轻、黏附于纤维的籽屑和易破碎的杂疵。这些杂疵在纺纱过程中很难彻底清除，尤其一些带纤维的杂疵，在牵伸过程中会引起纤维的不规则运动，破坏正常牵伸，使成纱粗节、细节增多，条干恶化。

（2）纤维成熟度：棉纤维的成熟度是指纤维细胞壁的加厚程度，即棉纤维生长成熟的程度，是原棉纤维内在品质的集中反映。成熟度好的棉纤维天然转曲多，弹性好，色泽好，在纺纱过程中不易形成棉结和索丝，纤维的抱合性和可纺性能好，成纱条干均匀，疵点少，其成纱强力也高。而纤维成熟度太差时，纤维强力低，细度细，弹性和韧性差，在纺纱过程中易形成扭结，使纤维外观疵点增多，棉结杂质也增加。但过成熟的棉纤维粗，成纱截面内的纤维根数相对减少，亦影响成纱强力。一般原棉成熟度系数控制在 1.56～1.75 为宜。

（3）纤维导电性：在纺纱过程中，纤维与纤维间、纤维与金属机件及其他材料表面因摩擦接触而产生静电，易造成绕罗拉和胶辊，妨碍牵伸过程的顺利进行，对纱线均匀度不利。

（4）纤维回潮率：纤维回潮率的大小对开松和除杂过程都有影响。当原棉纤维回潮率较高时，棉块不易开松，棉卷易粘层，棉卷不匀率提高，且除杂效率下降；当原棉纤维回潮率太低时，纤维在加工过程中易断裂损伤，短绒率增加。

5. 纤维混配的影响

（1）原棉纤维混配：棉纺厂一般不采用单一唛头的原棉进行纺纱，这是因为单一唛头原棉使用时间有限，势必造成经常翻改，最重要的是单一唛头原棉往往达不到成纱质量要求。所以，为保持生产稳定，通常要进行混唛配料，以扬长避短，降低原料成本和节约用棉。

就提高成纱条干均匀度而言，在原棉纤维的混配过程中，主要应注意做到以下几点。

①保持原棉的平均细度，并减少各唛头的细度差异。

②稳定原棉的平均长度，并减少各唛头的长度差异。

③尽可能减少各唛头原棉中短纤维的含量。

④尽可能采用短纤维较少的锯齿棉。

（2）化纤原料混配：化纤原料因其长度和细度较一致、均匀，因此，混配比较简单。为控制成纱条干均匀度，应注意以下几点。

①控制化纤原料的超长和倍长纤维百分率。

②尽量采用单唛成分。不同厂商、牌号的化纤，其表面性质和单体结构常有不同。混唛使

用不但容易造成色差、色花，而且会影响条干不匀，在混和不均匀时影响更大。

③在化纤与棉或者化纤与化纤混纺时，应使混纺纤维的长度和细度尽量接近，减少混纺时的长度和细度差异。例如，化纤与细绒棉混纺时，一般细度选择0.15～0.16tex（1.4～1.5旦）；与长绒棉混纺时，细度在0.13～0.14tex（1.2～1.3旦）。

④化纤长度的选择必须考虑牵伸机构的适应性。

⑤注意化纤原料的可纺性。化纤的卷曲性能、表面摩擦性能、抗静电性能、纤维的油剂性能和上油率、纤维的质量比电阻等，都与化纤的可纺性息息相关。改善化纤原料的可纺性是提高成纱条干均匀度的前提和保证，否则会使各工序产生缠、绕、粘现象，使断头增加，甚至出现成卷困难、棉网飘垂堵塞斜管、出硬头等，恶化纱线条干。

（二）半制品内在质量对纱线均匀度的影响

1. 半制品内纤维分离度 纤维分离度是指一定长度内纱条中单纤维根数占总纤维根数的百分比。在罗拉牵伸中，设喂入纱条截面内的纤维根数为 n_0，机台的牵伸倍数为 E，如果纱条正常输出，则输出纱条截面内的纤维根数 n_1 为：

$$n_1 = \frac{n_0}{E} \tag{1-6}$$

如果喂入纱条在某一段有 Δn 根纤维未完全分离，同步变速，则包含该 Δn 根同步变速的未分离纤维的非正常纱段截面内纤维根数 n_2 为：

$$n_2 = \frac{n_0 - \Delta n}{E} + \Delta n = \frac{n_0}{E} + \Delta n\left(1 - \frac{1}{E}\right) \tag{1-7}$$

由式（1-7）可看出，由于未分离的纤维成束运动，导致输出纱条截面内纤维根数较正常纱条增加了 $\Delta n\left(1 - \frac{1}{E}\right)$ 根。即半制品内纤维分离度较差时，表示纱条中存在较多的未能经分梳分离成单纤维的纤维集合体，这些纤维束中的纤维间摩擦抱合力较大，在牵伸过程中一般不会解体或分裂成单纤维，造成牵伸过程对纤维束的牵伸失效，从而产生同步运动，不能经牵伸而变细。这样输出的纱条中产生粗节和细节，使纱线的条干恶化。

另外，由式（1-7）还可以看出，当喂入纱条的分离度较差时，输出纱条的均匀度恶化程度还与牵伸倍数 E 值有关。当牵伸倍数增加时，输出纱条均匀度恶化程度增加。在纺纱过程中，细纱机的牵伸倍数比粗纱工序要大得多，如果粗纱中存在着纤维束，则经细纱机牵伸后产生的纱条不匀要比粗纱条的严重得多。因此，生条、精梳条、熟条、粗纱等半制品内的纤维分离度对纱线均匀度有重要的影响。

2. 半制品内纤维伸直平行度 纤维伸直平行度表示纱条中纤维与纱条轴线的平行程度，由于实际纱条中的纤维形状有卷曲、弯钩、扭曲等各种形态，所以纤维的有效长度总是小于其平行伸长时的长度。设纤维在纱条的轴向投影长度为 L_1，纤维的伸直度系数为 η，则纤维的实际长度 $L = \eta \times L_1$。要使未伸直纤维达到伸直状态，需施加附加牵伸倍数 E_1，则有：

$$E_1 = \frac{L}{\eta \times L} = \frac{1}{\eta} \tag{1-8}$$

由式(1－8)可见,当纤维完全伸直平行时($\eta=1$),则 $E_1=1$,说明完全伸直的纤维没有附加牵伸。而对于未完全伸直的纤维($\eta<1$),在牵伸与伸直的过程中,由于有附加牵伸的存在,使得未伸直纤维的实际牵伸倍数小于伸直纤维,从而产生了未伸直纤维和伸直纤维在牵伸区内变速位置的差异,即未伸直纤维本身在牵伸时受到伸直的作用而破坏其运动的规律,导致输出纱条均匀度恶化。并且,纤维的伸直度越差,输出纱条均匀度恶化程度越大。

除此之外,伸直过程中弯钩对纤维运动的影响还体现在下列两个方面:纤维在牵伸区内的有效长度减短,导致纤维浮游动程增加;纤维在牵伸过程中因不伸直而引起互相缠结,造成纤维集束运动。所以,纤维伸直平行度对纱条均匀度的实际影响很大。表1－7给出纺制涤棉(65/35)混纺纱时,熟条中纤维伸直度对粗纱和细纱条干不匀的影响。说明输出的纤维条内纤维伸直度越高,所纺粗纱和细纱的条干不匀率越低,粗节、细节和棉结都相应降低,即成纱的均匀度提高。

表1－7　熟条中纤维伸直度对粗纱和细纱条干不匀的影响

纤维伸直度(%)	条干不匀率(%)		细纱频发性纱疵(个/km)		
	粗纱	细纱	细节	粗节	棉结
81.57	4.54	4.71	22	42	25
74.01	15.85	17.06	52	86	45

3. 半制品内短纤维率　原棉经过开清棉工序后,受打手的打击、开松作用,一般纤维都有一定的损伤、断裂,筵棉内的短纤维数量增加。但是筵棉经梳棉机后,在梳理转移过程中,短纤维率虽然也有一定的增加,但由于梳棉机排除短绒的能力比开清棉工序大,故短纤维的增加率一般不大或者稍有降低。短纤维数量的增加将会造成纱线粗、细节增加,均匀度恶化。因此,对半制品尤其是筵棉中短纤维率的控制,有利于提高纱线的均匀度。

4. 半制品内结杂　在罗拉牵伸中,如果喂入纱条中存在纤维结或杂质,则纤维结或杂质在牵伸区内变速时,由于与周围纤维的摩擦作用,会带动周围的纤维整体变速,从而使输出纱条产生粗节和细节,造成输出纱条的均匀度恶化。

5. 半制品回潮率　半制品回潮率大小同样对开松、除杂、梳理和牵伸过程都有影响。当棉卷回潮率高时,梳棉机分梳除杂效率降低,棉网易下垂,生条均匀度差;当棉卷回潮率太低时,棉网两边易出现破洞、破边及棉网漂浮,严重时会产生静电而绕花,恶化生条条干。棉条和粗纱的回潮率如果太高,易产生"三绕",即绕胶辊、绕罗拉、绕胶圈;但是回潮率太低,同样会因静电作用而产生绕花,导致飞花增多而恶化纱线均匀度。

(三)纺纱牵伸工艺配置对纱线均匀度的影响

1. 牵伸不匀的波谱分析　环锭纺纱中精梳、并条、粗纱和细纱都是用罗拉牵伸,在牵伸过程中,除了半制品的内在质量影响纱线均匀度外,各道工序的牵伸工艺如果配置不当,也使罗拉牵伸不能有效控制纤维的运动,造成经牵伸后的输出纱条上形成牵伸波附加不匀。牵伸波在波谱图上表现为在一定波长范围内有山坡状突起,俗称山形波,如图1－7所示,其频率一般呈现非周期性。

反映在波谱图上的牵伸波,以波峰最高处定为牵伸波的平均波长。当纱条经过某一牵伸区后,由该牵伸区造成的牵伸波其平均波长 λ_1 与纤维平均长度 $\bar{l}$ 之间的关系为:

$$\lambda_1 = k\bar{l} \qquad (1-9)$$

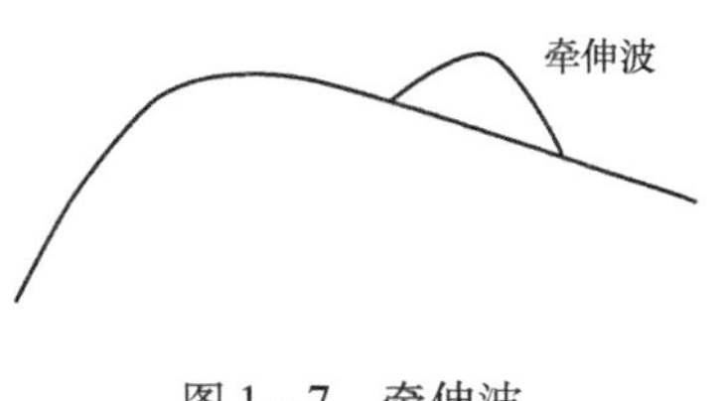

图 1-7 牵伸波

其中,k 为系数,与测试对象有关,具体取值参考表1-8。

表 1-8 k 的参考取值

测试对象	条子	粗纱	细纱		
			环锭细纱		转杯纱
			天然纤维	化纤及混纺纱	
k	4	3.5	3($\bar{l}$ 为重量加权平均长度) 2.5($\bar{l}$ 为品质长度)	2.8	2.5

当纱条经过有缺陷的牵伸区牵伸后,再经 E 倍牵伸,则表现在波谱图上的牵伸波随 E 的增加向右移,其平均波长 λ_2 为:

$$\lambda_2 = k\lambda_1 \qquad (1-10)$$

例 1-1 一普梳棉粗纱,不匀波谱图上牵伸波平均波长 $\lambda_2 = 31.8\text{cm}$,$\lambda_1 = 6\text{cm}$。已知粗纱机总牵伸倍数为 9,其中前区为 5,后区为 1.8。试确定产生该牵伸波的牵伸区。

解:牵伸波所经受的牵伸倍数 E 为:

$$E = \frac{\lambda_2}{\lambda_1} = \frac{31.8}{6} = 5.3$$

表明粗纱条经过有缺陷的牵伸区后产生了牵伸波,再经过 5.3 倍牵伸后,在波谱图上表现为具有平均波长为 31.8cm 的牵伸波。因此,根据粗纱机各区的牵伸倍数分配,可推测该牵伸波由粗纱机的后区牵伸所产生。

例 1-2 一普梳棉纱牵伸波平均波长为 1.65m。已知纤维平均长度 22mm,细纱机总牵伸倍数 25。分析该疵病产生的原因。

解:棉纱条经过有缺陷的牵伸区后又经 E 倍牵伸,则:

$$E = \frac{\lambda}{kl} = \frac{1650}{3 \times 22} = 25$$

因此,经分析可认为,上述疵点发生部位应为粗纱机前牵伸区。

正常的牵伸过程中,须条所受的握持力必须大于牵伸力,否则须条就会在罗拉钳口下滑溜,造成纱条不匀,严重时会出现后胶辊向前滑溜,转速加快,或者前胶辊向后滑溜,转速变慢,须条如传动带那样带动前后胶辊转动,造成牵伸效率降低,重量不匀恶化,纱疵增加。因此,在牵伸工艺的配置上，必须保证牵伸力的最大值小于握持力，并力求握持力与牵伸力稳定，牵伸力的不匀率小。

2. 牵伸工艺是改善成纱条干不匀的重点　根据方差原理的不匀率相加公式，输出纱条的条干不匀率（CV）可按下式计算：

$$CV^2 = CV_D{}^2 + CV_0{}^2 + CV_a{}^2 \tag{1-11}$$

式中：CV_D——牵伸附加不匀率；

CV_0——喂入纱条不匀率；

CV_a——随机不匀率，仅与纱条截面内纤维根数有关。

一般来说，CV_0 总比 CV_D 小，特别当牵伸倍数增加时，CV_0 所占比重更小。但当 CV_0 中含有较显著的周期性不匀时，将导致 CV_D 进一步增大；当喂入纱条内在结构不匀时，也相当于增加了干扰牵伸的因素，细纱条干不匀率极大部分是由短片段不匀率所组成，除随机不匀外，主要是细纱牵伸过程中，尤其是主牵伸区所产生的附加不匀率。当喂入半制品不含有周期性不匀时，降低其不匀率对成纱条干不匀率的影响较小，而改进细纱牵伸工艺，对于降低成纱条干不匀率，显然比在粗纱机或更前的工序直接有效。因此，牵伸工艺的合理配置是改善成纱条干不匀的重点。

在牵伸工艺配置中，影响握持力大小的因素主要有罗拉加压工艺、胶辊和胶圈性能等，而影响牵伸力大小的因素主要有纺纱定量、牵伸倍数和牵伸分配、罗拉握持距、钳口隔距、粗纱捻度等。因此，在牵伸工艺的配置方面应着重从上述几个因素方面考虑，减少纱线的牵伸波附加不匀。

（四）牵伸元件缺陷对纱线均匀度的影响

机械元件缺陷将会造成纱条上形成机械波附加不匀，因此牵伸装置与牵伸元件的设备状态，对纱线均匀度的影响很大。机械波在波谱图上形状如烟囱，俗称烟囱波（图1－8），其频率呈现周期性。

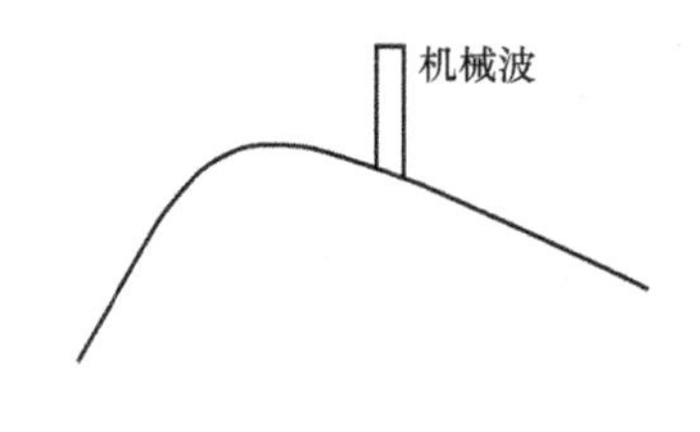

图1－8　机械波

假设纺纱设备某一部件有缺陷，该缺陷部件的直径为D，则纱条经过有缺陷的部件再经 E 倍牵伸后，所输出的纱条在某一波长 λ 处产生机械波。

$$\lambda = \pi DE \tag{1-12}$$

如果可以测得纺纱机械的输出速度及各部件的转速，则纱条经有缺陷部件输出后的机械波波长 λ 为：

$$\lambda = \frac{v}{r} \tag{1-13}$$

式中：v——纺纱机械的输出速度；

r——有缺陷部件的转速。

需要注意的是，实际测得的机械波波长通常与理论计算结果存在一定的差异，主要受下列因素影响:理论计算的机械波波长按机件的线速度计算,而实际波长还受罗拉滑溜、粗纱伸长、细纱捻缩和机件磨合等因素的影响;对于具有较深罗拉沟槽机件的某些机台,实际输出的长度大于按测得的转速计算的结果。因此,根据上述分析,在实际分析机械波时,应考虑牵伸效率和罗拉沟槽的影响。根据测得转速计算机械波波长时,一般在测定速度的基础上增加15%左右。

例1-3　双胶圈牵伸细纱机,前上罗拉直径为28mm,前下罗拉直径为25mm,纺出的细纱波谱图上8cm处出现一机械波,试分析该机械波产生的部位。

解:根据机械波波长的计算公式 $\lambda=\pi DE$ 及已知条件,假设细纱机某一前罗拉产生缺陷,则该缺陷罗拉的直径可根据下式计算:

$$D=\frac{\lambda}{\pi E}=\frac{80}{3.14\times1}=25(\text{mm})$$

因此,可推断是细纱机前下罗拉有缺陷所致。

例1-4　在熟条波谱图上存在波长为50cm的周期性不匀波。该并条机采用的是三上三下压力棒牵伸,罗拉直径均为32mm,前牵伸区牵伸倍数4,后牵伸区牵伸倍数1.25,试分析该机械波产生的部位。

解:根据题意,示意图如图1-9所示。

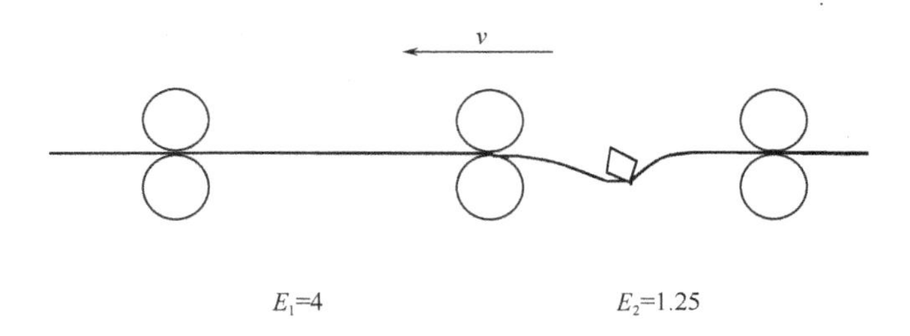

图1-9　并条机压力棒牵伸机械波示意图

则由机械波波长的计算公式 $\lambda=\pi DE$ 可导出:

$$E=\frac{\lambda}{\pi D}=\frac{500}{3.14\times32}=5$$

分析并条机前后区的牵伸分配,可知 $E_{后\sim前}=4\times1.25=5$。因此,可推测产生机械缺陷的部位为并条机后区喂入罗拉。

例1-5　生产某种细纱,已知细纱机总牵伸倍数为33,粗纱机总牵伸倍数11,末并条机前罗拉直径35mm。如果末并前罗拉偏心,试计算熟条、粗纱、细纱产生的机械波波长?

解:假设末并前罗拉偏心,则:

熟条产生的机械波波长为 $\lambda_1=\pi DE=3.14\times35\times1=109.9(\text{mm})$

粗纱产生的机械波波长为 $\lambda_2=\pi DE=3.14\times35\times1\times11=120.89(\text{cm})$

细纱产生的机械波波长为 $\lambda_3=\pi DE=3.14\times35\times1\times11\times33=3989.37(\text{cm})$

例1-6　已知梳棉机出条速度 v_p = 160m/min,道夫直径 d_1 = 70cm,道夫转速

$n_1=40.6\mathrm{r/min}$，道夫至输出小压辊之间的牵伸倍数 $D_1=1.79$。如果道夫针布有一处破损，分析生条波谱图上出现机械波的波长？

解：根据题意，如果道夫针布有一处破损，则生条波谱图上出现机械波的波长：

$$\lambda=\frac{v}{r}=\frac{160}{40.6}=3.94(\mathrm{m})$$

另外，也可根据 $\lambda=\pi DE$ 计算，得：

$$\lambda=\pi DE=3.14\times0.7\times1.79=3.94(\mathrm{m})$$

当纺纱机件尤其是牵伸元件出现机械缺陷时，由于运动状态不稳定，也会失去对浮游纤维运动和变速的正常控制，从而在波谱图上可能会出现因机械缺陷形成的牵伸波。可见，机械缺陷对纱线均匀度的影响更大，常会在织物表面产生横档和条影等疵点，特别是当纱条的粗细不匀周期波长与织物幅宽呈一定比例关系时，布面上将出现菱纹，使坯布降等。本节将主要列举牵伸机构机械元件的部分缺陷对纱线均匀度的影响。

1. 罗拉和胶辊的偏心和弯曲　纤维须条喂入牵伸装置中，在罗拉和胶辊间运动，胶辊在充分的压力作用下，对纤维束形成强的握持力，完成须条的抽长拉细过程。可见，罗拉和胶辊是纺纱机构中重要的机械元件，它们发生的偏心和弯曲变形等缺陷对纱线均匀度的影响最为常见且复杂。罗拉偏心是指两节罗拉镶接后因端面不垂直或导柱导孔配合过松而引起的；罗拉弯曲是指罗拉工作面的各点弯曲，包括中弯以及安装罗拉滚针轴承处的颈弯。

（1）引起纤维握持点的移动：偏心、弯曲变形使罗拉和胶辊对纤维的握持点前后移动，造成输出纱条上的牵伸波附加不匀。各列罗拉钳口不稳定，会影响纱条的均匀，前罗拉最为严重。这是因为前牵伸区的牵伸倍数较大，虽然钳口的移动量很小，但在前罗拉每回转一周的时间内，对后罗拉所喂入纱条的长度而言，比率数值是较为可观的，如图1－10所示。

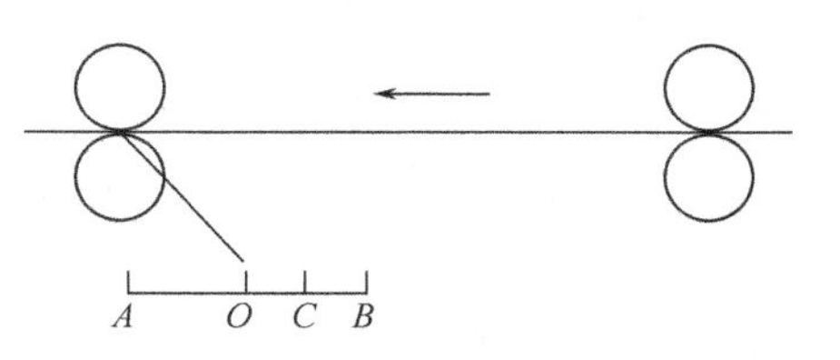

图1－10　罗拉钳口移动示意图

图1－10中，设 AB 为正常运转情况下前罗拉回转一周时由后罗拉所送出的纱条长度，其中点为 O 点。假设前罗拉钳口前后移动，自 O 点截取长度 OC，并使其等于前罗拉握持点前后移动的移距。在正常牵伸状态下，前罗拉回转半周所牵引的喂入纱条长度应为 AO；但当前罗拉握持点在运转中发生周期性变化时，由于在前罗拉回转半周时间内，握持点本身已经移动了长度为 OC 的距离，因此在该半周时期内，前罗拉实际所牵引的喂入纱条长度变为 $AO+OC=AC$。同样，在接着下半周时间内，前罗拉实际只牵引了 $OB-OC=CB$ 的喂入纱条长度。假设喂入纱条是均匀的，这样在前罗拉每相隔回转半周时所牵引喂入纱条长度的差异，就造成了纱条的周期性粗细不匀，其波幅值按前罗拉回转一周期内纱条粗细差异的最大数值对纱条正常平均厚度之比来度量时，即由 OC 对 AB 的长度比例确定。

纤维握持点的移动除了受罗拉、胶辊的偏心和弯曲变形影响外，胶辊轴芯与轴承间隙过大、轴承损坏等，会使胶辊在回转中使轴芯不断地发生倾斜，即不断地改变轴芯对胶辊加压的作用点，造成与胶辊偏心类似的握持点移动。

(2)引起罗拉和胶辊的跳动和振动：正常的牵伸罗拉基本上是一均质平衡体，如果发生严重的偏心、弯曲，则罗拉变成非均质的不平衡体，形成罗拉的跳动和振动，在开车时，偏心和弯曲的程度增加，并与罗拉转速呈正相关。罗拉振动又称罗拉扭振，影响因素很复杂，由罗拉振动引起的罗拉转速和线速度的差异，又会使牵伸罗拉的牵伸倍数发生周期性的变化，对纱线均匀度的影响很大，严重的罗拉扭振会在织物上形成条影、云斑和横档等疵点。

2. 胶圈 胶圈是粗纱机和细纱机主牵伸区的主要元件，由胶圈形成的摩擦力场控制纤维运动，其结构和性能对纱线的均匀性起着重要的作用。

(1)胶圈结构。

①胶圈尺寸：胶圈内径和胶圈张力有关，内径偏大则胶圈偏松，易产生内凹及凹凸交替，造成须条在牵伸过程中呈波浪前进，起伏较剧烈，使上下胶圈不能贴紧或打滑，影响胶圈运动的稳定性，削弱了对纤维的握持控制，造成纱条均匀度恶化。若胶圈内径过小，则胶圈在运行过程中处于绷紧状态，会造成胶圈回转打顿，中罗拉扭曲变形，从而造成竹节或出硬头，成纱粗节粗而短，黑板条干阴影淡且多等弊病，严重影响成纱均匀度。一般胶圈内径按照“上圈略松，下圈偏紧”的原则进行配置。在实际使用中，通常采用如下的经验公式近似计算。

$$R \approx 0.637 \times (D + L) \qquad (1-14)$$

式中：R——胶圈内径，mm；

D——中罗拉直径，mm；

L——胶圈架长度，mm。

计算结果还应根据中上罗拉偏前或偏后值、胶圈销的形式(宽或窄)加以修正。

胶圈宽度太窄，胶圈架两端边缘易嵌入飞花，影响胶圈的正常回转。若胶圈宽度太宽，则胶圈在运转中同胶圈架易碰撞摩擦，造成胶圈回转不灵活、打顿、胶圈架抖动等弊病。因此，胶圈架的宽度对纱线均匀度也有影响，一般配置比胶圈架窄0.75～1.00mm为宜。

②胶圈弹性和硬度：胶圈的硬度是指胶圈抵抗外力变形的能力，而胶圈的弹性是指外力消失后，胶圈恢复原来形状的能力。胶圈缺乏一定的硬度，则运行中易产生中凹，从而削弱其对纤维的握持能力；胶圈过硬，则传动的平稳性降低，增加了产生滑溜现象的可能性。在纺纱工艺中，要求胶圈具有良好的弹性和适当的硬度。对于胶圈的内外层，弹性的配置原则为“外层高，内层低”，硬度的配置原则为“外层软，内层硬”。这样，胶圈的外层在牵伸过程中受压力作用而产生一定的弹性变形，增加其包围接触纱条的面积，胶圈钳口处的密合程度好，有利于对纤维的握持，稳定纱线的均匀性，而胶圈的内层在压力作用下可以几乎不产生任何形变，削弱胶圈在导纱动程内的弹性和握持力，也可保证胶圈内层与罗拉之间滚动摩擦传动的顺利进行。对于上下胶圈，弹性的配置原则为“上圈高，下圈低”，硬度的配置原则为“上圈软，下圈硬”。

③胶圈厚度：胶圈厚度是决定胶圈钳口隔距的参数之一，应从胶圈总厚度和上下胶圈厚度的搭配两方面来考虑对纱线均匀度的影响。胶圈厚度增加，有利于对纤维的握持，但是过厚会

导致胶圈在钳口处曲率半径过大，导致胶圈滑溜增加，不利于成纱的均匀性。关于胶圈总厚度，一般细纱控制在2mm以下，粗纱控制在2.4mm以下。上下胶圈的厚度搭配以“上圈薄，下圈厚”为原则，如上胶圈厚度为0.8～0.9mm，下胶圈厚度可配以1.1～1.2mm。若上下胶圈均过薄时，胶圈在前进中会出现波浪形；而上下胶圈均过厚时，胶圈在运行中会出现滑溜，不利于上下胶圈的紧贴，不能充分发挥胶圈的弹性作用，也不利于摩擦力界的均匀分布。

（2）胶圈性能：胶圈性能也会影响成纱均匀度，如摩擦性能和静电性能影响纤维在其上面的黏附性，胶圈的易老化会造成其柔软度和弹性不足等。因此，除上述的胶圈结构对纱线均匀度产生影响外，胶圈的这些性能也会导致输出纱条产生周期性的粗细不匀，应引起重视。

3. 牵伸传动齿轮缺陷　牵伸传动齿轮的缺陷会造成齿轮回转不均匀，从而影响牵伸罗拉的回转均匀性，严重的会在输出纱条中形成明显的规律性机械波，造成纱条均匀度恶化。引起牵伸齿轮回转不均匀的原因主要有两个。

（1）加工精度不高。例如：齿轮加工过程中，渐开线齿形误差、节圆上齿的分布不匀及齿轮轴向齿间的误差等易造成齿轮传动中的转速角误差；淬火后齿轮外圆的变形易造成齿轮偏心、内孔间隙过大和圆整度变形。

（2）齿轮啮合不良和磨损。齿轮的啮合不良包括啮合过松、过紧、齿轮轴线不平行，另外，齿轮轴孔与轴或键与销配合松动也会造成齿轮回转不正常、不平衡，甚至出现颤抖性传动，影响纱线均匀度。

安装的齿轮啮合不正常使输出产品产生机械波的波长很短，大多数很难在本工序测出，一般这种机械波需要经下一道工序的牵伸放大后才能正常显现出来。将利用下式计算的齿轮转速与机台上实测结果进行对比，分析出有缺陷的齿轮，是检测齿轮啮合不正常引起的周期不匀的常用方法。

$$r = \frac{\upsilon \times E}{\lambda \times Z} \tag{1-15}$$

式中：r——有缺陷齿轮的转速，r/min；

υ——产生机械波机台的输出速度，m/min；

λ——输出纱条产生的机械波波长；

E——牵伸倍数；

Z——有缺陷齿轮的齿数。

（五）纺纱车间温湿度对纱线均匀度的影响

纺纱生产过程中，车间温湿度的控制对纱线均匀度的影响很大，这主要是因为温度和相对湿度与纤维的性能、牵伸力等关系密切。如前面几节所分析，这些因素的变化都会从各个角度对成纱均匀度造成影响。因此，纺纱工序中对车间温湿度的控制有着严格的要求。

1. 温湿度对纤维性能的影响

（1）对回潮率的影响：控制纺织纤维的回潮率主要以调节纺纱车间温湿度为主。在相对湿度一定的条件下，车间温度高，纤维上的水分子动能增加，易逸出纤维，使纤维或纱线的回潮率降低；在温度一定的条件下，车间相对湿度高，纤维的回潮率增加。因此，热天车间的相对湿度可偏高掌握，冷天车间的相对湿度宜偏低。

(2)对纤维强伸性的影响：除棉、麻纤维外，绝大部分的纺纱用纤维的湿态强力低于干态强力，如果强力下降，在经受开松、梳理等作用时，纤维易断裂，增加短纤维数量，恶化半制品和细纱均匀度。

(3)对纤维柔软性的影响：纤维的柔软性受车间温度的影响较大。纺棉纤维的车间温度一般控制在20～27℃，使棉蜡软化而不黏，有利于牵伸过程的正常进行，对成纱均匀度有利。

(4)对纤维导电性能的影响：提高温度和相对湿度，都有利于纤维导电性能的增加。对于合成纤维，温度过高，抗静电油剂易挥发发黏，故夏天纺合成纤维的车间温度比纺纯棉低，而相对湿度在不低于45%的情况下也不宜过高，否则将增加纤维间及纤维与纺纱机件之间的摩擦，造成绕罗拉、胶辊，妨碍牵伸过程的顺利进行，恶化纱线均匀度。

2. 温湿度对牵伸力的影响 牵伸过程中必须对牵伸力进行有效控制，使其能够在小于握持力的条件下，最大限度地发挥其对纤维须条抽长拉细的作用。牵伸力的控制除了受牵伸工艺参数配置影响外，纺纱车间温湿度条件的变化，也会导致牵伸力的变化，从而恶化纱线均匀度，形成突发性疵点。根据生产经验和一些试验结果，总结出温湿度对牵伸力的影响规律如下。

(1)在相对湿度一定的条件下，温度升高，牵伸力增大；在温度一定的条件下，相对湿度增加，牵伸力也会增大。牵伸力的增大易造成其大于罗拉钳口对纤维须条的握持力，使输出纱条“出硬头”，造成纱线均匀度恶化。

(2)不同温度条件下，相对湿度在34%～76%的范围内，相对湿度增加，牵伸力增加较多；在30～40℃时，相对湿度增加，牵伸力增加的比例较缓慢；相对湿度很高时，纤维间黏着性大，相互间表面摩擦也大，牵伸力的增加程度较大。

(3)不同相对湿度条件下，温度上升，牵伸力增加，但温度越高，牵伸力增加的比例越缓慢。

季节变化一般会使车间温度与相对湿度发生相应的变化，从而对牵伸力产生一定的影响，在调整工艺时应结合各地区的季节变化情况及对车间温湿度的影响程度，调整好牵伸工艺。

(六)纺纱操作不当对纱线均匀度的影响

纺纱操作对条干均匀度的影响也很大，由于操作不良而形成条干不匀往往属于纱疵性的不匀，会造成布面较大的疵点，例如竹节、粗经、粗纬等纱疵，并且很大部分是因挡车工操作不当造成的。由于这些条干不匀出现的概率比较小，因此，在抽样测试时往往不能反映，而在布面上却暴露无遗，直接影响织物外观质量。纺织业是劳动密集型企业，常用“三分技术，七分管理”来强调操作管理的重要性，在生产五要素——操作(人)、机器、原料、工艺、环境中，操作(人)的因素是最主要的，是核心。纺纱操作工直接与纱条打交道，其素质、操作技能、责任心对成纱条干起着至关重要的作用。

常见的因操作不当引起条干纱疵的原因和防治方法见表1-9。因此，应提高操作质量，改善条干不匀；做好清洁工作，减少飞花、竹节等纱疵；加强牵伸部位的定期检查，做好条干把关工作。

表1-9 纺纱操作不当对条干纱疵的影响及防治

名 称	条干纱疵特征	造成原因	防治方法
白竹节	粗节纤维卷曲、毛茸	粗纱斜肩飞花附入	加强清洁工作和粗纱储备量控制,细纱车顶加罩
	粗节一端粗、一端正常,纤维呈弯钩状	操作不慎碰毛条,造成与输出方向相反的前向弯钩	加强操作管理
条干不匀	粗节表面软毛,连续出现	集棉器内嵌杂质,须条跳出集棉器,集棉器翻身或破损	加强质量把关,规定每次落纱、每次接头均需检查集棉器,集棉器调换周期要正常
	细纱软毛,连续出现	细纱机下胶圈销脱落,上销钳口隔距块脱落、用错,下胶圈断裂、缺损	加强质量把关
长粗节	粗细不均匀,比正常纱只粗不细	锭翼挂花附入,粗、细纱喂入部分挂花附入,并条圈条器斜管或圈条盘挂花附入,条筒破裂,毛刺挂花附入	及时做好清洁工作,改善通道光洁度
	长度较长,有粗有细	棉条搬运或挖条子时碰毛条子,使一部分棉束倒挂	加强操作管理
	长度较长,粗细有规律性,面积较大	并条中罗拉加压失效	加强挡车加压、释压管理和操作把关
	粗细不均匀,长度不一定	熟条包卷不良,搭头过厚或过长	加强操作练兵和责任心
长细节	粗细不均匀,长度不一定	熟条包卷不良,搭头过厚或过长	加强操作练兵和责任心
	均匀长细节	末并断头自停装置失效,造成缺条	加强操作管理,加强保养维修工作
	粗细不均匀	熟条、粗纱发生绕罗拉、绕胶辊后,未将细条摘除	加强操作管理
	长度一般较短,伴有粗细不匀	并条、粗纱开关车不良,制动使用太频繁,造成意外牵伸	加强操作管理,改造启动和制动装置

三、提高纱线均匀度的措施

提高纱线均匀度主要体现在降低条干不匀、重量不匀和重量偏差。条干不匀指纱线8mm片段间的重量差异;重量不匀指的是长片段间的重量差异,如细纱的重量不匀指的是纱线100m间的重量差异程度;重量偏差指的是实际纺出纱线重量与设计纱线重量的差异百分率,反映了实际纺出纱线与设计纱线在线密度要求上的偏差。当纺出纱线的线密度大于设计值,即纱线较粗时,重量偏差为正值;反之,重量偏差为负值。

$$\Delta = \frac{G_0 - G_s}{G_s} \times 100\% \quad (1-16)$$

式中:Δ ——百米重量偏差;

G_0——实际纺出纱线每缕干燥质量,g;

G_s——设计每缕纱线干燥质量,g。

本节将分别从条干不匀和重量不匀的改善措施来阐述如何提高纱线的均匀度。

(一)提高纱线条干均匀度

纱线的条干均匀度是纱线质量的重要指标。首先,条干不匀影响织造过程。成纱条干不匀必然使纱条上的粗细节增加,细节形成的弱环增加,导致纱线强力下降,强力不匀增加,在织造过程中纱线易断头,必须停机处理,甚至会造成次品。其次,条干不匀影响织物的外观和质量。粗细节处的加捻程度不同,一般来说,细节部分加捻多,粗节部分加捻少,造成纱线短片段的捻度分布不匀,除了影响纱线的强力外,还会影响织物的手感、毛羽,甚至形成紧捻、色差、横档等织疵。因此,对成纱条干均匀度的控制至关重要,要纺出条干均匀度高的细纱,应对纺纱的全过程进行控制。

1. 合理选配原料

(1)减少纤维长度差异,改善长度整齐度,降低混和原料中短纤维含量。纺纱原料中纤维长度整齐度的提高,有利于提高成纱的条干均匀度。短纤维含量高,则会导致成纱条干显著恶化。纺中特棉纱时,16mm 以下纤维一般为 13% ~14% ,10mm 以下纤维一般为 5.6% ~6.5% ,占 16mm 以下纤维的 43% ~46% ;纺细特棉纱时,16mm 以下纤维一般为 9% ~10% ,10mm 以下纤维一般为 3% ~3.5% ,占 16mm 以下纤维的 33% ~35% 。

纺化纤纱时,超长纤维和倍长纤维的数量是导致偶发性条干疵点的主要原因,还会出现橡皮纱、出硬头,危害极大,应严格控制。

(2)控制纤维细度,减少纤维细度差异。实际生产中,常根据纺纱线密度和成纱质量的不同要求,规定各种纱在配棉时纤维细度和细度不匀率的范围,这对保证成纱质量,尤其是成纱条干均匀度和生产稳定性有重要的作用。

(3)选用成熟度好的纤维。原棉的成熟度是原棉各种性能的集中反映。成熟度越低,单纤维强力越低,加工中越易被拉断,使短纤维含量增加;另外,成熟度低的原棉,有害疵点多,且不易排除。因此,原棉成熟度的好坏直接影响到成纱的条干均匀度。马克隆值是纤维细度和成熟度的综合反映,我国原棉标准规定马克隆值分为 3 级:3.7 ~4.2 为 A 级;3.5 ~3.6 和4.3 ~4.9 为 B 级;3.4 以下及 5.0 以上为 C 级。在实际生产中,一般宜选用马克隆值 A 级或 B 级,不宜选用 C 级。

2. 提高半制品质量

(1)提高开清棉工序棉卷和棉流质量。为了稳定和提高成纱条干均匀度,棉卷和棉流的质量控制内容包括棉卷含杂率、棉卷内短绒和棉结数量。在开清棉工序,棉卷的含杂率根据原棉纤维的含杂率而定,并且要控制杂质破碎的程度。兼顾这两个方面的考虑,棉卷的含杂率一般控制在0.9%~1.6%,具体见表1-10。棉卷内含杂疵点粒数,一般中特纱控制在18粒/g,细特纱控制在15粒/g以内。

表1-10 棉卷含杂率参考指标

原棉含杂率(%)	<1.5	1.5~2.0	2.0~2.5	2.5~3.0	3.0~3.5	3.5~4.0	>4.0
棉卷含杂率(%)	<0.9	1~1.1	1.2~1.3	1.3~1.4	1.4~1.5	1.5~1.6	>1.6

另外,开清棉过程中,短绒含量会增加,要求比混和原棉短绒含量增加量控制在1%以内;棉卷内结杂粒数,要求比混和原棉棉结粒数含量增加量控制在50%以内。

因此,为达到上述的控制目标,开清棉工序应贯彻"多包抓取,精细抓棉,大容积混和,增加自由打击,减少握持打击,梳打结合,以梳为主"的工艺技术路线,在尽量避免纤维损伤的前提下,提高棉块的开松度、混和均匀度和除杂效率,获得纤维分离度良好的清棉棉卷或棉流。

①合理设置开清点数量:开清点指对原料起开松、除杂作用的部位,通常以开棉机和清棉机打手为开清点。开清点的数量根据纺纱原料的含杂情况而定,一般纺棉纤维的开清点数量设置3~4个,纺化纤的开清点数量设置2~3个。例如,原棉开清棉工艺流程为:2×FA002型环形式自动抓棉机→FA121型除金属杂质装置→FA104型六滚筒开棉机→FA022型多仓混棉机→FA106型豪猪开棉机→FA107型小豪猪开棉机→A062型电器配棉器→2×A092AST型双棉箱给棉机→2×FA141型成卷机,开清点数量为4个。加工棉型化纤的工艺流程为:2×FA002型环形式自动抓棉机→FA121型除金属杂质装置→FA022型多仓混棉机→FA106型豪猪开棉机→A062型电器配棉器→2×A092AST型双棉箱给棉机→2×FA141型成卷机,开清点数量为2个。

在加工中含杂及以下原棉时,要贯彻"一抓、一开、一混、一清"的工艺流程,开清点数量可设置为2个,例如:FA009型往复式抓棉机→FA125型重物分离器→FA105AI型单轴流开棉机→FA029型多仓混棉机→FA116型精细清棉机(也称主除杂机)→FA156型除微尘机。

②选择适当的打手形式:打手形式不同,对纤维的开松除杂和损伤程度也不同。刀片打手比锯齿打手的开松除杂能力强,但是对纤维的损伤也多;锯齿打手比梳针打手的开松和除大杂的能力强,但对纤维的损伤相对也较多,且梳针打手除细小杂质的能力较强。因此,应根据不同的原料和纺纱品种来具体选择打手形式。例如:豪猪开棉机在加工棉纤维时,可选择矩形刀片打手,而在加工棉型化纤时,可选择全梳针打手;清棉机在加工棉纤维时,一般采用锯齿打手和梳针打手联用,我国生产的CNT型三罗拉清棉机的第一打手为粗针罗拉,第二打手为粗锯齿罗拉,第三打手为细锯齿罗拉。

③合理设计开清棉各单机的工艺参数:为提高开清棉棉卷质量,以提高成纱条干均匀度,开清棉工序各单机的工艺参数应进行合理设计。

a. 自动抓棉机:自动抓棉机不仅要满足流程对产量的要求,而且还要求对原棉进行缓和、充分的开松,并把不同成分的纤维按配棉比例进行混和。为达到这些目的,自动抓棉机应本着

“精细抓棉、勤抓少抓”的工艺原则对相关参数进行配置。

锯齿刀片伸出肋条的距离影响着刀片插入棉层的深浅。若锯齿刀片插入棉层浅，抓取棉块的平均重量轻，开松效果好。一般为 1 ~6mm。

抓棉打手的转速影响着对棉块的作用程度，转速高，作用强烈，棉块平均重量轻，打手的动平衡要求高。一般为 740 ~900r/min。

抓棉小车间歇下降的距离对抓棉机产量有影响，距离大，抓棉机产量高，但是开松效果差。一般为 2 ~4mm/次。

抓棉小车的运行速度同样影响着抓棉机的产量，速度快，抓棉机产量高，但是开松效果差。一般为 1.7 ~2.3r/min。

b. 开棉机：开棉机的共同作用是利用打手（角钉、刀片或锯齿等）的打击作用，对原棉继续进行开松和除杂。打击作用分自由打击和握持打击，合理选用打手形式、工艺参数等，可对原棉进行充分开松和除杂，提高纤维分离度，减少纤维损伤和杂质破碎。

六滚筒开棉机的除杂作用以第一、第二、第三只滚筒最强，第五、第六只滚筒较弱。为使开松和除杂作用逐渐加强，有利于棉块输送，并减少滚筒返花，一般六只滚筒的转速依次递增，相邻两滚筒的线速比为 1∶1.1 左右；对于尘棒间的隔距设置，一般此隔距越大，落棉越多，除杂作用加强，但过大会造成落白花，除杂效率降低，所以为实现先落大杂、后落小杂的工艺要求，尘棒间隔距配置从第一只至第六只滚筒依次减小；对于滚筒与尘棒间的隔距设置采取依次增大的原则，这是因为原棉经第一只至第六只滚筒得到逐步松解，棉块体积增加，如果隔距过小，易造成阻塞和打坏尘棒。具体工艺设置参考范围见表 1 -11。

表 1 -11　六滚筒开棉机工艺参数参考配置范围

滚　筒	第一	第二	第三	第四	第五	第六
尘棒隔距(mm)	10		8		—	
滚筒至尘棒隔距(mm)	6 ~10		8 ~14		16 ~20	

豪猪式开棉机对棉层进行握持打击，在给棉量一定时，打手转速和打手至给棉罗拉的隔距应视加工原料的性能来考虑。加工纤维长度长、含杂少或成熟度差，应采用较低的打手转速，而打手至给棉罗拉的隔距也应相应放大，以免造成对纤维的损伤。一般豪猪式开棉机的打手转速在 500 ~600r/min。打手至给棉罗拉的隔距设置范围见表 1 -12。

表 1 -12　豪猪式开棉机打手至给棉罗拉隔距设置范围

纤维长度(mm)	原　棉			棉型化纤	中长化纤
	23 ~27	27 ~31	31 ~35		
打手至给棉罗拉(mm)	6 ~8	8 ~10	10 ~12	8 ~12	11 ~13

在豪猪式开棉机中，棉块随着打手的打击作用逐渐松解，体积逐渐增大，因此，打手至尘棒间的隔距从入口到出口应逐渐放大，并且根据原料含杂及机台产量综合考虑，当加工的原料含

杂高、机台产量低时，应采用较小隔距，以充分发挥其开松除杂效能；加工化纤时，由于化纤较蓬松，且含少量疵点，不含杂质，所以此隔距应适当放大。尘棒间的隔距应视尘棒所处位置及喂入原料的含杂情况而定，一般的规律是进口部分较大，可补入气流，也便于大杂先落，之后随着杂质含量的减少，可收小尘棒间隔距，近出口部分要求少回收时，也可采用由入口到出口隔距逐渐收小的工艺；加工化纤时，尘棒间隔距应减小或全封闭。打手与剥棉刀间的隔距以小为宜，避免打手返花，产生束丝。工艺参数参考配置范围见表 1－13。

表 1－13　豪猪式开棉机隔距(mm)参考配置范围

隔距配置		细绒棉含杂率		长绒棉	棉型化纤	中长化纤
		2.5%	4%以上			
打手至尘棒	第一、二组	14	12	16	16	19
	第三、四组	15	13	17.5	18	20.5
	第五、六组	16	14.5	19	20	22
	第七、八组	18	16.5	20.5	22.5	23.5
尘棒至尘棒	第一～三组	9～11	11～13	7～9	隔距减小、全部反装或完全封闭	
	第四组	6～7	7～10	6		
	第五、六组	5～6	6～8	5		
	第七、八组	6～7	7～9	6		
打手至剥棉刀		1.6～2.4	1.6～2.4	1.6	1.6	1.6

c. 清棉机：清棉机的打手形式主要有梳针打手、锯齿打手和综合打手，不同的打手形式对纤维的开松、损伤和除杂程度不同。从打手对原料的开松和损伤角度看，刀片打手比锯齿打手的开松程度好，纤维损伤大；而锯齿打手比梳针打手的开松程度好，纤维损伤大。从打手对纤维原料的除杂程度看，在去除较大杂质方面，刀片打手 > 锯齿打手 > 梳针打手；去除细小杂质方面，则梳针打手能力较强。因此，应根据原料和纺纱品种，合理确定打手形式。一般加工原棉时，清棉机可采用综合打手，即将锯齿打手和梳针打手联用。打手转速见表 1－14。

表 1－14　开棉机打手转速参考配置范围

原料特点	打手转速(r/min)				
	豪猪开棉机	轴流开棉机		清棉机	
		单轴流	双轴流	三翼梳针	综合打手
长绒棉	450～550	480～800	412～424		750～900
细绒棉	600～650			800～900	850～950
低级棉	450～550				700～800
粘纤	450～550				700～800
棉型化纤	500～600				800～900
中长化纤	500～600				800～900

清棉机其他的隔距配置见表1－15、表1－16。

表1－15　清棉机打手至给棉罗拉隔距参考配置范围

打手形式	隔距(mm)				
	细绒棉	长绒棉	棉型粘胶纤维	棉型合纤	中长化纤
梳针打手	7～9	8～10	7～9	8～10	10～12
综合打手	7～9	8～10	7～9	8～10	10～12

表1－16　清棉机其他隔距参考配置范围

打手形式		隔距(mm)							
		细绒棉		长绒棉		棉型化纤		中长化纤	
		进口	出口	进口	出口	进口	出口	进口	出口
梳针	打手至尘棒	9～12	16～20	9.5～13	19～22	11～15	20～22	12～16	22～24
	尘棒至尘棒	6～8	5～7	5～7	4～6	隔距减小、全部反装或完全封闭			
综合	打手至尘棒	9～12	16～20	9.5～13	19～22	11～15	20～22	12～16	22～24
	尘棒至尘棒	6～8	5～7	5～7	4～6	隔距减小、全部反装或完全封闭			

(2)加强对纤维的梳理作用,提高生条质量:梳理工序是整个纺纱过程的心脏,其半制品—生条的质量好坏直接影响着成纱的条干均匀度和其他质量指标。为保证成纱条干均匀度,生条的质量控制内容包括条干不匀率、短绒率和棉结杂质。生条的条干不匀率对成纱的重量不匀、条干不匀和强力影响很大,其控制范围见表1－17。

表1－17　生条条干不匀率控制范围

等　级	萨氏生条条干不匀率(%)	乌斯特条干 CV 值(%)
优	<18	2.6～3.7
中	18～20	3.8～5.0
差	>20	5.1～6.0

生条中的棉结杂质对纱线和布面的质量都有影响,而短绒率直接影响成纱条干、粗节、细节和强力。Uster公报2007中关于生条的棉结、杂质、短绒率的质量水平见表1－18。

表1－18　Uster公报2007年水平

水　平	5%	25%	50%	75%	95%
棉结(粒/g)	22～26	41～50	71～83	110～130	240～300
杂质(粒/g)	0.8～1.0	2.3～3.0	4.3～5.5	8～10	20～25
短绒率(%)	5.6～6.0	6.8～7.2	7.9～8.3	8.5～9.9	13.1～13.5

因此,梳理工序应在保证除杂的前提下,重点提高纤维的分离度,减少纤维损伤,降低纤维

结的形成，贯彻“紧隔距，强分梳，高转移，扩大转移面，提高分梳效能，减少棉束和云斑产生”的工艺原则。

①保证梳棉机喂棉箱中的纤维质量：在上喂棉箱式梳理机中，给棉罗拉速度应根据产量要求合理设定，以做到薄喂轻打，减少纤维损伤。开松辊的速度对棉结产生的影响较大，一般速度越高，产生的棉结越多，实际生产中应尽量减小开松辊速度。

②优化梳棉机主要梳理机件的运转速度：刺辊对纤维的分梳作用属于握持分梳，即纤维在给棉罗拉和给棉板的握持作用下，经刺辊的分割作用进入梳棉机主梳理区，刺辊速度的设置与纤维长度有关，刺辊速度过快，易导致纤维损伤，使短纤维数量急剧增加，因此，刺辊速度应根据加工纤维性能合理设置。一般加工棉纤维时，刺辊速度控制在900r/min及以内；加工棉型化纤时，刺辊速度控制在750r/min以内；加工中长化纤时，刺辊速度控制在600r/min以内。在高产梳棉机上，由于梳理面扩大，刺辊速度应偏低掌握。

锡林速度代表梳理机发展水平，对全机的分梳起主导作用，锡林速度高，分梳、转移能力强，有利于提高产品的质量，但是由于梳理机上的隔距配置很小，当锡林速度过高时，易与其他机件碰撞，造成生产事故，可根据加工纤维的性能和针布规格设置锡林速度。一般加工棉时，锡林速度在500r/min及以上时，锡林针布工作角应选用75°及以下；锡林速度在390r/min及以下时，锡林针布工作角应选用80°及以下；加工化纤时，为避免化纤与针布较大的摩擦因数造成纤维在梳理时转移困难，锡林针布的工作角应比纺天然纤维偏大。

适当提高盖板的线速度，单位时间内走出锡林盖板工作区的盖板根数增加，从而使盖板花数量增加，去除的棉结、短绒、细杂量增多，有利于提高生条质量。一般纺棉时，细特纱盖板线速度控制在130mm/min以内，中粗特纱时控制在260mm/min以内；纺化纤时，因原料中仅含少量的束状纤维疵点，且短纤维易在盖板花中排除，因此，盖板线速度比纺棉时低。

道夫速度和生条定量是决定梳棉机生条质量和产量的重要参数。在产量一定的情况下，生条定量增加，道夫速度应降低，以凝聚更多的纤维输出，新型梳棉机由于针布及各部分机件性能良好，既能增加定量，又能使道夫以较高的速度运转。纺12tex以上纱线的道夫转速在80r/min以内，纺12tex以下纱线的道夫推荐转速在60r/min以内；纺一般棉型化纤，可采用高于纯棉的道夫转速，对于可纺性较差的化纤及中长化纤等，道夫速度宜较低配置。

③合理调整梳理机各部件间的隔距：传统梳理机上的隔距配置主要包括给棉至刺辊部分、锡林至盖板部分、剥取部分。在梳理机上根据“紧隔距”的配置原则，各部分的隔距基本上都在1mm以内。例如，锡林和盖板是主要的分梳区，两者之间的隔距配置从入口到出口分别为：0.19~0.27mm、0.15~0.2mm、0.15~0.22mm、0.15~0.22mm、0.20~0.25mm。纺相同类型纤维时，生条定量小，隔距应偏小掌握，生条定量大，隔距应适当放大；纺不同类型纤维时，一般纺化纤的隔距比纺棉大，因为化纤摩擦因数大，隔距太小，化纤易缠绕在针齿上，失去梳理能力，恶化成纱的条干均匀度。

许多新型高产梳棉机在刺辊下方安装分梳板，在锡林部分加装前后固定盖板。刺辊分梳板可进一步对喂入锡林、盖板主梳理区的纤维进行分梳，使未分离纤维进一步分离，对提高纤维分离度和伸直平行度都有好处，可减轻锡林、盖板负荷，减少针布损伤，对改善生条质量有一定效果。该处的隔距采用“入口大,出口小”的配置原则,并根据纺纱品种进行调节,一般纺精梳纱比普梳纱大 1.5~2.0mm。锡林处安装的后固定盖板主要对进入回转盖板前的纤维起预分梳作用,以减轻回转盖板的分梳负担,如果隔距过小,会使浮于锡林表面的纤维搓转成棉结,因此,应偏大掌握;前固定盖板主要对纤维起整理分梳作用,并对纤维进行牵伸拉直,应偏小掌握。

(3)提高精梳条的质量:精梳工序的主要任务是排除生条中的短绒及结杂,进一步提高纤维的伸直度与平行度,使所纺纱线结构均匀、表面光洁,成纱强力高。精梳条的质量控制内容包括条干不匀率、落棉率、除杂率等。在正常配棉的情况下,精梳后棉结清除率小于 17%,杂质清除率小于 50%,条干不匀的质量控制范围参考 Uster 公报 2007 水平(表 1-19),精梳落棉率参考表 1-20。

表 1-19　Uster 公报 2007 精梳棉条干不匀水平

水　平	5%	50%	95%
条干 *CV* 值(%)	2.74~2.93	3.16~3.40	3.59~3.81

表 1-20　精梳落棉率参考范围

纺纱线密度(tex)	30~14	14~10	10~6	<6
参考落棉率(%)	14~16	15~18	17~20	>19
落棉含短绒率(%)	>60			

因此,精梳工序在进行工艺设计时,应注意以下几点。

①合理选择精梳准备工艺路线与工艺参数。

a. 精梳准备工艺路线的选择:精梳准备的工艺路线有预并条→条卷、条卷→并卷、预并条→条并卷三种。其中,预并条→条卷工艺流程短,机器少,占地面积少,结构简单,便于管理和维修,但由于牵伸倍数小,小卷中纤维的伸直平行不够,且由于采用棉条并合方式成卷,制成的小卷有条痕,横向均匀度差,精梳落棉多;条卷→并条工艺特点是小卷成型良好,层次清晰,且横向均匀度好,有利于梳理时钳板的握持,落棉均匀,适于纺细特纱;预并条→条并卷工艺特点是小卷并合次数多,成卷质量好,小卷的重量不匀率小,有利于提高精梳机的产量和节约用棉。但在纺长绒棉时,因牵伸倍数过大易发生粘卷,且流程占地面积大,因此,应根据纺纱品种及成纱质量要求合理选择。

b. 并合数与牵伸倍数的选择:精梳准备工艺中,如果棉条或小卷的并合数越多,越有利于改善精梳小卷的纵向和横向结构,降低精梳小卷的不匀率,并有利于不同成分纤维的充分混和。但是在精梳小卷定量不变的情况下增加并合数,会使并条机、条卷机、条并卷机的牵伸倍数增大,由此会产生很大的牵伸附加不匀。并且,牵伸倍数过大,还会造成条子发毛而引起精梳小卷粘卷。

因此,精梳准备工序中关于并合数和牵伸倍数的设置,应充分考虑精梳小卷及棉条的定量、精梳准备工序的流程及机型、精梳小卷的粘卷情况等因素。不同机型的并合数和牵伸倍数配置范围见表 1-21。

表 1-21　精梳准备工序中不同机型的并合数和牵伸倍数配置范围

机　型	预并条机	条卷机	并卷机	条并卷联合机
并合数	5~8	16~24	5~6	40~48
牵伸倍数	4~9	1.1~1.6	4~6	2.3~3

c. 精梳小卷定量：精梳小卷定量不宜过重，否则会使精梳锡林的梳理负荷及精梳机的牵伸负担加重。在确定精梳小卷定量时，应考虑纺纱线密度、设备状态、给棉罗拉的给棉长度等因素。一般精梳小卷的定量为：A201 型精梳机在 39~50g/m 之间，FA251 型精梳机在 45~65g/m 之间，FA266 型精梳机在 60~80g/m 之间。

②合理确定精梳机的定时、定位及有关隔距：合理的定时、定位及隔距有利于减少精梳棉卷杂质，提高精梳条的质量。

a. 钳板运动定时：钳板最前位置定时指钳板到达最前位置时的分度数，精梳机的其他定时与定位都是以钳板最前位置定时为依据。一般 A201C 和 A201D 型精梳机定时分度为 24，FA251 型精梳机为 40，FA261 型精梳机、SXF1269A 型精梳机为 24。

钳板闭口定时是指上、下钳板闭合时的分度数，要与锡林梳理开始定时相配合，一般情况下要早于或等于锡林开始梳理定时，否则锡林梳针有可能抓走钳板中的纤维，使精梳落棉中的可纺纤维增多。

钳板开口定时指上、下钳板开始开启时的分度数，与分离接合质量有关，一般开启越早越好，如果开口定时晚，被锡林梳理过的棉丛受上钳板钳唇的下压作用而不能迅速抬头，不能很好地与分离罗拉倒入机内的棉网进行搭接，影响分离接合质量，严重时将可能使分离罗拉输出的棉网出现破洞与破边现象。

b. 分离罗拉顺转定时：分离罗拉顺转定时应根据所纺纤维长度、锡林定位、给棉长度及给棉方式等因素确定。当采用长给棉时，由于开始分离的时间提早，分离罗拉顺转定时也应适当提早，以防在分离接合开始时，钳板的前进速度大于分离罗拉的顺转速度而产生棉网头端弯钩；当纤维长度越长时，倒入机内棉网的头端到达分离罗拉与锡林隔距点时的分度数推迟，分离罗拉顺转定时不能过早。

c. 锡林定位：锡林定位也称弓形板定位，主要是改变锡林与钳板、锡林与分离罗拉运动的配合关系，以满足不同纤维长度及不同品种的纺纱要求。锡林定位的早晚影响锡林第一排及末排梳针与钳板钳口相遇的分度数，即影响开始梳理及梳理结束时的分度数，同时也影响锡林末排梳针通过锡林与分离罗拉最紧隔距点时的分度数。当所纺纤维长度越长时，要求锡林定位提早为好。锡林定位不同时，不同机型精梳机锡林末排梳针通过最紧隔距点的分度见表 1-22。

表 1-22　锡林末排梳针通过最紧隔距点的分度数

锡林定位（分度）	36	37	38
末排梳针通过最紧点的分度	9.48	10.48	11.48

d. 落棉隔距：落棉隔距是指钳板到达最前位置时，下钳板前缘到分离罗拉表面的距离。落

棉隔距越大，则分离隔距越大，钳板握持棉丛的重复梳理次数及分界纤维长度越大，故可提高梳理效果和精梳落棉率，因此，落棉隔距是调整精梳落棉率和梳理质量的重要手段。落棉隔距改变1mm，精梳落棉率改变约2%。

e. 顶梳高低隔距及进出隔距：顶梳的高低隔距是指顶梳在最前位置时，顶梳针尖到分离罗拉上表面的垂直距离。高低隔距越大，顶梳插入棉丛越深，梳理作用越好，精梳落棉率越高。顶梳高低隔距每增加一档，精梳落棉率约增加1%。但高低隔距过大时，会影响分离接合开始时棉丛的抬头。

顶梳的进出隔距是指顶梳在最前位置时，顶梳针尖与分离罗拉表面的隔距。进出隔距越小，顶梳梳针将棉丛送向分离罗拉越近，越有利于分离接合工作的进行。但进出隔距过小，易造成梳针与分离罗拉表面碰撞。顶梳进出隔距一般为1.5mm。

③充分发挥精梳机锡林和顶梳的分梳作用：要根据成纱的品种及质量要求，合理选择精梳锡林的规格及种类。确保棉网成型良好，避免云斑、破洞、边缘不良、横向切断、纤维弯钩等产生；锡林、顶梳梳针要保持良好的状态。

(4)提高熟条内纤维的伸直平行度：为保证成纱条干均匀度，对熟条的质量控制主要是其条干不匀率。2007年的乌斯特公报关于熟条的条干不匀率控制范围见表1-23。

表1-23　熟条Uster公报2007水平

水　平		5%	25%	50%	75%	95%
条干CV值(%)	普梳熟条	2.02~2.54	2.52~2.90	2.76~3.09	3.00~3.31	3.58~3.99
	精梳熟条	1.46~2.20	—	2.02~2.38	—	2.44~2.59
	涤/棉混纺熟条	2.6~2.82	2.82~3.12	3.07~3.61	3.36~4.17	3.50~4.80
	化纤熟条	2.19~2.73	—	2.70~3.39	—	3.37~4.20

为有效控制熟条的条干不匀，并条工序应主要针对梳理后生条中的纤维结构较乱、后弯钩纤维较多这一特点，着重改善纤维的伸直平行度，减少弯钩纤维在并合中形成纤维结的机会，选择适宜的牵伸工艺。保持正常的机械状态，降低牵伸波，消灭机械波。

①合理确定纺纱工艺道数：纱条中纤维是否能伸直主要取决于下列3个条件是否具备，即一定的速度差、一定的接触持续时间和足够能克服弯钩处抗弯力的摩擦作用力。理论分析结果表明，前弯钩纤维不易伸直，当牵伸倍数较小时，随着牵伸倍数的增加，前弯钩纤维能获得一定的伸直效果，当牵伸倍数较大时，伸直效果下降，甚至得不到任何伸直效果；后弯钩纤维较易被伸直，且伸直效果始终随牵伸倍数的增大而提高。因此，在纺纱工艺道数的配置中，一般要求生条中弯钩较多的方向形成粗纱喂入方向的后弯钩，即梳棉至细纱间的工艺道数呈奇数配置，普梳工艺推荐两道并条和一道粗纱，并合方式为6根×6根或8根×8根。对精梳纱而言，纱条中纤维本身伸直度较高，化纤纱等长，弯钩较少，纤维集结少，所以，纺精梳纱和化纤纱时，纤维须条的喂入方向性影响较小。对于混和要求较高的产品，采用棉条混棉的化纤混纺纱可采用三道并条；如果生条由有预牵伸和自调匀整的梳棉机形成，可减少并条道数；对于色纺或混色要求较高的品种，应增加并条道数。

②优化并条工序牵伸形式：并条机牵伸形式已从20世纪50年代的简单四罗拉渐增牵伸发展到双区牵伸、三上四下牵伸，目前普遍采用的为曲线牵伸，可使条干不匀率有较大的改善。如图1－11所示的三上三下压力棒曲线牵伸，主牵伸区中设置一位置可调整的圆弧形截面的压力棒，对压力棒施加压力，将须条上托或下压，构成附加的摩擦力场，有效控制纤维的运动，使须条中纤维的变速点前移，从而改善条干不匀率。

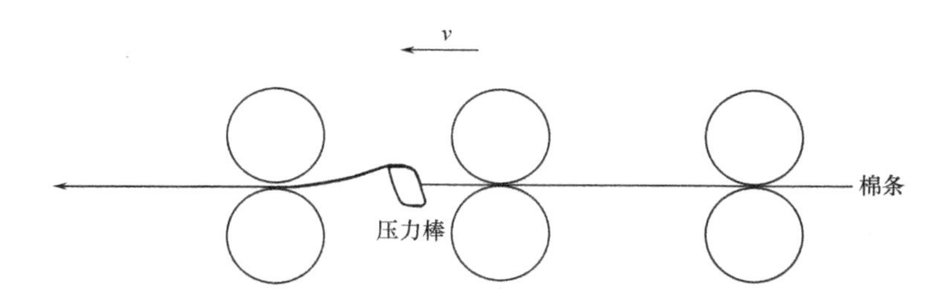

图1－11　三上三下压力棒曲线牵伸

③根据牵伸形式和纤维状态确定罗拉握持距：罗拉握持距指牵伸区前后罗拉两个纤维握持点的距离，对条干不匀率有较大的影响。握持距过大，易造成纤维控制不良，恶化条干；握持距过小，则牵伸力过大，使握持力与牵伸力不适应，易形成粗节和纱疵，甚至“出硬头”。一般需要根据所纺纤维性质和牵伸形式，合理确定罗拉握持距，可参考表1－24。其中，L_p 指原棉的品质长度或者化纤的平均长度。

表1－24　并条工序罗拉握持距配置范围

纺纱品种	牵伸形式	罗拉握持距（mm）	
		前区	后区
纯棉	三上四下曲线牵伸	L_p＋(3～5)	L_p＋(10～16)
	五上三下曲线牵伸	L_p＋(2～6)	L_p＋(8～15)
	三上三下压力棒曲线牵伸	L_p＋(6～12)	L_p＋(8～14)
棉型化纤纯纺或混纺	三上四下曲线牵伸	L_p＋(4～9)	L_p＋(12～20)
	五上三下曲线牵伸	L_p＋(3～8)	L_p＋(10～18)
	三上三下压力棒曲线牵伸	L_p＋(6～12)	L_p＋(10～15)
毛型化纤纯纺或混纺	三上四下曲线牵伸	L_p＋(5～10)	L_p＋(12～20)
	五上三下曲线牵伸	L_p＋(4～9)	L_p＋(10～18)
	三上三下压力棒曲线牵伸	L_p＋(6～12)	L_p＋(10～15)

④合理设计牵伸倍数分配：采用两道并条时，总牵伸倍数的分配有两种情况，即顺牵伸和倒牵伸。顺牵伸是指头道并条的牵伸倍数小于二道并条；反之，则为倒牵伸。梳理机输出的生条中纤维大多数有后弯钩，然后条子从条筒上端直接喂入头道并条机，此时喂入纤维的弯钩变成前弯钩，如果经过头道并合后的纤维未完全伸直，则纤维中的弯钩又以后弯钩形式进入二道并

条。根据罗拉牵伸对纤维伸直作用原理，牵伸倍数小有利于前弯钩的伸直，而牵伸倍数大有利于伸直后弯钩。因此，并条工序中两道并条的牵伸分配采用顺牵伸，有利于提高熟条中纤维的伸直平行度，进而改善成纱的条干均匀度（表1－25）。

表1－25　并条工序牵伸分配对条干不匀的影响

试验项目		总牵伸倍数	后区牵伸倍数	熟条条干不匀率（%）	粗纱条干不匀率（%）	细纱条干不匀率（%）	细纱粗节（个/km）
A	头并	8.6	1.45	3.84	5.63	14.07	113
	二并	8.0	1.45	3.54			
B	头并	8.0	1.74	3.64	5.29	13.12	53
	二并	8.6	1.15	3.07			

由表1－25中的方案B还可看出，在顺牵伸中，头道并条的后区牵伸倍数较大，二道并条的后区牵伸倍数较小。这主要是由于喂入头道并条的纤维较乱，采用较大的后区牵伸倍数有利于提高纤维的定向性。并且因生条中纤维皱缩，纤维的有效长度比实际长度短，因此前区的牵伸倍数不宜过大，否则高牵伸倍数会引起移距偏差加大，造成条干均匀度恶化，粗细节增多。

⑤采用自调匀整装置：自调匀整装置可对喂入或输出的棉条线密度进行不间断地在线检测，并自动调节牵伸机构的牵伸倍数，修正中长、短片段的不匀，提高输出棉条的均匀度，棉条的线密度达到设定的范围。自调匀整装置的控制系统有开环式、闭环式、混合环式3种，目前大都采用开环控制系统对短片段不匀进行匀整，如FA326A型、FA319型、FA322型并条机配备的Uster Sliver Guard型或USC型自调匀整装置就是开环式短片段自调匀整系统（图1－12）。喂入后罗拉的前方安装有凸凹检测罗拉，能精确地测量棉条的粗细变化，带动位移传感器将信号输入微型计算机，然后通过微型计算机放大额定值和测量实际值之间的偏差，送入伺服电动机，调整主牵伸倍数匀整条干粗细，减少短片段条干不匀。

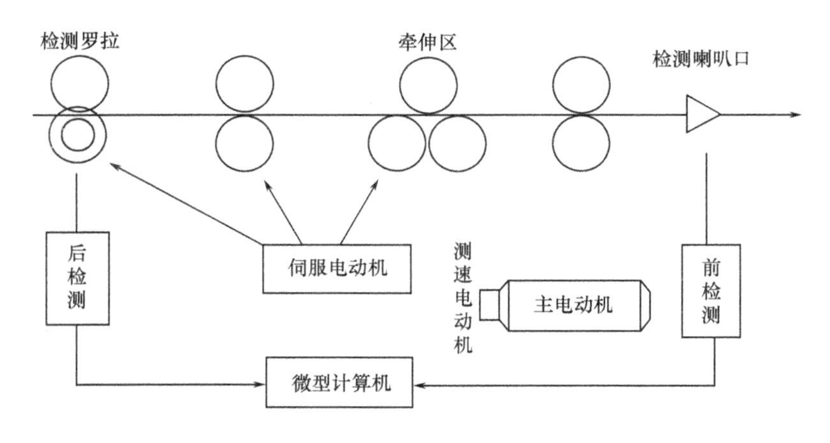

图1－12　USC型自调匀整装置的匀整示意图

实践证明，采用USC型自调匀整装置对短片段不匀有较好的匀整效果。在SH802－E型并条机上纺 JC 14.5tex 纱线，喂入的精梳条中夹进一根具有明显短片段不匀的精梳台面条，波谱图如图 1－13(a)所示，在波长为 8～10cm 处有不匀波，以并条机重量牵伸倍数为 9.42 计算，如果无自调匀整作用，则经并条机输出的熟条在波谱图上的 75～94cm 处应有不匀波，但是如图 1－13(b)所示，USC 型自调匀整装置很好地消除了这一不匀波。从表1－26所示的 3 种纱条的条干不匀率也可以看出，经 USC 型自调匀整后输出纱条的条干不匀率下降，与正常喂入条件下的输出熟条的不匀率结果较接近。

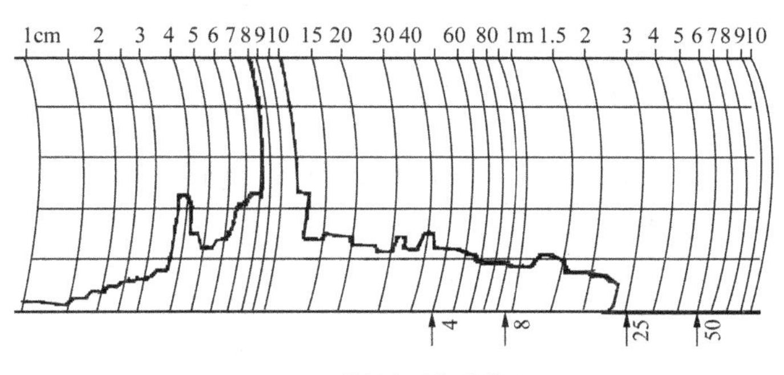

(a)精梳台面条波谱图

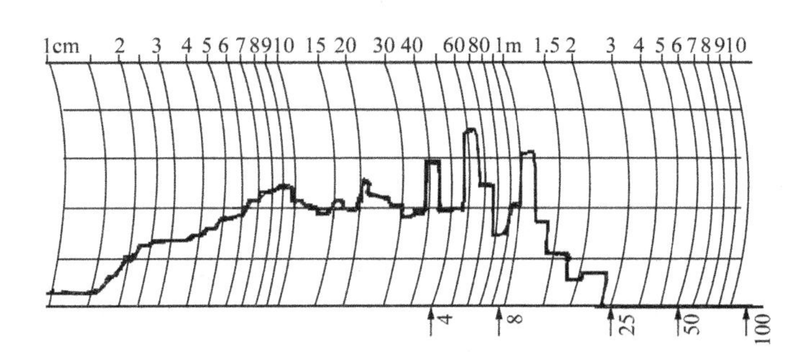

(b)输出条波谱图

图 1－13　经 USC 型自调匀整前后的纱条波谱图

表 1－26　条子的不匀率

项　　目	精梳台面条	并条输出条	正常喂入条件下输出条
条干不匀率(%)	6.10	3.45	3.61

(5)控制粗纱条干不匀率：2007 年的 Uster 公报关于粗纱的条干不匀率控制范围见表 1－27。

表 1－27　粗纱 Uster 公报 2007 水平

水　　平		5%	25%	50%	75%	95%
条干 *CV* 值(%)	纯棉普梳纱	4.32～5.46	4.98～6.01	5.75～6.80	6.62～7.48	7.68～8.15
	纯棉精梳纱	2.95～3.52	3.35～3.92	3.83～4.35	4.40～4.91	5.28～5.62

若要求细纱条干达到 Uster 公报 25% 水平，则粗纱条干要达到 Uster 公报 5%～10% 水平。

粗纱牵伸工艺对改善粗纱内在结构，提高条干均匀度有密切的关系，因此，为控制粗纱的条干不匀率，应合理选择粗纱牵伸工艺参数，控制粗纱伸长率，提高成纱质量。

①总牵伸倍数和牵伸分配：粗纱机的总牵伸倍数和各区的牵伸分配是改善成纱条干的关键，总牵伸倍数的配置根据所纺细纱线密度、熟条定量、粗纱机牵伸能力和细纱机牵伸能力而定。目前粗纱机上均采用双胶圈的牵伸形式，为充分发挥粗纱机的牵伸效能，总牵伸倍数一般不宜小于6倍，其配置范围见表1－28。而粗纱机的后区牵伸属于简单罗拉牵伸，喂入须条的纤维伸直平行度比并条要高，其牵伸倍数以偏小掌握为宜，其配置范围见表1－29，具体视参考定量和所纺品种而定，纺化学纤维纯纺、混纺纱和精梳纱时，后区牵伸倍数可偏高选择，如纺纯涤纶纱，后区牵伸倍数在1.25～1.3倍，涤棉混纺纱在1.2倍左右，纯棉纱则应选择更低些。

表1－28　粗纱机总牵伸倍数配置范围

纺纱品种	粗特纱	中特纱	细特纱	超细特纱
总牵伸倍数	7～8	8～9	9～11	10～12

表1－29　粗纱机各区牵伸分配

粗纱机各区牵伸	三罗拉双胶圈牵伸	四罗拉双胶圈牵伸
前区	主牵伸区	1～1.05
中区	—	主牵伸区
后区	1.15～1.4	1.2～1.4

②罗拉握持距：罗拉握持距对成纱条干均匀度的影响也较为敏感，粗纱机罗拉握持距应根据纤维长度、纤维品种、粗纱定量和牵伸形式进行合理的配置，其大小需适应牵伸区的要求，由于目前粗纱机均采用双胶圈牵伸形式，一般主牵伸区的罗拉握持距应等于胶圈架长度与经验系数之和，后区牵伸的罗拉握持距应等于纤维的品质长度与经验系数之和。不同牵伸形式下各区罗拉握持距配置范围见表1－30。

表1－30　不同牵伸形式下各区罗拉握持距配置范围

牵伸形式			三罗拉双胶圈牵伸	四罗拉双胶圈牵伸
罗拉握持距（mm）	前罗拉至二罗拉	纯棉	胶圈架长度＋（14～20）	35～40
		棉型化纤	胶圈架长度＋（16～22）	37～42
		中长化纤	胶圈架长度＋（18～22）	42～57
	二罗拉至三罗拉	纯棉	L_p＋（16～20）	胶圈架长度＋（22～26）
		棉型化纤	L_p＋（18～22）	胶圈架长度＋（22～26）
		中长化纤	L_p＋（18～22）	胶圈架长度＋（24～28）
	三罗拉至四罗拉	纯棉	—	L_p＋（16～20）
		棉型化纤	—	L_p＋（18～22）
		中长化纤	—	L_p＋（18～22）

注　表中L_p为纤维的品质长度，单位为mm。

③罗拉加压:罗拉加压应确保各列罗拉有足够的握持力,不同牵伸形式纺不同品种原料的加压范围见表1－31。纺中长化纤时,罗拉加压可在纯棉配置的基础上加重10%～20%。

表1－31　不同牵伸形式纺不同品种原料的加压范围

牵伸形式	纺纱品种	罗拉加压(N/双锭)			
		前罗拉	二罗拉	三罗拉	四罗拉
三罗拉双胶圈牵伸	纯棉	200～250	100～150	150～200	—
	化纤混纺和纯纺	250～300	150～200	200～250	—
四罗拉双胶圈牵伸	纯棉	90～120	150～200	100～150	100～150
	化纤混纺和纯纺	120～150	120～250	150～200	150～200

④粗纱捻系数:粗纱捻系数与粗纱强力密切相关,而粗纱强力过低会影响粗纱机卷绕工艺和细纱机上粗纱的退绕,使粗纱断头增加,还会使其在细纱机上退绕时因意外牵伸而产生细节以及牵伸时形成条干不匀;强力过高的粗纱不仅使粗纱机产量降低,能耗增加,并在细纱机牵伸时造成牵伸力过大易产生粗节,甚至“出硬头”,形成纱疵和条干不匀,因此,粗纱捻系数又是细纱机牵伸工艺的重要参数,直接影响细纱机后区牵伸力的大小和成纱条干不匀率。

粗纱捻系数的选择根据纤维主体长度、线密度、粗纱定量、细纱后区工艺及加工纤维的品种(纯棉或化纤)等因素而定。纯棉粗纱捻系数 α_t 可根据式(1－17)的经验公式确定。

$$\alpha_t = C_a \frac{1}{L_m \sqrt[x]{\mathrm{Tt}}} \tag{1-17}$$

式中:C_a——捻系数经验常数,4600～5000;

L_m——纤维主体长度,mm;

Tt——粗纱线密度,tex;

x——指数,10～14。

然而,由于大多数粗纱捻系数无法用经验公式或理论公式进行计算,所以确定粗纱捻系数时主要依据这样的原则:当纤维长、整齐度好、粗纱定量大时,粗纱捻系数应小,反之应大;加工棉型或中长化纤时,捻系数应比同样细度棉粗纱的小。不同品种粗纱捻系数的参考范围见表1－32。

表1－32　粗纱捻系数参考范围

细纱品种	纯棉机织纱	纯棉针织纱	棉型化纤混纺纱	涤棉混纺纱(65/35～45/55)	棉腈混纺纱(60/40)	粘棉混纺纱(55/45)	中长涤粘混纺纱(65/35)
粗纱捻系数	86～102	104～115	55～70	90～92	80～90	65～70	50～55

⑤胶圈钳口隔距:胶圈钳口隔距与牵伸力和牵伸不匀有很大的关系,钳口隔距愈小,

牵伸力愈大，牵伸力不匀率较小，因此，在保证握持力与牵伸力相适应的条件下，应选择较小的钳口，降低成纱的条干不匀率。例如，粗纱定量在370～590tex时，纺纯涤纶纱的胶圈钳口隔距在7～9mm，纺涤棉混纺纱的胶圈钳口隔距在6～8mm，纺纯棉纱的胶圈钳口隔距在5～6mm。

3. 合理配置细纱牵伸工艺，完善设备状态 有了良好的半制品，细纱工序就成了改善成纱条干均匀度的关键工序，应重点从牵伸工艺的配置及设备的工作状态方面着手。

(1)采用先进的牵伸形式，提高成纱条干均匀度。目前，现代棉纺环锭细纱机的牵伸形式有德国的INA－V型牵伸、瑞士立达公司的R2P型牵伸等。德国的INA－V型牵伸属于三罗拉长短胶圈双区曲线牵伸，如图1－14所示。后罗拉抬高12.5～13.5mm，并适当前移，使后罗拉握持点前移，缩短中、后罗拉中心距，增大了后区罗拉握持距长度，从而制造出良好的摩擦力界，适宜于整齐度差的纤维纺纱；后胶辊沿其下罗拉后摆65°，至上、下罗拉中心连线与水平面成夹角为25°～31°，喂入后区的纱条在后罗拉上形成一段曲线包围弧。由于后区的有捻粗纱呈V形进入前牵伸区，因此又可称为V型牵伸。V型牵伸因曲线包围弧产生的附加摩擦力界对后区纤维的积极控制，可提高细纱牵伸倍数30%～50%，产品质量好。

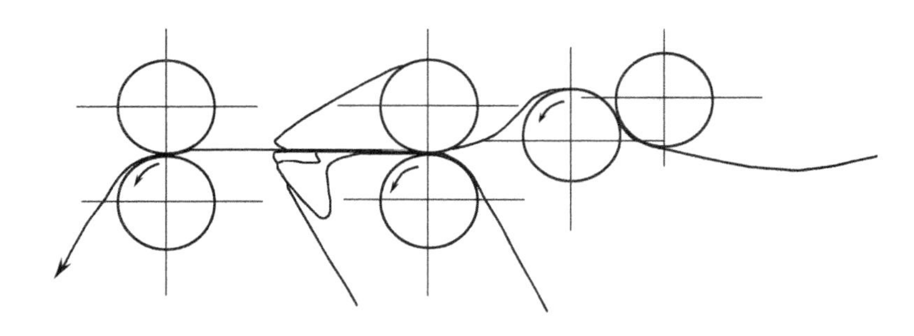

图1－14 INA－V型双区曲线牵伸

我国在消化吸收R2P及INA－V型牵伸加压技术基础上，研发了R2V型的三罗拉双区曲线牵伸气动加压形式。R2V型牵伸装置的前区吸收R2P紧隔距的优点，将前、中罗拉中心距由43mm改为41.5mm，浮游区长度缩小到12.6mm；后区采用V型曲线牵伸，对喂入纱条的控制能力好；气动加压压力稳定，无衰退，锭差小。R2V型牵伸适纺中、低特纱，牵伸效果和纺纱质量好。

此外，在V型和R2V型牵伸的基础上进行改进，形成VC型曲线牵伸，即配置一根控制辊(俗称压力棒)在后区V型牵伸中部，使细纱后区牵伸由V型罗拉曲线牵伸发展为控制辊式V型罗拉曲线牵伸，其后区牵伸形式和摩擦力场分布如图1－15所示。VC型曲线牵伸的主要特点如下。

①控制辊下压纱条产生接触包围弧cd，形成后区中部附加摩擦力场M，同时扩展了纱条在罗拉表面包围弧长度ab、使后罗拉包围弧的摩擦力场B向前移动，与中部摩擦力场M联成一片(VC)，显著增强了后牵伸区摩擦力场强度分布，有利于对牵伸纱条和纤维运动的控制，使变速点向中钳口前移、集中和稳定，从而有利于控制后区牵伸。

②控制辊处在牵伸区中部位置，使后区牵伸非控制区长度比VC牵伸更短，减少了非控制区中浮游纤维（主要是短纤维）数量，并使纤维在后控制区的摩擦长度增加，控制浮游纤维能力显著增强，特别适宜整齐度较差的棉型纤维纺纱。

③控制辊下压纱条，使牵伸纱条直接呈水平方向进入中钳口，消除了中上罗拉反包围弧，增大了后区牵伸潜力，减少了牵伸附加不匀。

④增强了V型牵伸的效果。喂入粗纱在后罗拉 *ab* 包围弧上被压扁，在捻回配合下向控制辊 *c* 处拉紧时形成第一次V型效应，经控制辊 *cd* 压扁的纱条在向中钳口 *e* 处张紧时形成第二次V型效应。后区增加控制辊后，牵伸力显著增大，所以，VC牵伸的V型效应要比原来V型牵伸大得多。

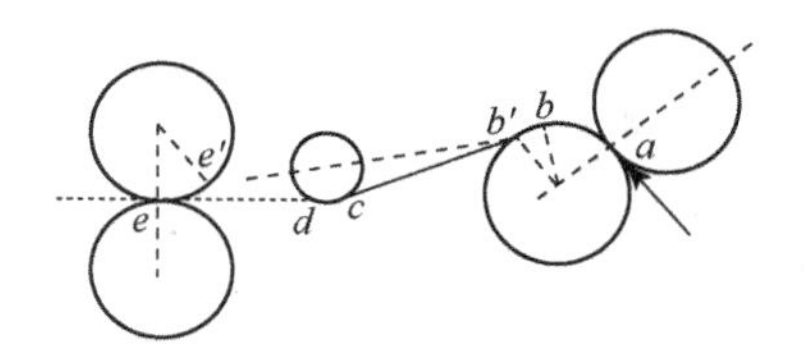

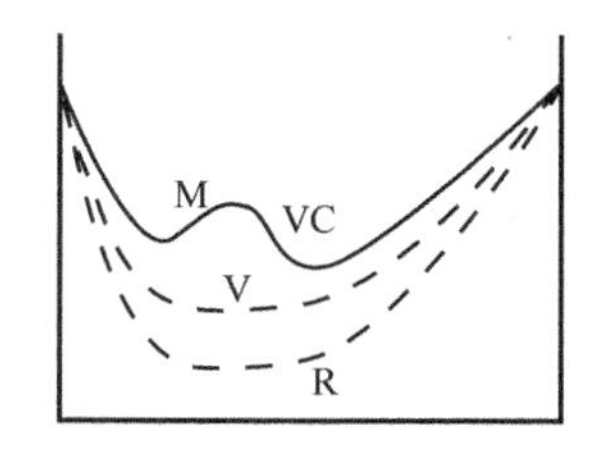

图1－15 VC型曲线牵伸和摩擦力场分布

总之，VC型牵伸使前区有了更完善的总摩擦力场强度分布形态，牵伸潜力继续增大，总牵伸能力可以达到50～100倍，成为当前实现细纱第三代大牵伸较为合适的形式。

VC型曲线牵伸与普通牵伸环锭细纱机纺制14.5tex精梳棉纱的性能列于表1－33中。可见，普通环锭纺纱机上采用曲线牵伸时，能够有效降低条干 *CV* 值，减少粗节、细节和棉结，达到改善成纱条干均匀度的目的，同时成纱强伸性能也得到了明显改善。

表1－33 牵伸形式对14.5tex精梳棉纱成纱条干均匀度的影响

成纱性能	环锭纺纺纱类别	
	普通牵伸	曲线牵伸
条干 *CV*(%)	13.66	13.08
细节(－30%)(个/km)	4	4
粗节(＋35%)(个/km)	60	46
棉结(＋140%)(个/km)	30	24

（2）合理配置牵伸工艺：为提高细纱质量，牵伸工艺的配置原则仍然是"紧握持，强控制"，以加强对浮游纤维的控制，使纤维在牵伸区内变速点分布前移且集中，并提高细纱牵伸倍数。

①总牵伸倍数：细纱工序的总牵伸倍数受纤维性质、粗纱性能、细纱工艺及机械性能等纺纱条件的影响。纤维质量好，细纱机总牵伸倍数可偏高掌握；粗纱条干均匀度较好，捻系数较高，细纱机总牵伸倍数可偏高掌握；细纱线密度较细、罗拉加压较重、前区控制能力较强时，总牵伸倍数的设计宜偏高掌握。不同牵伸装置的总牵伸倍数设计范围见表1－34。纺精梳纱和化纤混纺纱时，总牵伸倍数可在此基础上偏大设计。

表1-34 不同牵伸装置的总牵伸倍数设计范围

线密度(tex)	9以下	9~19	20~30	32以上
双短胶圈牵伸	30~50	22~40	15~30	10~20
长短胶圈牵伸	30~60	22~45	15~35	12~25
V型牵伸	40~80	30~55	35~45	15~30

②后区牵伸工艺:后区牵伸宜采用“三大一小”工艺,即重加压、大隔距、大的粗纱捻系数、小牵伸倍数,可保证纱条以良好的状态喂入细纱机前牵伸区。不同纺纱原料的后区牵伸工艺设置范围见表1-35。

表1-35 不同纺纱原料的后区牵伸工艺设计范围

后区牵伸工艺		纯棉		化纤纯纺及混纺	
		机织纱工艺	针织纱工艺	棉型化纤	中长化纤
牵伸倍数	双短胶圈	1.20~1.40	1.04~1.15	1.14~1.54	1.20~1.70
	长短胶圈	1.25~1.50	1.08~1.20		
罗拉中心距(mm)		44~56	48~60	50~65	60~86
后罗拉加压(N/双锭)		80~140	100~140	140~180	140~200
粗纱捻系数		90~105	105~120	56~86	48~67

a. 后区牵伸倍数:细纱机的后区牵伸为简单罗拉牵伸,有两类工艺可选择:第一类牵伸工艺为后区保持较小的牵伸倍数(1.02~1.15倍);第二类牵伸工艺为后区采用较大的牵伸倍数(1.25~1.50倍)。细纱后区的牵伸倍数对成纱条干不匀的影响见表1-36。

表1-36 细纱后区的牵伸倍数对成纱条干不匀的影响

后区牵伸倍数	1.11	1.15	1.25	1.31	1.50	1.58	1.67	1.76
细纱条干不匀率(%)	16.46	16.27	17.81	18.57	19.71	20.65	21.34	22.28

可见,细纱机后牵伸区采用较小的牵伸倍数,有利于提高成纱的条干均匀度。当喂入纱条纤维整齐度好、条干均匀、结构均匀时,如化纤纯纺或混纺纱,可采用第二类牵伸工艺,此时后牵伸区隔距必须与纤维长度相适应,一般比纤维平均长度长2~4mm,中后罗拉加压也要相应加重。但即使采用第二类牵伸工艺时,后区牵伸倍数仍以偏小掌握为宜,以保证成纱条干均匀度达到一定的水平。

b. 中后罗拉握持距:一般中后罗拉握持距不能小于原料成分中长度最长一组纤维的长度,以免拉断纤维或造成牵伸不匀,通常比纤维的品质长度长5~10mm。当粗纱捻系数偏大、后区牵伸倍数偏小、后罗拉加压偏轻及粗纱定量偏重时,中后罗拉握持距应偏大考虑。

c. 粗纱捻系数:当细纱机后区牵伸采用第一类牵伸工艺时,即后区的牵伸倍数较小,此时可采用较大的粗纱捻系数来改善成纱条干,降低细纱与粗纱的断头。这是因为采用较大的粗纱捻系数,当粗纱经后区较小的牵伸后,可保留一部分捻回进入前牵伸区胶圈牵伸,弥补因胶圈内凹而导致的对纤维控制不良,防止牵伸纱条弱环在胶圈内凹失控处分裂而造成细节。利用进入前区的这部分捻回,可对胶圈牵伸区中的纤维束周围加上约束力,有效地控制浮游短纤维的运动。

但是,后区牵伸倍数较大时,应采用较小的粗纱捻系数,以避免出现如图1-16所示的捻回重分布现象。如果加捻的须条经较大的后区牵伸后,须条会因为变细而发生绕轴心旋转,形成前方细段的捻回分布比较集中,导致引导力增加,使浮游纤维提前变速,从而破坏成纱条干。

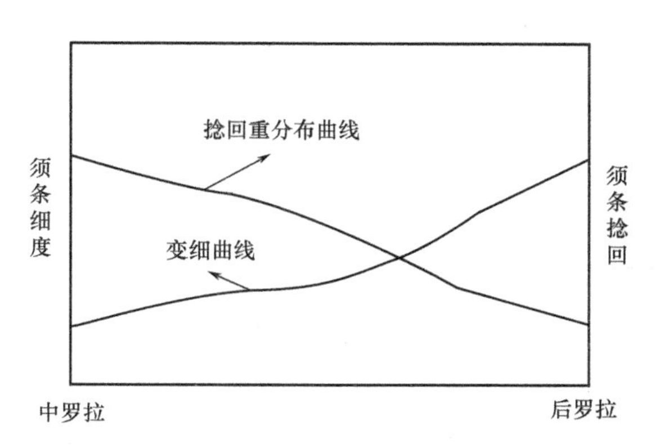

图1-16 细纱后牵伸区捻回重分布曲线

③前区牵伸工艺:细纱机的前区牵伸采用“重加压,强控制”的工艺配置原则,表1-37列出了不同牵伸形式纺不同品种纱线时前区牵伸工艺参考设计范围。

表1-37 前区牵伸工艺参考设计范围

牵伸形式	纤维长度	胶圈架或上销长度	前牵伸区罗拉中心距	浮游区长度	罗拉加压(N/双锭)	
					前	中
双短胶圈	31mm以下棉纤维	25	36~39	11~14	100~150	60~80
	33mm以下棉纤维	29	40~43	11~14		
长短胶圈	40mm以下棉及化纤混纺	33(34)	42~45	11~14	140~180	100~140
	50mm以下棉及化纤混纺	42	52~56	12~16		
	40mm以下中长化纤混纺	56	62~74	14~18	140~220	100~180
	50mm以下中长化纤混纺	70	82~90	14~20		

注 双短胶圈牵伸为曲面销重加压;长短胶圈牵伸为弹性销摇架加压。

a. 前罗拉握持距:前罗拉握持距直接影响胶圈的浮游区长度,关系到对短纤维的控制能力,对成纱条干有很大的影响。实践证明,在加工棉纤维时,当浮游区长度由12mm缩小到10mm,受控浮游纤维可增加4%~5%,条干*CV*值可减少1%以上。因此,纺纯棉纱或加工纤维长度整齐度较差的纤维时,应在牵伸力和握持力相适应的基础上,尽量减少前中罗拉的中心距,即降低浮游区长度,反之,加工化纤或纤维长度整齐度较好的纤维,应适当增加浮游区长度。

b. 罗拉加压:罗拉加压的大小决定了罗拉钳口对纱条的握持能力,细纱摇架压力,特别是前胶辊压力的大小,对成纱质量影响十分明显。表1-38所示为某厂纺18.2tex棉纱时前胶辊压力对成纱条干质量的影响。

表1-38　前胶辊压力对成纱条干质量的影响

实测压力(前×中×后)(daN/双锭)	条干不匀率(%)	细节(个/km)	粗节(个/km)	棉结(个/km)
11.6×8.2×10.2	20.9	413.8	943.4	565.0
13.4×8.5×11.3	20.8	338.4	737.5	548.2
15.2×8.8×11.8	18.96	287.4	583.5	551.3
16.2×9.0×13.1	18.34	226.4	469.1	567.4

由表1-38可看出，随着前胶辊压力的增大，成纱条干不匀率值下降，且细纱的粗细节和棉结个数也相应减少。这是因为罗拉加压增大，可防止纱条在罗拉钳口处发生滑溜，同时增大作用于须条上的牵伸力，对改善成纱条干与纤维伸直平行度均有利。

但是，罗拉加压不宜过大，否则易造成罗拉与胶辊变形，甚至损坏，使输出纱条产生机械波，恶化成纱条干均匀度。所以罗拉加压的设置应在牵伸机件的允许范围内。

c. 胶圈钳口隔距：胶圈钳口隔距指上、下销弹性钳口的最小隔距，其作用包括通过调节胶圈摩擦力场强度来控制浮游纤维运动和保证纤维能顺利通过。胶圈钳口隔距应根据纺纱线密度、纤维长度和长度整齐度进行合理的调节，如纺纱线密度大时，应加大胶圈钳口隔距，缓解牵伸力与握持力不相适应的矛盾；加工纤维长度和长度整齐度好的纤维时，一般浮游区长度适当偏大掌握，同时适当减小胶圈钳口隔距。常用的配置范围见表1-39。

表1-39　胶圈钳口隔距的常用配置范围

纺纱线密度(tex)	<9	9~19	20~30	≥32
钳口隔距(mm)	2.0~3.0	2.5~3.5	3.0~4.0	3.5~4.5

(3)完善设备状态。

①严格控制胶辊和罗拉的偏心、弯曲、变形，避免轴承损坏。

②选用优质罗拉，防止罗拉扭振。现代细纱机在牵伸罗拉方面的改进体现在应用新型优质的无机械波罗拉，降低成纱的条干不匀。其特点为采用优质特定钢，经独特的热处理校直技术及表面镀铬，罗拉抗弯强度提高10%，在重加压牵伸情况下，运转平稳，不变形，不走调，使用寿命长；采用特殊的齿形加工方式和表面光整加工技术，使罗拉工作表面光滑，细腻，无毛刺，不挂花；罗拉单节制造精度高，工作面外圆跳动≤0.01mm；罗拉不需在车下预校调，直接上机联结并紧，不经校调，做好敲空后，每锭跳动96%均在0.02mm范围内，最大不超过0.05mm；罗拉纺纱无机械波率：拉网检测96%以上达到平波幅，最大相对振幅不超过基波的1/6。

③选用优质摇架或气压摇架，并加强摇架压力校正和日常管理。

④选用新型上、下销，优选胶辊和胶圈，加强对纤维的控制。

⑤减少牵伸齿轮偏心、磨灭，保证齿轮间啮合正确，键与销配合要适当。

⑥用好电子清纱器。

(二)降低纱线重量不匀率

百米重量不匀和百米重量偏差不仅影响纱线质量,也影响工厂的经济效益,而且与单纱的强力、强力不匀率、细纱断头及坯布条影等疵点都有密切的关系。细纱的重量不匀会导致纱线降等,主要分为野重量不匀降等和普遍不匀降等。野重量不匀降等是指细纱一组试样中,有1、2个或数个特轻或特重的管纱,去掉这几个管纱,重量不匀率正常。其特点是突发性强,持续时间短,降等严重,由上等降为二等,甚至直接降为等外品,常发于末道并条、粗纱和细纱工序;普遍不匀降等是指细纱重量试验数据中无野重量,但大多数重量都不同程度偏离标准,综合影响的结果是造成重量不匀降等。其特点是影响周期长,降等表现为由上等降为一等品。所以,应加强对重量不匀的分析,及时采取措施降低纱线的重量不匀率和重量偏差。

1. 控制棉卷的重量不匀率和重量偏差　开清棉工序的棉卷间重量差异控制在 ±1.5%,正卷率控制在99%以上;棉卷间重量不匀率反映棉卷每米间的重量差异程度,包括纵向不匀率和横向不匀率,其中,棉卷纵向1m长片段间的重量不匀影响着生条的重量不匀和细纱的重量偏差,因此,在实际生产中以控制棉卷的重量不匀为主,一般控制在0.8% ~1.4%。

(1)降低纤维原料的性能差异:原棉需要在分级室存放一段时间,得到自然松解,降低原料中各成分的回潮率差异,保证在加工棉卷的过程中纤维原料均匀混和,有效开松。同时,回卷混入量不宜过多,否则会导致棉卷重量不匀率的进一步恶化。

(2)提高纤维的开松度和开松均匀度:纺纱原料如果无法得到良好的开松,纤维卷中纤维块与纤维束分布不匀,则会因纤维块与纤维束的密度差异导致制成的清棉棉卷在长度方向产生重量差异,从而恶化纤维卷的纵向重量不匀率。所以,在尽量避免纤维损伤的前提下,提高纤维的开松度和开松均匀度不仅有利于改善成纱的条干均匀度,也可降低成纱的重量不匀率,则开清棉工序改善成纱条干均匀度的方法也适用于降低重量不匀率,此处不再多述。

(3)控制储棉箱内储棉高度和密度:棉箱的储棉量高度一般控制在棉箱总高度的2/3 ~3/5之间,为控制棉卷的重量不匀率,储棉箱内的储棉高度应尽量减少波动,使箱内储棉密度保持高度稳定。混棉机和开棉机的棉箱储棉量高度一般采用摇栅水银或光电装置控制,也可采用振动棉箱和薄膜压差开关进行控制。

(4)确保天平装置动作正确灵敏:目前纺纱厂所用的清棉机仍然用天平调节装置,对出棉量进行积极有效的控制。天平调节装置作用的好坏,直接影响棉卷的均匀度和正卷率,因此务必要保证它能正常工作,动作正确灵敏。在运转中,应根据棉卷的轻重、原棉和温湿度等变化进行正确的调节。天平调节装置的均匀调节作用是建立在棉层密度稳定的基础上的,若密度波动过大,会明显恶化棉卷均匀度。为确保天平调节装置的调节效能,应把抓棉机、开棉机的工艺调整、提高混棉机的混和效能及各机件的开松作用等工作一起抓好,保证混和均匀,使棉层密度波动降到最低。

(5)采用自调匀整装置:在国产A076型、F1071型、FA104型成卷机上可采用FLT-200型微电脑清棉变频自调匀整仪,取消锥轮等一系列机械零件,保留天平罗拉及天平杠杆等部件。匀整仪由位移传感器、匀整仪控制器、减速电动机三部分组成,如图1-17所示。当棉层厚度发生变化时，天平杠杆总吊钩处的重锤相应地发生上下位移，位移信号通过传感器转化为电信号，经放大送到匀整控制器。匀整控制器对电信号进行放大运算，输出一个电压值去控制变频器。变频器是减速电动机的电源，通过改变变频器频率，控制异步电动机的转速，再通过减速器等传动机构传动天平罗拉，使其进行快、慢速的变化，从而使单位时间内输出棉量恒定，达到匀整目的。

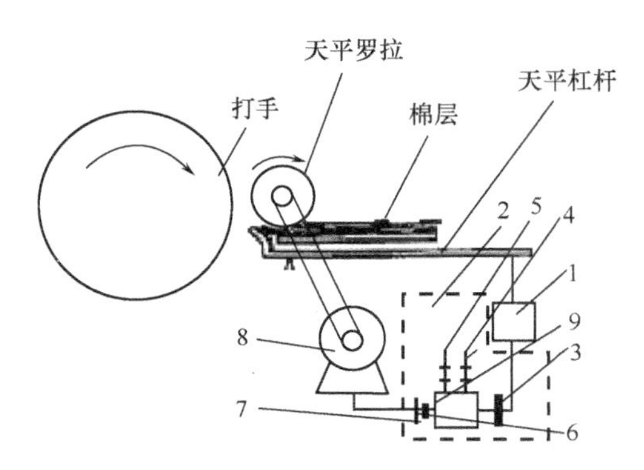

图 1－17　微电脑补偿式自调匀整工作原理图

1—位移传感器　2—匀整仪控制器　3—控制线路板　4—重量电位器　5—匀度电位器
6—电源线路板　7—变频调速器　8—减速电动机　9—微电脑

某厂使用 FLT－200 型微电脑清棉变频自调匀整仪纺纱后，得到如表 1－40 所示的数据结果。实践证明，使用匀整仪后，棉卷质量有显著的提高。棉卷正卷率提高 9% 左右，棉卷重量不匀率控制在 0.84%，涤纶卷控制在 1% 以下。生条重量不匀和萨氏条干不匀都有改善。

表 1－40　清棉机使用匀整仪的半制品质量

品　　种	纯　棉		纯涤纶	
	无匀整仪	有匀整仪	无匀整仪	有匀整仪
清棉正卷率（%）	90	99	92	99.5
棉卷重量不匀率（%）	0.89	0.84	1.3	0.85
生条萨氏条干不匀率（%）	15.31	12.7	17.78	16.88
生条重量不匀率（%）	1.7	1.5	4.35	3.83

FLT－300 型智能型清棉变频自调匀整仪又新增了六个系统，包括微电脑曲线补偿系统（UPDP）、传感器滑动防脉冲干扰系统（FDAV）、棉花密度监测跟踪系统（GPH）、速度自动跟踪调节系统（AVF）、双重均棉速度自动调节系统（SVN）、棉花品种自适应识别系统（MSB）。该自调匀整仪确保纯棉、化纤棉卷重量不匀率稳定在 0.8% 以下。

（6）保证各单机的定量供应：整套开清棉联合机在单位时间内，所有机台的出棉量必须与制成棉卷重量保持一定的关系，一般使喂入量略大于输出量。除应考虑后面机台的落棉量外，再加上 5% ～10% 的安全系数，尽可能提高棉箱机械的运转率。

（7）控制好纤维卷的伸长率：通过长期测试和统计分析，确定棉卷伸长率控制在 3.0% 左右时，棉卷内不匀率最好，伸长率过大或过小，棉卷的均匀度都会恶化。为控制好纤维卷的伸长率，首先要保证上包原棉回潮率相近，控制好抓棉小车下降动程，以便既能保证机台供应，又能取得较小的抓取棉块；其次，要求自停装置安装良好，棉卷罗拉直径磨灭程度及棉卷压钩加压等要一致。

(8)减少车间温湿度的波动：车间的温湿度会影响棉卷回潮率的变化。回潮率高，棉卷重量偏重；回潮重量率低，棉卷重量偏轻。因此，要控制车间的温湿度，减少波动。

(9)其他措施：控制清棉棉卷的重量不匀，除上述措施外，还应控制清棉机上尘笼集棉比在2/3～3/5范围内，防止粘卷，改善棉卷的横向不匀；加强挡车工操作水平，避免因操作不当引起棉卷的重量不匀和重量偏差。

2. 控制生条的重量不匀率　生条的重量不匀率包括内不匀率和外不匀率，一般应控制在4%以内。内不匀率指每台梳理机输出条子不同片段长度的重量不匀率，外不匀率指同一品种各梳理机台输出生条一定长度的重量不匀率。

(1)控制生条重量的外不匀率：梳棉机各机台间的落棉差异是影响生条重量外不匀率的主要因素，可从以下几方面减少落棉差异。

①确保各单机的机械状态良好，坚持纺同一品种的机台采用同一机型的梳棉机，并做到隔距、齿轮及针布型号统一。注意同一机台各根盖板针齿的高低、锋利度的一致程度。

②确保各单机的工艺调整准确，如各机台之间的除尘刀工艺、锡林与盖板的隔距、道夫隔距等。

③定期逐台检查落棉率，如有不一致应及时调整。

④控制好喂入梳棉机的纤维层的定量差异。尤其对于清梳联工序，要提高筵棉喂入的横向与纵向均匀度。

(2)控制生条重量的内不匀率：生条重量的内不匀率主要受棉卷均匀度、梳棉机机械状态和挡车工操作的影响，在保证喂入棉卷均匀度的情况下，梳棉工序可从以下几方面控制生条重量的内不匀率。

①严格按照操作规程，防止在换卷和生条接头时造成接头不良和落网、粘卷造成的粗细条；按时换筒，严防条筒过满或压紧。

②控制好车间温湿度，防止粘卷、棉网破边、破洞等。

③采用金属针布与连续真空抄针装置时，应减少抄针次数。

④根据加工原料情况和车间温湿度变化情况，合理配置压辊处的张力牵伸。

3. 控制好熟条的重量不匀率和重量偏差　为降低成纱的重量不匀率，并条工序生产的熟条重量不匀率控制范围见表1－41，普梳纱一般控制在±1%以内，精梳纱一般控制在±0.8%以内。

表1－41　熟条的重量不匀控制范围

纺纱类别	纯　棉		涤/棉
	细特	中、粗特	
重量不匀率(%)	0.9	1	0.8

熟条的重量偏差控制包括单机台各眼间的重量偏差和同一品种全部机台的重量偏差。控制单机台各眼间的重量偏差有利于降低细纱重量不匀率和细纱重量偏差；控制同一品种全部机台的重量偏差有利于降低细纱重量偏差。纺纱生产实践证明，以细纱重量偏差的波动范围为±2.5%为参考，如果单机台熟条干定量的偏差控制在±1%以内，则细纱的重量偏差和重量不匀率可稳定在国家规定的范围之内。

(1)熟条定量调节原理：熟条定量的控制主要依靠平时的测试和分析，负责定量控制人员每班都要对每台车进行定量测试，将测试结果进行分析。如果发现熟条定量超过规定范围，首先应视情况决定是否需要调整。如发现个别眼的熟条定量超出范围，可复试后再检查原因并加以修复；如前后两次的试验结果均发现定量超出范围且趋势(偏轻或偏重)一致，应加以调整，否则应复试一次；如车间回潮率变化较大时，应分析原因，一般不宜调整机台数过多；如大部分机台纺出定量都有偏重或偏轻的趋势，可将超出范围的机台定量多调一些；如细纱累计偏差偏重，而要求细纱累计重量偏差从轻掌握时，可将达到控制范围上限的机台适当多调。

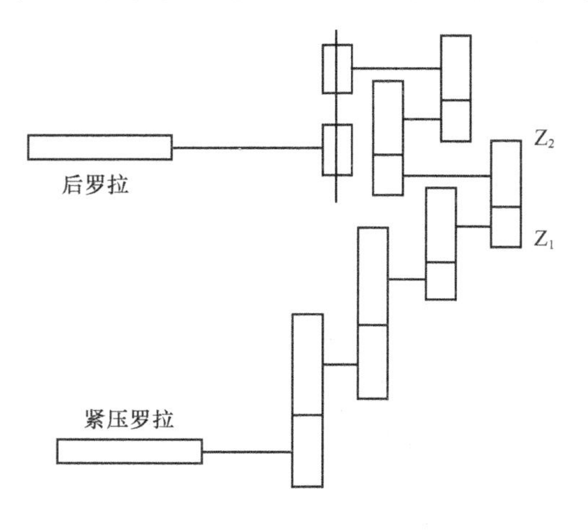

图1－18　并条机传动图

经过上述分析后，如果确定需要调节熟条定量，可在并条机上通过调节牵伸变换齿轮的齿数来实现。以图1－18所示的并条机传动图为例，Z_1和Z_2分别为轻重齿轮和冠齿轮。可见，轻重齿轮在机器传动系统中与总牵伸倍数成反比，与纺出熟条定量成正比，而冠齿轮与总牵伸倍数成正比，与纺出熟条定量成反比。

当重量偏差较小，略超过1%时，可只调节冠齿轮。如偏差为正，则需要降低熟条定量，冠齿轮需增加1齿；如偏差为负，则需要增加熟条定量，冠齿轮需减少1齿。当重量偏差较大，略超过2%时，可只调节轻重齿轮。如偏差为正，轻重齿轮需减少1齿；如偏差为负，则轻重齿轮需增加1齿。当单独调整冠齿轮或轻重齿轮不能满足要求时，则需同时调整冠齿轮和轻重齿轮的齿数。现将列举两个例子来阐述调节牵伸变换齿轮来控制熟条定量的方法。

例1－7　纺29tex细纱，FA303型末道并条机熟条标准干重为21g/5m，纺出熟条湿重为22.75g/5m，机上使用的轻重齿轮为50齿，冠齿轮为90齿，熟条回潮率为6.5%。问是否需要调换齿轮齿数？如何调整？

解：调冠齿轮一齿影响熟条定量$=\frac{1}{90}=1.11\%$

$$熟条掌握湿重=21\times\frac{100+6.5}{100}=22.365(g/5m)$$

$$熟条掌握湿重控制范围=22.365\times\frac{100\pm1.11}{100}=22.12\sim22.61(g/5m)$$

显然，实际纺出熟条定量比控制定量重，应减少牵伸变换齿轮轻重齿轮或增加冠齿轮齿数。当轻重齿轮减少一齿时，相应的熟条定量增加量 $=\frac{22.75}{50}=0.455(g)$。

所以，轻重齿轮可由 50^T 调为 49^T，使实际纺出熟条湿定量为22.30g/5m，在控制范围内。

例1－8　FA303型末道并条机的熟条设计干重为20g/5m，纺出熟条干重为20.25g/5m，此时机上使用的轻重齿轮为 50^T，冠齿轮为 90^T。问是否需要调换齿轮齿数？如何调整？（已知FA303型并条机的轻重齿轮齿数有 $45^T \sim 59^T$，冠齿轮齿数有 89^T、90^T、91^T）

解：纺出熟条干重差异的控制范围为 $20\times(\pm1\%)=\pm0.2(g)$

纺出熟条干重的实际偏差为 $20.25-20=0.25g$，可见超出允许范围，应降低输出熟条干定量，即需要增加并条机的牵伸倍数。

由于偏差超过0.2g，因此可增加冠齿轮齿数。

当冠齿轮增加一齿时，相应的熟条定量减少量 $=\frac{20.25}{90}=0.225(g)$。

则调整后的熟条干定量为 $20.25-0.225=20.025g$，偏差控制在允许的范围内。

因此，应将冠齿轮由 90^T 增加到 91^T。

（2）降低熟条重量不匀和重量偏差的措施。

①轻重条搭配降低熟条的重量不匀：为控制熟条的重量不匀率，除了要求前道工序供应的半制品具有良好的质量，并条工序工艺配置合理以及良好的机械状态外，主要采用轻重条搭配的方式来改善熟条的外不匀率。例如，各台梳理机生产的生条5m长度的重量之间有偏差，重卷生产的熟条偏重，轻卷生产的熟条偏轻，或者抄针前后生条重量发生波动等，可采用由若干台梳棉机固定供应生条，使头道并条机每眼喂入的6根或8根生条同样有轻有重，即轻重条搭配，减少头道并条机各眼输出条子的重量差异。当喂入二道并条机时，同样遵循轻重条搭配的原则，将头道各眼输出的条子均匀搭配后，喂入二道并条机中的各眼或采用巡回换筒的方法，使二道并条机同台各眼间生产的熟条轻重差异控制在较小的范围内。

②采用先进的自调匀整装置：现代并条机自调匀整系统一般采用开环式匀整，如图1－19所示。棉条检测是由一对沟槽罗拉及舌簧对全部喂入棉条进行检测，检测到的信号经舌簧的变形及时转换成匀整电量信号，经微型计算机处理后，在原棉条即将进入主牵伸区时，由微型计算机指令高灵敏的伺服电动机变频，修正主牵伸区的牵伸倍数，达到对输入棉条匀整的目的。

以精梳18.2tex环锭纱为例：开环乌斯特自调匀整系统在正常条件下，匀整后熟条条干的1m、3m及5m片段 *CV* 值分别达到0.3%、0.2%及0.1%，重量偏差在±0.5%左右，可达到乌斯特公报2001的5%水平。

③采用先进的自动牵伸系统：现代并条机上配有AUTODRAFT伺服电动机，增加了并条机“预牵伸”程序，通过自我调节使预牵伸比例自我最佳优化，传动预牵伸的伺服电动机还可同时传动牵伸罗拉及整台并条机，通过预牵伸带负荷的牵伸调节，优化牵伸倍数，牵伸调节范围大，可改进熟条质量，控制熟条重量偏差。只要把熟条定量设计值输入到计算机中，在计算机控制

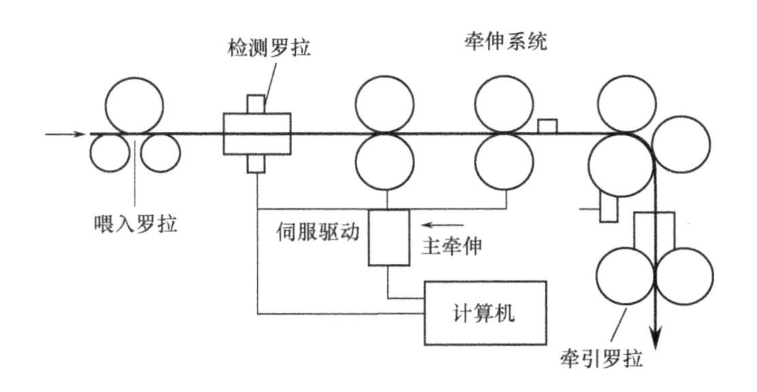

图 1－19　并条机开环自调匀整示意图

下使熟条在线定量达到设定值。不再需要人工离线监控及人工调换齿轮等，新型并条机全自动牵伸系统，使并条机重量偏差的调节实现了无级调节。如 TD03 型并条机为了实现牵伸系统的自动控制作用，牵伸罗拉已改为应用单独的伺服电动机传动中罗拉，这不仅可自动设置预牵伸，而且可以带负荷试车，从试车中获得正确的预牵伸值，调整运转中牵伸参数，形成自动牵伸倍数调节智能系统，对控制熟条重量偏差的作用十分显著。

4. 控制好粗纱的重量不匀率　粗纱的重量不匀率影响细纱的重量不匀率、细纱条干及细纱强力和强力不匀。若粗纱重量不匀率高，即使粗纱条干均匀度好，对细纱均匀度的指标也极为不利。为保证细纱的均匀度，粗纱的重量不匀率应控制在 0.7% ～1.1%。但是粗纱工序除改变品种外，一般对牵伸变换齿轮不作调整，因此无法改变由并条机带来的重量偏差和重量不匀率，粗纱工序的主要任务是在保证粗纱机牵伸装置正常工作的前提下，稳定纺纱张力以控制粗纱的伸长率，降低伸长率差异。

(1)控制好粗纱伸长率：粗纱伸长率一般应控制在 1% ～2% 的范围内，最大不超过 2.5%。

①合理选择粗纱捻系数：粗纱捻系数偏小，则纱条内纤维间的摩擦抱合力较小，导致纺纱张力降低，使粗纱伸长率增加。因此，粗纱捻系数应根据纤维性能和车间温湿度合理选定，在粗纱伸长率较大时，要适当增加粗纱捻系数。

②合理调整粗纱卷绕密度：粗纱轴向卷绕密度调整不好会导致粗纱径向卷绕直径的变化，使粗纱伸长率剧增。正常的粗纱轴向卷绕密度应使小纱时相邻纱圈之间留有 0.5mm 的缝隙，即用肉眼观察时，可在绕第一层纱时能隐约见到筒管的表面为宜。可通过调换升降齿轮来调节粗纱轴向卷绕密度。

③控制好粗纱牵伸差异率：粗纱的牵伸差异率指实际牵伸与机械牵伸的差异，与牵伸、加捻、卷绕部分都有关，且在很大程度上取决于粗纱在卷绕过程中的伸长、喂入部分意外伸长和粗纱加捻后的捻缩，纺化纤纱时，还与化纤的弹性回缩有关，因此粗纱的牵伸差异率也能反映粗纱伸长率的大小。

一般粗纱牵伸差异率应为负值，即实际牵伸小于机械牵伸，若出现正值则属于不正常。胶辊加压不统一、胶辊缺油、胶圈塞花而运转不灵等，也会造成个别锭子的牵伸差异率。粗纱的牵伸差异率一般控制范围为：纯棉0.5%～1.5%；涤棉1%～2%。

(2)降低粗纱伸长率差异。

①降低大、中、小纱间的伸长率差异：粗纱大、中、小纱间的伸长率差异主要由纺纱过程中的卷绕不良而造成的，应当在卷绕过程中使一落纱中的粗纱张力保持恒定。

②减少前后排粗纱的伸长率差异：粗纱机前后排锭子距前罗拉钳口的距离及纺纱角不同，这就造成前后排粗纱的伸长率存在差异，当这种差异过大时，粗纱长片段不匀增加，直接影响细纱的重量不匀率。减少粗纱前后排粗纱伸长差异的有效手段是在锭翼顶孔加装假捻器，并设置假捻器的槽数前排多于后排，直径前排大于后排，保证前排产生的假捻大于后排，从而使前排纺纱张力大于后排。

③减少锭与锭间的伸长差异：锭与锭间的伸长差异主要是由一些机械因素引起的，如筒管直径差异，筒管变形以及筒管孔径或底部磨灭，锭子凹槽与锭翼销子配合不良，压掌的弧形或位置不当以及粗纱压掌的卷绕不一，锭子高低不一等，引起锭子的运转不平稳。为降低粗纱重量不匀率，应加强加捻卷绕机件的日常维护和保养工作，对不合规格的筒管应及时修理或者报废。

目前，一些新型粗纱机在前罗拉与锭翼之间的前后排粗纱上各安装CCD张力传感器，检测粗纱张力，如图1-20所示。以CCD光点全景图像摄像系统作为张力自动测控，判别粗纱通过时所处的位置线(上位、中位、下位)反映张力大小。经A/D转换反馈给计算机，经放大、比较等过程，将调整结果由计算机输出，控制变频器，改变筒管转速和龙筋升降速度。在整个纺纱过程中，通过严格按数学模型控制粗纱张力，实现对纱线的近似恒张力卷绕控制。

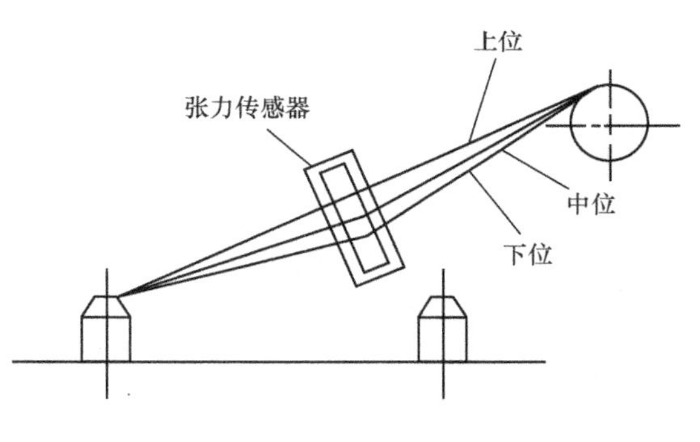

图1-20 CCD张力检测

5. 控制细纱的重量不匀率 细纱工序应着重从以下几方面，来防止成纱重量不匀率的恶化。

(1)同品种选择同机型：同一品种应使用同一机型，尽可能做到所有变换齿轮(包括轻重齿轮)的齿数统一。

(2)合理使用粗纱：在细纱机的纱架上，将纺粗纱时的前后排粗纱合理放置，前排粗纱放在细纱机下排(或前排)，使前排粗纱在喂入细纱机牵伸装置时走的路程短，减少粗纱意外伸长；后排粗纱放在细纱机上排(或后排)，意外牵伸较大；达到互补的效果。

同时，加强巡回，及时换下过粗、过细或者接头不良的粗纱。

(3)加强设备维修和保养工作。

(4)适当配置粗纱捻系数：细纱机加压过轻，而粗纱捻度又过大，在细纱后区解捻不充分易造成硬头；细纱机的粗纱吊锭回转不灵活，粗纱捻系数又配置过小，粗纱退绕时产生意外伸长，使细纱重量不匀率恶化。工艺上配置合理的粗纱捻系数，对降低细纱重量不匀率也十分重要。

第三节　纱线强力及控制

纱线强力是纱线质量控制的重要指标之一。强力高的纱线,一方面,织造过程中断头率降低,有利于保证织造过程的顺利进行;另一方面,其制品耐穿耐用,使用寿命长。可见,纱线强力高,不仅产品质量好,还可减轻工人劳动强度,提高劳动生产率。

一、纱线强力的指标及组成

(一)纱线强力的指标

1. 单纱断裂强力　单纱断裂强力即纱线的绝对强力,指一根单纱受外力直接拉伸至断裂时所需要的力,单位为 N 或 cN。

2. 单纱断裂强度　当纱线的线密度不同时,单纱断裂强力不具有可比性。因此,采用单纱断裂强度对不同粗细的纱线进行强力的比较。其计算公式为:

$$P = \frac{F}{\mathrm{Tt}} \tag{1-18}$$

式中:P ——单纱断裂强度,cN/tex;

F ——单纱断裂强力,cN;

Tt——单纱线密度,tex。

3. 单纱断裂强力变异系数　单纱断裂强力变异系数反映的是纱线的强力不匀,以均方差系数来表示,即

$$\text{单纱断裂强力不匀率} = \frac{\sqrt{\frac{1}{n-1}\sum_{i=1}^{n}(f_i - \bar{f})^2}}{\bar{f}} \times 100\% \tag{1-19}$$

式中:f_i ——第 i 根纱线的断裂强力,cN;

$\bar{f}$ ——单纱断裂强力的平均值,cN;

n ——测试纱线样本数量。

4. 单纱断裂长度　握持单根纱线使其下垂,当下垂总长因纱线自身重力把纱线沿握持点拉断(即重力等于强力)时,此时的长度称为断裂长度。实际生产中,以单纱断裂强力通过折算来计算断裂长度。其计算公式为:

$$L_p = \frac{P}{g \times \mathrm{Tt}} \times 1000 \tag{1-20}$$

式中:L_p——纱线的断裂长度,km;

P ——单纱断裂强力,N;

g——重力加速度，$9.8m/s^2$；

Tt——纱线的线密度，tex。

（二）纱线拉断过程分析

短纤维经环锭纺形成细纱后，任意一小段都是外层纤维的圆柱螺旋线长，内层纤维的圆柱螺旋线短，中心纤维呈直线，因此在纱线受到外力拉伸时，外层纤维伸长多，张力大，且螺旋角大，纱线的轴向有效分力小；内层纤维伸长小，张力小，螺旋角小，纱线轴向有效分力大；中心纤维可能并未伸长，仍被压缩着。这样各层纤维的受力不均匀，最外层纤维最易拉断，之后，整根纱线中承担外力的纤维减少，作用在纱线上的外力在剩余的纤维间重新分配，使由外向内的第二层纤维张力猛增，同时最外层纤维断裂或滑脱后，内层纤维所受内摩擦力迅速减少，造成更多纤维滑脱，而未滑脱纤维因张力更快增加而被拉断。如此过程反复，至纱线完全解体。

（三）纱线强力组成

由纱线断裂过程分析可知，纱线强力主要由两部分组成，一部分是断裂纤维的拉伸阻力，另一部分是滑脱纤维的滑动摩擦力。正常情况下，断裂纤维的拉伸阻力大于滑脱纤维的滑动摩擦力。

由短纤维纺成的细纱，其截面内的纤维长度沿轴向呈现一定的分布，有的纤维向两端伸出都较长，与周围纤维的总摩擦阻力强，当这种阻力大于纤维的拉伸断裂强力时，则纱线受外力拉伸时，纤维只能被拉断而不会滑脱；有的纤维向一端伸出长度较短，当其伸出长度上与周围纤维总摩擦阻力小于这根纤维的拉伸断裂强力，则在拉断纱线时，这些纤维将从纱线中抽拔出来，不被拉断。

二、影响纱线强力的因素

经过对纱线断裂过程及强力的分析可知，纺纱原料的性能和成纱结构等对短纤纱的强力都有影响。另外要注意，从提高织机运转效率的角度看，纺纱过程中对强力不匀率的控制往往比提高纱线强力重要。一般如果纱线的强力不匀率大，即使成纱平均强力大，但由于纱线上存在较多的弱节部分，会造成织机断头增加，织造效率下降，甚至影响正常的织造，尤其是生产细薄织物时影响更大，因此，降低成纱强力不匀率也是纺纱过程中的重要任务。本节将综合分析纺纱过程中对成纱强力和强力不匀的影响因素。

（一）纤维原料

1. *纤维长度*　在拉伸至断裂时的短纤纱中，纤维的表面滑动摩擦阻力从其头端开始逐步累积到等于纤维本身断裂强力时的长度，称为“滑脱长度”。滑脱长度的大小影响着短纤纱中纤维的强度利用系数。纤维越长，头端长度占总长度的比例较小，纤维的强力利用率较高，纱线的强力增加。

当纤维长度小于或等于2倍的滑脱长度时，该纤维在纱线中不能被握持，将大大降低短纤维纱线的强度。同时，纺纱过程中短纤维数量多会恶化成纱条干均匀度，进一步降低纱线强力。表1－42所示为纺19.4tex经纱时纺纱原料中短纤维含量对成纱强力和强力不匀的影响，可见，控制原料中短纤维的含量很重要。棉纺厂常采用的短纤维界限为16mm或20mm，毛纤维中以30mm以下作为短纤维，苎麻纤维则以40mm以下作为短纤维。

表1－42 短纤维含量对成纱强力和强力不匀率的影响

项目	10mm以下短纤维含量(%)		
	5	8	13
单纱强度(N/tex)	15.9	14.6	12.5
单纱强力不匀率(%)	10.5	12.0	12.2

2. 纤维线密度(细度) 当成纱线密度相同时，纺纱所用纤维越细，一方面成纱截面内的纤维根数增加，另一方面细纤维较柔软，在加捻过程中纤维的内外转移充分，各根纤维受力较均匀，相互之间抱合紧密。这些都增加了纤维之间的接触面积，提高了纤维间的抱合力和摩擦力，有助于在拉断纤维过程中，提高纤维的强力利用率。纤维的细度不匀对成纱强力也有影响，纤维的细度不匀率大，则成纱强力会下降。

但是，如果成纱线密度不同，纤维细度对成纱强力的影响程度不同。纺细特纱时，由于纱线截面内纤维根数较少，所以选择细纤维对提高成纱强力的影响较显著；纺粗特纱时，成纱截面内纤维根数较多，纤维间有足够的抱合力和摩擦力，所以此时再选用细纤维来增加成纱截面内的纤维根数，对提高成纱强力的影响较小。

成纱强力不匀也受纤维细度的影响(表1－43)。在棉纤维品质长度变化不大时，单纱强力不匀率随纤维细度增加而增加。

表1－43 原棉纤维细度对单纱强力不匀的影响

棉纤维品质长度(mm)	33.77	32.42	31.84	31.69	31.02
纤维线密度(dtex)	1.592	1.661	1.711	1.736	1.764
单纱强力不匀率(%)	9.8	10.2	10.9	11.6	12.4

3. 纤维摩擦因数 当纤维表面摩擦因数增加时，产生滑动摩擦阻力迅速增加，所以，纤维的强力损失较小。天然纤维中棉纤维的天然转曲、毛纤维的天然卷曲使其具有较好的可纺性，化学短纤维可利用其热塑性获得机械卷曲，能使纺纱过程顺利进行，并有利于提高纱线品质。

4. 纤维强度 在其他条件相同的情况下，单纤维强力高，成纱强力也会高。对于天然纤维，当单纤维强力增大到一定程度后，再增加纤维强力，成纱强力不再显著上升，一般单强高的天然纤维，纤维线密度大，纤维柔软性下降，且纱条截面内纤维根数减少，使得成纱强力增加不显著。

5. 棉纤维天然转曲 棉纤维在生长发育过程中，微原纤沿纤维轴向螺旋排列，因而棉纤维具有天然转曲这一形态特征。天然转曲使棉纤维具有良好的抱合性，进而影响纱线的强力。

(二)纱线均匀度

1. 纱线条干均匀度 细纱条干不匀率对单纱强力不匀率的影响显著(表1－44)。

表1－44 细纱条干不匀率对单纱强力不匀率的影响

细纱条干不匀率(%)	15.32	15.76	15.77	15.90	16.08	16.31	16.60	16.85
细纱强力不匀率(%)	11.70	12.11	12.22	12.71	12.90	14.40	14.30	13.80

条干不匀值高，必然使粗细节增加。经验表明，纯棉纱易在细节和大棉结地方发生断头，而涤棉纱易在粗节或粗细节拐点的地方断头。这是因为大棉结为未完全分离的纤维，涤棉混纺纱粗节处的棉纤维大于混纺比规定，所以这些地方成为应力集中点。另外，粗细节处加捻程度不同，细节部分加捻多，纤维间摩擦抱合力大，受外力拉伸时承受的力大，一般为高强段；粗节部分加捻小，一般为低强段。这就是大棉结和粗节是成纱强力薄弱环节和发生断头的主要原因。因此，条干均匀度是提高纱线强力和降低强力不匀率的基础。

2. 细纱重量不匀率 细纱重量不匀率是造成管纱之间强力不匀的重要因素，一般细纱重量不匀率应稳定在2%以内，才能避免突发性的不匀超过标准。

(三)细纱捻度

由环锭纺纱的加捻过程可知，从前罗拉输出的纱条呈扁平形状，纤维可看作平行纱轴方向，加捻使扁平形状纱条成为近似圆柱形的细纱，并使纤维发生倾斜与扭转，即纱条结构发生了变化，这种变化直接影响纱线的强力。加捻过程中，加捻区的纱线具有一定的纺纱张力，纱线中纤维呈圆锥螺旋状，因而纤维平行伸直和内外层转移的机会增多，故对成纱强力有力。

但是，捻度对细纱强力的影响并非完全是积极作用，如图1－21所示。捻度对强力的影响主要体现在两个方面。一方面，在临界捻度以下时，成纱强力随着捻度的增加而增加。这是因为捻度的增加使纤维间摩擦阻力增加，则细纱在拉伸过程中断裂纤维根数增加，提高了纤维的强力利用率；另一方面，当超过临界捻度后，随着纱线捻度的增加，成纱强力反而呈现下降的趋势。这是因为捻度的增加使纤维捻回角随之增大，则细纱中纤维的轴向承受的有效分力降低，捻度过大还会增加纱条内外层纤维的应力分布不匀，加剧纤维断裂的不同时性，从而降低了细纱的强力。

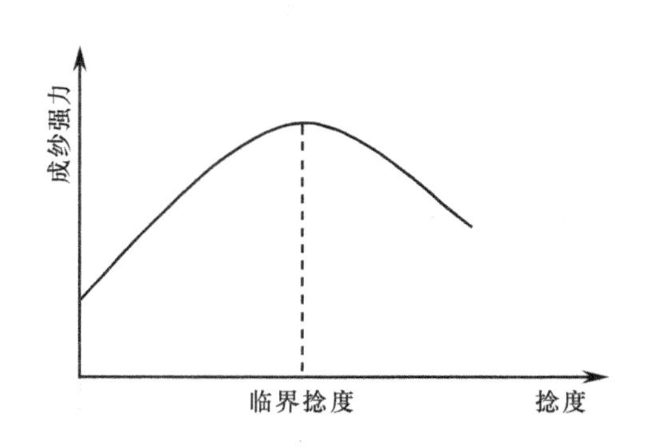

图1－21 细纱捻度与成纱强力的关系

(四)混纺比

混纺纱的强度与纤维的性质、纱线结构以及纤维的混纺比有关。其中纤维混纺比对纱线强度的影响尤为明显，这是因为当混纺纤维和纱线结构一经确定后，仅选配不同的混纺比，就会使混纺纱的强度性能有明显改变。

纤维的混纺比对混纺纱强度的影响往往与混纺纤维的伸长差异所造成的断裂过程有关。因为短纤维纱线的断裂主要是纤维的断裂和纤维间的滑脱，而纤维间的滑脱主要取决于滑脱长度，它与纤维含量多少无关。所以，在讨论混纺比和混纺纱强度关系时，为了简化问题的分析，可以只考虑纱的断裂是由于纤维的断裂而引起的，并假设纱中的纤维是混和均匀的，各纤维的粗细是相同的。

当混纺纤维的断裂伸长率差异较大时，设断裂伸长率较小的纤维为A，断裂伸长率较大的纤维为B，则混纺纱受力时，A纤维首先受较大力，B只受较小力，待继续拉伸后，A与B纤维受力均增加，并可能出现A受力继续大于B或B受力已大于A。但由于A伸长小，便总是先到达自身断裂伸长率而先于 B 断裂。接着,全部外力迅速转至 B,则 B 可能紧接着断裂,也可能并不断裂且受力继续上升后至自身断裂强度时才断裂。由此可见,当混纺纤维断裂伸长率较大时,混纺纱的断裂过程有两个阶段:第一阶段为 A 先断裂;第二阶段为 B 断裂或不断裂。由于各成分纤维断裂的不同时性,混纺纱的强力并不等于各成分纯纺纱强力的加权平均值,而总是低很多。同样的混纺成分,混纺比不同时,在某一混纺比处存在混纺纱最低强力点,此时的混纺比称为“临界混纺比”,其数值要通过试验确定。

当混纺纤维的断裂伸长率差异较小时,由于纤维几乎同时断裂,所以混纺纱拉断过程中不存在如上所述的两个断裂阶段,则混纺纱的强度如式(1-21)所示。

$$P = P_1 \times N_1 + P_2 \times N_2 \tag{1-21}$$

式中:P——混纺纱的最终强度;

P_1、P_2——A、B 纤维的单纤维强力;

N_1、N_2——A、B 纤维在混纺纱中所占比例。

可见,当两种纤维的单纤维强力不相等时,混纺纱的强力随混纺纱中强度大的纤维所占比例的增加而增加;当混纺纱中单纤维强力相等时($P_1 = P_2$),则混纺纱的强力与混纺比无关。

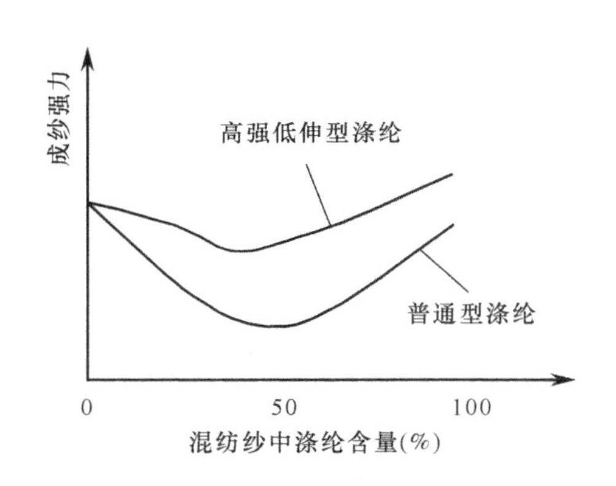

图 1-22　混纺比与成纱强力的关系(涤/棉)

从提高混纺纱强力的角度考虑,各混纺成分纤维的强力和伸长应愈接近愈好。以涤棉混纺纱为例,如图 1-22 所示。选用高强低伸型涤纶与棉混纺时,因涤纶的强度和初始模量比棉高,能提高纤维强力利用率,成纱强力高,还能提高纺纱和织造生产效率;选用普通型涤纶与棉混纺时,因涤纶的断裂伸长和断裂功比棉大,能提高织物的强韧性与耐磨性,但纤维强力利用率则降低,成纱强力也降低。目前多采用中强中伸型涤纶与棉混纺。

(五)合股

n 根单纱并和不加捻,则其强力一般无法达到原单纱强力的 n 倍。不同并合数时单纱强力利用率见表 1-45。这是因为各单纱的伸长率不一致,伸长率小的单纱应力较集中。

表 1-45　不同并合数时单纱强力利用率

并合数	1	2	3	4	5
单纱强力利用率(%)	100	92.5	86.8	81.3	76.5

当纺制股线时,如果股线捻向与单纱捻向相同,则股线加捻类似于单纱继续加捻;如果股线捻向与单纱捻向相反,开始合股反向加捻使单纱退捻而结构变松,强力下降。继续加捻时,纱线结构又扭紧,且由于纤维在股线中的方向与股线轴向的夹角变小,提高了纤维张力在拉伸方向

的有效分力，股线反向加捻后，单纱内外层差异减小，外层纤维的预应力下降，使承担外力的纤维根数增加。同时，单纱中的纤维甚至是最外层的纤维，在股线中单纱之间被夹持，使纱线外层纤维不易滑脱或解体，因而股线强力增加，常超过组成它的单纱强力之和。一般，双股线中的单纱平均强力是原单纱强力和的1.2～1.5倍（增强系数），三股线的增强系数为1.5～1.7倍，具体取决于捻度大小、捻向、单纱的线密度、加捻方法和捻合股数等。股线捻系数对股线强力的影响如图1－23所示。

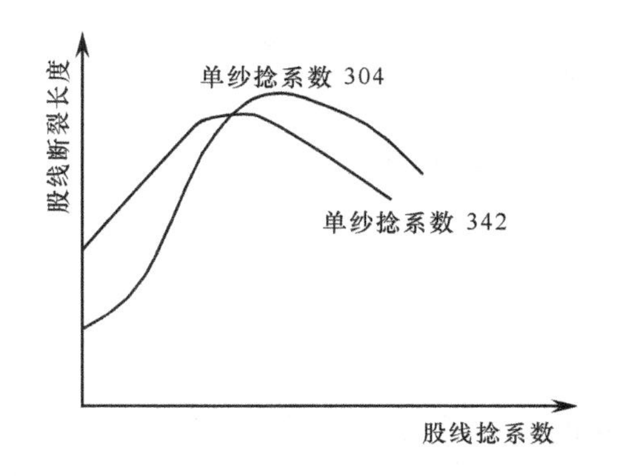

图1－23　股线捻系数对股线强力的影响

（六）车间温湿度

纺纱车间的温湿度变化会影响粗纱或细纱回潮率的变化，从而影响成纱强力和断头。如果回潮率过低，水分太少，纤维或纱线的刚性变大，易发脆，加工时易断裂。一般来讲，为提高纱线的强力，而且改善细纱条干和外观，纺纱应在纱条回潮率适当偏高的条件下进行，此时，纤维的刚度降低，纤维变得柔软，易变形，同时纤维表面摩擦因数也会因回潮率的增加而变大，使纤维易被牵伸机构控制，提高纤维平行伸直度，从而增加纤维间的抱合力和摩擦力，使棉纱强力提高。另外，纤维在回潮率增大时，绝缘性能下降，电阻降低，有利于消除纤维在纺纱过程中因摩擦而引起的静电排斥现象，也能增加纤维间的抱合力和均匀性。但是，回潮率不宜过大，否则会因水分太多而缠绕胶辊和罗拉。

细纱车间的温湿度条件应使加工时处于放湿状态为好。加工棉纱时，一般细纱回潮率不低于6%，纺纱车间的温湿度一般以温度26～30℃、相对湿度55%～60%为宜。

三、提高纱线强力、降低强力不匀率的措施

除了要合理选配原料外，纺纱过程中应主要从以下方面考虑来提高纱线强力、降低强力不匀率。

（一）前纺工序

1. 开清棉工序　开清棉工序使用的机械多，作用剧烈，易损伤纤维，也易使纤维受到较大的应力和伸长而使纤维疲劳。当纱线受到张力时，由于各根纤维的应力分布不均匀，会引起成纱强力下降。因此，开清棉工序的工艺参数和工艺流程应进行合理设置，保证在对原棉进行充分开松的条件下，尽可能避免过猛的对纤维进行打击，以避免纤维断裂或原有强力的损失。

2. 梳理工序　梳理工序应在充分梳理并排除短绒和结杂的条件下，注意减少对纤维的损伤。纺纱过程中棉结杂质对纱线质量危害很大，一方面可导致纤维在牵伸过程中的运动出现移距偏差，影响牵伸区中纤维的正常运动，造成成纱条干恶化；另一方面会导致纱线截面内具有结杂纱线段的强力下降。这两方面都可以导致成纱强力不匀率的增加。梳理工序往往是产生结杂最多的工序，生条中棉结杂质粒数对单纱强力不匀率的影响见表1－46。

表 1-46　生条中棉结杂质粒数对单纱强力不匀率的影响

生条棉结(粒/g)	47	54	57	63	79
生条杂质(粒/g)	37	47	42	49	54
成纱条干不匀率(%)	13.48	14.76	15.08	15.98	16.85
单纱强力不匀率(%)	9.43	11.25	12.78	14.38	16.94

因此,降低生条中的结杂粒数,对提高成纱强力、降低强力不匀率有显著的影响。对于刺辊速度的考虑,应在满足对纤维作用齿数的条件下,以偏低掌握为宜,避免生条短绒率的增加(表1-47)。同时,加强梳理机的机后排除短绒能力,保证良好的漏底状态,选用较合理的给棉板形式与工作面长度等。锡林与盖板工作区采用"紧隔距,强分梳"的工艺原则,充分发挥分梳效能,并起到排除结杂与短绒的效果;对一些高档产品应采用精梳系统。增加精梳落棉率,有利于精梳条中短绒与结杂数量的降低及纤维长度整齐度的提高,有利于提高纤维间的凝聚力和防止纤维扩散。落棉率越大,精梳纱表面越光洁,条干越均匀,成纱片段间的强力差异减小,导致单纱强力不匀率降低(表1-48)。但是落棉过多又不利于节约用棉,因此要合理掌握精梳落棉率。

表 1-47　梳棉机刺辊速度对单纱强力不匀的影响

刺辊速度(r/min)	930	880	800
生条短绒率(%)	23.98	20.72	16.43
单纱强力不匀(%)	13.0	11.2	9.7

表 1-48　精梳落棉率对单纱(CJ9.7tex)强力不匀的影响

精梳落棉率(%)	19	21	23	24
成纱条干不匀(%)	14.2	13.8	12.6	12.4
单纱强力不匀(%)	12.53	11.50	11.07	10.13

3. 并条工序　并条工序主要以提高熟条的长片段均匀度,提高纤维的伸直与平行度为主,应按"重加压、中隔距、低速度、轻定量、顺牵伸"的工艺原则安排生产。预并条采用小于并合数的总牵伸倍数和较大的后区牵伸倍数,以改善纤维的伸直度。并条工序要加强对牵伸区内浮游纤维运动的控制,采用口径适当小的集束器、集束喇叭和喇叭头,以增加纤维间的抱合力,防止纤维过分扩散而影响条干均匀度。

生产实践证明,头并后区牵伸倍数在1.7~1.8之间,末并后区牵伸倍数控制在1.1~1.2之间,有利于提高成纱条干的水平,能明显降低单纱强力不匀率。

4. 粗纱工序

(1)粗纱定量:粗纱定量根据熟条定量、细纱机牵伸能力、成纱线密度、纺纱品种、产品质量要求以及粗纱设备性能和供应情况而定。常用的配置范围如表1-49所示。

从降低成纱强力不匀的角度考虑,粗纱定量应偏轻掌握。这是因为粗纱定量决定细纱机的总牵伸倍数,如果细纱机的总牵伸倍数过大,易造成短纤维在牵伸过程中的移距偏差过大,造成

表 1－49　粗纱定量设计

纺纱线密度(tex)	32 以上	20～30	9.0～19	9.0 以下
粗纱干定量(g/10m)	5.5～10.0	4.1～6.5	2.5～5.5	1.6～4.0

成纱条干均匀度严重恶化，从而大幅度提高了成纱的强力不匀。而粗纱定量轻，可减小细纱机的总牵伸倍数，进而避免因成纱条干不匀导致的强力不匀。

(2)粗纱牵伸倍数和加压：适当增大粗纱机前、后区牵伸倍数的比值和后、中罗拉的加压比值，可以减少牵伸力和增大握持力，使牵伸力与握持力相适应，确保纤维在牵伸过程中稳定运动，提高成纱条干水平，减少成纱单纱强力不匀值。

(3)粗纱轴向卷绕密度：粗纱轴向卷绕密度对单纱强力不匀的影响见表 1－50。可见，卷绕密度过大或过小都影响成纱强力不匀。这是因为卷绕密度不合适易使粗纱重叠程度加大，造成粗纱变形和发毛，恶化粗纱条干；同时，重叠程度大的粗纱在退绕时，粗纱间相互粘连，从而影响成纱条干，使细纱强力差异变大。

表 1－50　粗纱轴向卷绕密度对单纱强力不匀的影响

卷绕密度(圈/cm)	2.651	3.679	3.896	4.298
成纱条干不匀(%)	15.6	13.8	13.2	15.7
单纱强力不匀(%)	13.1	11.5	11.0	12.9

(4)粗纱捻系数及捻度不匀：适当提高粗纱捻系数，除了使粗纱具有一定的强力外，还能使粗纱经过细纱机后区牵伸后，留有一定的捻回进入前牵伸区，有利于防止纤维过分扩散，使纤维间抱合力增加，摩擦力界延伸，从而使成纱条干均匀，单纱强力不匀下降。

粗纱的捻度不匀对单纱强力不匀率也有一定的影响。粗纱机在不使用假捻器时，纺纱段的捻度远远低于工艺设计捻度，使正常纺出的粗纱伸长率增加。

综上所述，合理选择粗纱捻系数，合理运用好粗纱前后排的假捻器及保证加捻卷绕部件工作状态良好，也是改善单纱强力不匀的有效手段。

(5)粗纱回潮率：适当提高粗纱的回潮率，可以使粗纱中纤维的抗扭和抗弯刚度减弱，有利于粗纱中纤维的伸直平行，提高纤维在牵伸过程中的稳定性。但是回潮率过高又会影响生产的正常进行，如缠胶辊绕罗拉，产品质量反而下降。一般粗纱的回潮率掌握在 7% 左右为宜。

(二)细纱工序

细纱工序是成纱的最后一道工序，在喂入粗纱质量一定的情况下，细纱机的牵伸和加捻卷绕工艺配置对单纱强力及强力不匀有重要的影响。

1. 合理配置细纱牵伸工艺　细纱机的牵伸倍数、隔距和喂入粗纱捻度对成纱强力的影响趋势如图 1－24 所示。可见，随着细纱机的牵伸倍数与隔距增大，成纱强力下降。粗纱捻度的增加使成纱强力先增加后减小。这主要是因为细纱机牵伸工艺的改变造成细纱条干均匀度的变化。实践证明，细纱条干均匀度好，细纱单强不匀率就会下降，其相关系数在 0.7 以上。

当然，影响成纱强力的因素很多，例如在细纱机前牵伸区使用集合器时，细纱的短片段不匀率一般略有增加，但是由于集合器的作用又使纱条结构变得紧密，纱线中纤维间的接触情况有所改善，反而对强力有利。即因条干不匀增加使强力下降的值会因集合器的使用得到一定程度的弥补。

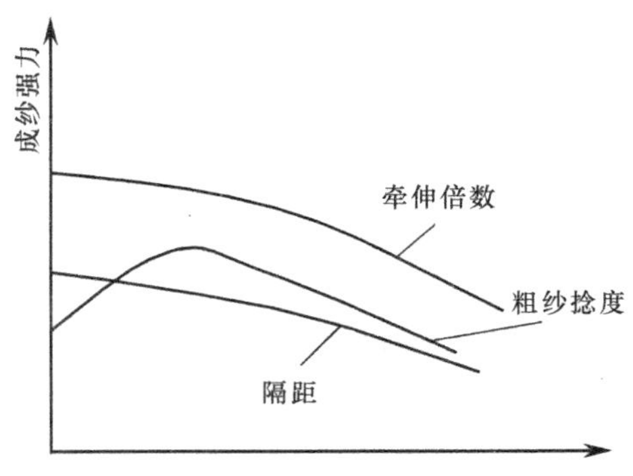

图 1－24　细纱机的牵伸工艺与成纱强力的关系

细纱机后区牵伸倍数对成纱强力不匀的影响非常显著(表 1－51)。随着后区牵伸倍数的降低，成纱条干不匀值和单纱强力不匀值明显降低。这主要是因为后区牵伸倍数较小时，纱条紧密度大，牵伸力较大，而牵伸力不匀率较小。同时后区牵伸倍数小时，对粗纱的牵伸处于张力牵伸阶段，因此对粗纱的粗细片段具有一定程度的匀整作用。这些因素改善了成纱均匀度，进而降低了单纱强力不匀。但应注意，细纱机后区牵伸倍数较小会带来牵伸力的加大，为缓解牵伸力与握持力的矛盾，应适当放大后区隔距和增加罗拉加压。

表 1－51　细纱机后区牵伸倍数对成纱强力不匀的影响

项　目	后区牵伸倍数		
	1.42	1.35	1.29
单纱条干不匀(%)	16.05	15.51	14.73
单纱强力不匀(%)	13.19	10.23	8.99

2. 合理选择细纱捻系数，降低捻度不匀率　细纱捻系数应根据产品的用途和纤维材料特性进行合理设计。一般实际生产中，捻系数的选择应小于临界捻系数，适当加大捻系数，对提高强力有利，但较大的捻系数必然导致细纱机生产率下降，所以，在保证细纱强力的前提下，应选用较小的捻系数，以提高细纱机的生产率。乌斯特统计值将纯棉精梳纱的捻系数以 $\alpha_t=354$ 为界，普梳纱以 $\alpha_t=376$ 为界，大于此数的划为机织用纱，小于此数的划分为针织用纱进行统计。我国在主要的纱线产品标准中，对实际捻系数都有规定。如 GB/T 5324—1997《精梳涤棉混纺本色纱线》规定实际捻系数控制范围(不低于)：经纱 320，纬纱 300；针织纱 300、股线 350；FZ 12001—1992《转杯纺棉本色纱》中，建议织布用纱实际捻系数不小于 350，起绒用纱不大于 350。

然而，靠增大细纱捻度来增加细纱强力的方法并不可取，增加细纱捻度会导致细纱的强力不匀率增大，手感变差，其后果更为严重，所以应重点解决纱线捻度不匀率的问题。细纱捻度不匀率对单纱强力不匀的影响见表 1－52。

表 1－52　细纱捻度不匀对单纱强力不匀的影响

细纱捻度不匀(%)	3.61	3.72	3.75	4.04	4.25	4.43	4.64	4.76	4.90	4.91
单纱强力不匀(%)	8.85	8.90	9.02	8.97	9.01	9.74	9.58	10.02	10.31	12.38

细纱捻度不匀的产生主要有三方面：成纱存在粗细不匀，细节部分捻回较多，粗节部分捻回较少，从而导致细纱捻度分布不匀；细纱机锭间和卷绕过程中大小纱间的速度差异较大或锭速不匀等，也会造成细纱捻度分布不匀；钢领与钢丝圈的质量与选配不当，使运行不平稳或者使用周期内机械性能波动大等，都会造成细纱的捻度分布不匀。

除纱线条干不匀对成纱捻度的不匀影响较大外，根据影响细纱捻度不匀的分析，还应从下列几个方面降低成纱捻度不匀，以提高单纱强力均匀度。

（1）减少锭速不匀：成纱的最终捻度取决于锭速和前罗拉速度。在目前常用的滚盘式锭带摩擦传动过程中，由于锭带张力存在差异，锭带与滚盘、锭盘之间存在滑溜等，使锭子间速度存在差异。锭速不匀是造成捻度不匀的主要原因之一。因此要减少锭速不匀。

日常生活中，要加强对锭子的检校工作，锭盘直径不同的锭子同台不能混用，锭带盘位置和张力重锤的刻度要严格一致，确保锭带张力一致，调整锭带扭花，使锭带基本处于锭带盘中间位置运行。锭脚要结合揩车周期加油，确保滚盘、锭带盘和锭子回转灵活。

（2）合理选用钢领和钢丝圈，注意使用周期：钢丝圈重量对单纱强力不匀的影响（表1－53）。在此范围内使用重量适中的6/0号钢丝圈，其单纱强力不匀率最低，而采用偏重或偏轻的钢丝圈，其强力不匀率均较高。这是因为钢丝圈重量适中时，纺纱张力适中且稳定，使纱线片段间的强力差异较小。因此，钢丝圈重量的选择要根据纺纱线密度和锭速合理选定。

表1－53　钢丝圈重量对单纱强力不匀的影响

钢丝圈号数	5/0	6/0	7/0
单纱强力不匀率（%）	12.65	10.45	11.55

钢丝圈在使用一定时间后易磨损，一方面对气圈形态及纺纱张力的控制能力变差，使纺纱张力波动；另一方面使细纱表面部分纤维在通过钢丝圈时受到磨损，从而造成细纱强力下降且单纱强力不匀率值增大。钢领在使用一定时间后，与钢丝圈的跑道处产生磨损，导致钢丝圈运行不平稳，使纺纱张力波动过大，从而造成细纱断头增加，纱线强力下降且纱线强力不匀率值增大。

因此，还要注意钢领与钢丝圈的使用周期，根据钢丝圈与钢领质量、纺纱线密度、纺纱品种及锭速综合考虑。一般来讲，钢领与钢丝圈质量差、纺纱线密度大、纱线与钢丝圈摩擦因数大及锭速高时，钢领与钢丝圈的使用周期应缩短。

3. 改进传统环锭纺纱系统，提高成纱条干均匀度

（1）紧密纺纱系统：紧密纺纱又称集聚纺纱，该技术对传统环锭纺纱装置的牵伸部分进行了改造，在罗拉牵伸与加捻之间增加一个纤维控制区，通过负压作用尽可能使松散的纤维束横向凝聚，消除传统环锭纺细纱机上的加捻三角区。紧密纺纱技术以前钳口线和控制钳口线为标记，实现了牵伸区、集聚区和加捻卷绕区的分离，使纤维可以在平行、紧密的状态下实现加捻，如图1－25所示。

在Elite紧密纺与传统FA506环锭纺细纱机上，成纱性能见表1－54。由表1－54可见，紧密纺纱条干、百米重量和捻度*CV*值与传统环锭纺管纱相当，而紧密纺纱的纱疵明显好于传统

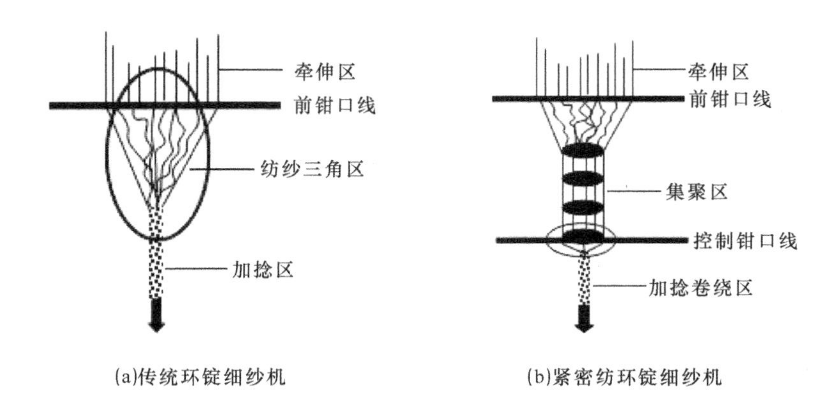

图1－25　纺纱加捻三角区

环锭纺；紧密纺纱断裂强力比传统环锭纺提高10%左右，断裂伸长相近；紧密纺管纱耐磨性比传统环锭纺提高16.5%。

表1－54　Elite紧密纺与传统环锭纺成纱性能

成纱性能	纺纱方法	
	FA506	Elite紧密纺
条干 *CV*(%)	8.86	8.67
百米重量 *CV*(%)	0.87	0.84
捻度 *CV*(%)	4.63	4.08
细节(－30%)(个/km)	19.55	16.91
粗节(＋35%)(个/km)	3.91	2.00
棉结(＋140%)(个/km)	0.27	0.18
断裂强力(cN)	334.60	364.10
断裂伸长率(%)	6.67	6.58
耐磨次数(次)	117.53	136.84

(2)赛络纺纱系统：赛络纺纱原理如图1－26所示。两根保持一定间距的粗纱1平行喂入环锭细纱机的同一牵伸机构，经牵伸后的两根须条由前罗拉3输出，在汇聚点4处复合，然后在锭子5和钢丝圈6的回转作用下，纱线加上所需的捻度。由于捻度自下而上传递直至前罗拉3的握持处，所以两根纤维束上也带有少量捻度，汇合后进一步加捻形成了类似股线的赛络纱。

在赛络纺过程中，两股须条从前罗拉钳口输出至并合点，由于分开一段距离，而且每股须条上分别有少量的捻度，所以减弱了两股须条并合加捻时纤维间相互转移，并且须条在捻度作用下相互扭合，形成了螺旋状空间结构，因而赛络纱结构类似股线结构。对FA502型细纱机进行改造，采用纺纱工艺流程为：PX2型精梳机→FA322型并条机(7根并合)→FA421型粗纱机→FA502型细纱机。纺制的14.5tex精梳棉赛络纺和环锭纺的成纱性能见表1－55。由表1－55

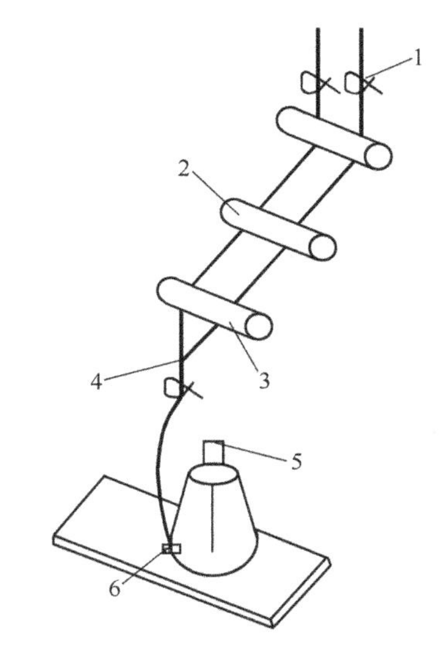

图 1－26　赛络纺环锭细纱机纺纱原理

1—粗纱导纱器　2—中区牵伸（胶圈牵伸）　3—前罗拉
4—汇聚点　5—锭子　6—钢丝圈

可见，赛络纱的条干 *CV* 值、单纱断裂强力、断裂伸长率等指标优于环锭纱。

表 1－55　赛络纺和环锭纺精梳纱性能

纺纱方法	条干 *CV* 值（%）	细节（个/km）	粗节（个/km）	棉结（个/km）	断裂强力（cN）	强力 *CV* 值（%）	断裂伸长率（%）	伸长率 *CV* 值（%）
赛络纺	12.84	6	25	65	19.6	6.69	5.84	5.62
环锭纺	13.50	5	27	49	15.8	8.43	5.50	10.23

（3）索罗纺纱系统：索罗纺纱工艺是由澳大利亚 CSIRO 试验室、新西兰羊毛研究所和国际羊毛局（IWS）共同研究的另一种新型环锭纺纱工艺，其纺纱原理如图 1－27 所示。在传统环锭细纱机前罗拉的前下方加装一个分梳装置，使前钳口下输出的扁平须条在此处被分割为 3～5 束纤维束，随着锭子和钢丝圈的回转，捻度自下而上传递使须条带有少量捻度，汇聚加捻后，形成类似多股纱条捻成的缆绳纱，故国内将索罗纺纱线也称为缆型纺纱线。

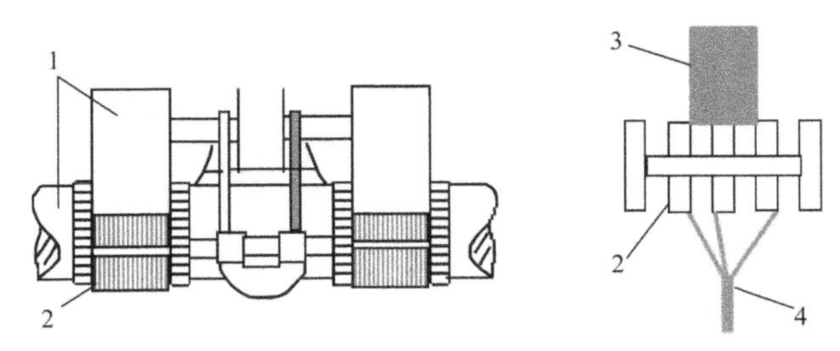

图 1－27　索罗纺环锭细纱机纺纱原理

1—前牵伸罗拉　2—分割辊　3—须条　4—加捻纱线

在 EJM128K 型环锭纺细纱机上加装分割辊，将 4g/10m 的粗纱分别纺制得到不同线密度的纱线，使用未经改造的 EJM2128K 型环锭纺细纱机，对相同规格的粗纱进行试纺，两种设备所纺纱线的性能见表 1-56。

表 1-56　索罗纺与普通环锭纺纱线性能

项　目		牵伸倍数								
		12			15			18		
捻度（个/10cm）		541	664	780	541	664	780	541	664	780
强度（cN/tex）	环锭纺	14.7	17.1	17.1	14.7	15.4	17.2	12.6	14.8	16.2
	索罗纺	15.5	17.9	17.6	15.6	16.5	18.9	13.7	13.6	14.0

表 1-56 说明，索罗纺技术先弱捻、后强捻的特殊加捻原理，使得纤维排列紧密，纤维之间的抱合力和摩擦力增大，纤维之间不易产生滑脱，因此，索罗纺纱强度平均提高约 2.6%；并且索罗纺纱线的部分纤维卷入纱线的内部，从而纱线表面长毛羽的数量平均减少约 78%。可见，缆型纺纱线强力高，长毛羽少，表面光洁。但是，受牵伸倍数和捻度的限制，纱线过细或者捻度太高，不易形成索罗纱线，所以索罗纺技术目前还不适宜开发低特和强捻纱。

（三）合理设计混纺比，提高原料的混和均匀度

对于混纺纱来说，减少原料差异率、增强前纺工序对纤维原料的混和作用，是提高成纱强力的必要条件。原料的均匀混和、各原料成分在纱线内的均匀分布，可获得最佳的纱线结构，从而使纱线在拉伸过程中每根纤维的强力得到合理和充分利用，提高纱线强力。

为提高原料混和均匀度，可从以下方面着手考虑。

（1）减少混用原料的形状差异。无论何种纤维，为了防止因原料特性差异造成的混和不匀，必须尽量减少混和成分中各种纤维的形状差异，特别是减少纤维线密度、长度、初始模量的差异以及包装密度和尺寸的差异。在两种纤维混和时，要注意混纺比的设计，因为混纺比的设计不当，混纺纱的强力会出现最低值。

（2）增强梳前工序的混和效果。

（3）提高梳棉机的梳理作用，增强单纤维之间的混和机会。

（4）适当增加精梳、并条工序的并合数，并注意混和方法的改进，使各原料成分在进入细纱之前得到充分混和。

第四节　纱线棉结杂质及控制

一、纱线棉结杂质检测及分类

（一）棉结

棉结是由纤维、未成熟棉或僵棉在轧花或纺纱过程中因工艺设置不当或处理不善集结而成。大的棉结称为丝团，可由正常成熟纤维形成，也可能由未成熟纤维形成；小的棉结称白星，大多由未成熟的纤维纠缠而成。棉结主要有三类：机械棉结，大多数仅由纤维材料在机械操作中形成；生物棉结，通常指在枯叶或棉籽壳一类杂质周围形成的生物或杂质为核心的棉结；起绒性棉结，指在染色后的织物表面明显分布的棉结。

在对成纱棉结进行检验时，我国进行如下定义。

(1)成纱中棉结不论黄色、白色、圆形、扁形、或大或小，以检验者的目力所能辨认的即计入。

(2)纤维聚集成团，不论松散与紧密，均以棉结计。

(3)未成熟棉、僵棉形成棉结(成块、成片、成条)，以棉结计。

(4)黄白纤维，未形成棉结，但形成棉束，且有一部分缠于纱线上的，以棉结计。

(5)附着棉结以棉结计。

(6)棉结上附有杂质，以棉结计，不计杂质。

(7)凡棉纱条干粗节，按条干检验，不算棉结。

(二)杂疵

杂疵是指附有或不附有纤维(或毛绒)的籽屑、碎叶、碎枝杆、棉籽软皮、毛发及麻草等杂物，包括僵片、不孕籽、软籽表皮、带纤维与不带纤维的破籽与籽屑、索丝、黄根和尘屑杂质等。凡体积大、质量重、不带纤维的杂疵，在纺纱过程中都比较容易清除；反之，细小、质轻、易碎裂、带纤维的杂疵，在纺纱过程中不易清除，对成纱质量影响严重。

对杂疵的确定方法如下。

(1)杂质不论大小，凡检验者目力所能辨认的即计入。

(2)凡杂质附有纤维，一部分缠于纱线上的，以杂质计。

(3)凡 1 粒杂质破裂为数粒，而聚集一团的，以 1 粒计。

(4)附着杂质以杂质计。

(5)油污、色污、虫屎及油纱、色纱纺入，均不算杂质。

二、影响成纱棉结杂质的因素

(一)原棉性状

原棉性状指的是纤维长度、长度整齐度、短绒率、成熟度、线密度、单纤维强力、断裂长度、含杂率、含杂种类和数量、色泽、含水率或回潮率、轧工等，是影响成纱质量的主要因素之一。

1. 纤维长度及长度整齐度　一般纤维长度整齐度差、短纤维含量多，会使成纱纤维结增多。如表 1－57 所示，构成棉结的纤维长度有 60% 以上是 16mm 以下的短纤维。这是因为短纤维多易形成毛羽，经摩擦后易扭结形成棉结，同时短纤维在纺纱过程中易扩散和飞扬，飞花落在须条中可形成棉结；通道部分的各种部件上易黏附短纤维，使胶辊、罗拉、锭壳、胶圈等更易集聚飞花，经与纱条的摩擦后易扭结，并夹杂在纱条内形成纤维结。由表 1－57 可见，短纤维一般为低成熟纤维，强力比较低，纤维易在加工过程中断裂，从而更易形成棉结。

表 1-57 纯棉纱中棉结的构成

纤维类别	数量百分比(%)	质量分数(%)	成熟度系数
<9mm	21	15	0.7
9~16mm	39.2	60	1.0
>16mm	39.8	25	1.18

2. 原棉细度和成熟度 细纤维较柔软,在纺纱加工过程中如控制不当,受机件作用后易使成纱棉结显著增加。原棉成熟度对成纱结杂的影响主要体现在:成熟度低,纤维僵直,缺乏回挺力,纤维易扭结,成纱棉结多;成熟度低,原棉中所含杂质薄而脆弱,且与纤维黏附力大,在纺纱过程中不易去除,易分裂,成纱杂质多;成熟度差、虫害严重、品级低、杂质含量多,纺纱过程中不易充分排除,成纱结杂多;成熟度低,原棉疵点多,不易清除,成纱结杂多;成熟度低,原棉吸湿性能强,纤维含水高,纤维间粘连大,刚性低,易扭结,杂质不易排除,易碎裂,成纱结杂多。

马克隆值是纤维细度和成熟度的综合反映。一般马克隆值在 6~4.5(4237~5650 公支)之间,棉结产生比较少;马克隆值在 4.6~4.0(5778~6356 公支)之间,棉结产生有所增加;马克隆值在 3.9~3.5(6519~7264 公支)之间,棉结产生增加较多;马克隆值在 3.4~3.0(7477~8474 公支)和在 3.0~2.9(8474~8767 公支)之间,棉结随马克隆值减小会急剧增加。因此,加工马克隆值在 3.4 以下(7477 公支以上)细度范围的纤维,加工过程对于棉结的产生要引起高度重视,特别是应注意开清工序和梳理工序的设备状态。

(二)纺纱加工过程

在纺纱过程中,棉结的形成和杂质的破碎是不可避免的,特别是工艺处理不当时,结杂的形成数量相当多。图 1-28 所示为纺纱各工序中棉结数量及棉结质量的变化规律。可见,每粒棉结质量均随着纺纱工序的进行而逐渐下降,而对于棉结数量,除细纱工序外,均有所增加,其中梳棉工序增加最多。

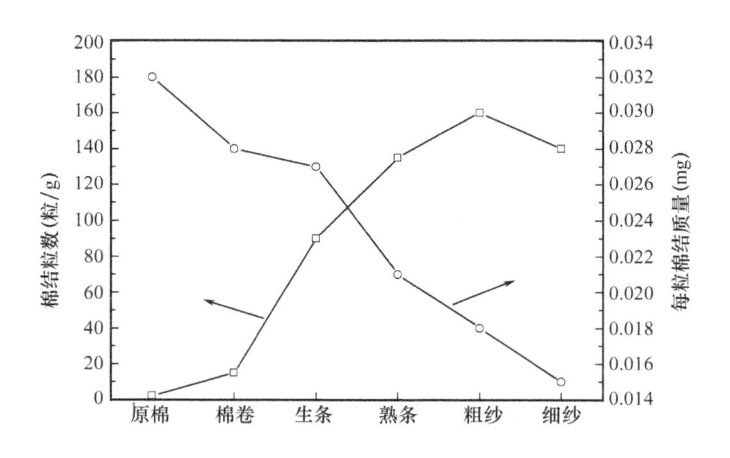

图 1-28 纺纱各工序中棉结数量及棉结质量的变化规律

在开清棉工序中,纤维受到自由开松和握持开松两种松解形式。纤维在松解过程中不断受到轴向和径向应力的作用而产生应变，部分纤维出现疲劳现象，致使自身强度和抗弯刚度下降，产生弯曲变形而互相扭结形成棉结；杂质在受到作用后如不被排除，易破碎成多粒杂质，为以后的去除带来一定的困难。自由松解作用柔和，造成的变形小，产生棉结和杂质破碎少；握持松解作用剧烈，造成的变形大，产生棉结和杂质破碎多。试验证明，经过一次自由打击，棉结可增加10%。而经过一次握持打击，棉结可增加20%。另外，开清棉工序中各种打手的打击作用，也会使纤维发生变形，形成棉结和杂质。开清棉工序由于各处隔距较大，搓擦作用较弱，主要形成束丝，但棉结增加较少。

梳棉工序中单纤维扭结而形成棉结，是产生棉结的主要工序。其主要原因有以下几个。

（1）无序的、排列方向不一致的、没被握持的纤维被刺辊齿带走，这相当于有序的纤维从无序的棉束中抽出，而抽出过程中杂乱的纤维易被抽、拉、擦、转形成大量棉结，这是产生棉结的主要部位。

（2）锡林与活动盖板、固定盖板、道夫间分梳或凝聚纤维时，由于锡林针布表面纤维离心力大，当隔距大时，纤维易脱离针齿，处于锡林针布与相邻针布间隙内，失去控制，成为浮游纤维，又因针面间存在很大的速差，浮游纤维易受到搓擦成结；反之，当锡林与活动盖板、固定盖板隔距过小时，造成针齿充塞（绕花），使参与分梳转移的纤维急剧减少，多数纤维浮于针面，从而形成大量棉结。

（3）输棉通道中纤维的翻滚摩擦作用，易使纤维须条边缘毛羽形成棉结。

（4）当锡林、盖板和道夫针齿较钝或带逆刺时，纤维不能顺利转移，有些纤维浮游在针面之间，浮游针面上的纤维受到两个针面上其他纤维的搓转，形成较多的棉结。

（5）当刺辊与锡林间的隔距过大，齿部不光洁时，造成锡林刺辊间剥取不良，刺辊返花将纤维带回给棉板处，同棉须发生搓转而使棉结明显增加。

（6）锡林金属针齿有油渍锈斑，以及锡林、道夫隔距偏大时，转移率低，将使锡林产生绕花，致使棉结增加。

并条、粗纱工序中，分离度、平行伸直度差的纠缠纤维抽拉成结，以及通道中积聚的短绒杂屑带入须条后摩擦成结，故并、粗工序后棉结也会有所增加。

细纱工序中，牵伸也会形成棉结，但因部分结杂被包在纱内部，所以成纱的结杂粒数有所减少。

（三）车间温湿度

棉纤维在高温高湿下的塑性大，抗弯性能差，纤维间易粘连，易形成棉结。高温高湿下的纤维弹性差，在锡林、盖板工作区还会由于未被梳开而搓转成棉结。特别是成熟度差的原棉，在高温高湿下，更易吸收水分子，形成大量棉结。因此，调节车间湿度使棉纤维从清花工序到梳棉工序处于连续放湿状态，以此来增大纤维的弹性，减少纤维的抱合力，以利于纤维在加工过程中的开松、除杂、分梳和转移，减少纤维与针布摩擦和充塞，以减少结杂。但相对湿度过低，则易产生静电，棉网易破碎、黏附或断裂。

清花生产车间相对湿度不宜过大，一般加工棉，应控制在50%～60%，加工化纤或混纺纱时，应控制在60%～65%，温度应控制在25～30℃，棉卷回潮率不得超过8%，原棉回潮率不得超过10%～11%。

梳棉工序应控制在较低的相对湿度，如相对湿度控制在60%左右，梳棉生条回潮率控制在6%～6.5%之间。精梳工序相对湿度以55%～60%为宜，以利于减少粘卷等因素，减少棉结与杂质。

三、减少成纱棉结杂质的措施

成纱结杂对纱线和织物的影响主要体现在：影响纱与布的外观；影响染整加工质量，这是由于棉结大部分由低成熟纤维缠结而成，特别是软僵死的纤维，对染料的亲和能力差，吸色性能差，染色不匀，易造成染色后布面白星疵布，特别是深色织物，这种现象尤其明显；恶化半制品和成纱条干。

可见，成纱棉结杂质对纱和布有重要的影响，制订具体地消除结杂的措施是提高产品质量，正确处理产量与质量的关系和节约用棉的一个重要课题。

（一）合理选配原棉

合理选配原棉是降低棉结的基础。从降低成纱结杂方面考虑，配棉时主要应考虑如下几点。

1. 选择成熟度与轧工质量好的原棉　成熟度系数在0～5之间，正常纤维的成熟度系数在1.5～2之间。小于1.5的为欠成熟纤维或不成熟纤维，完全不成熟的纤维成熟度系数为0，成熟度系数大于2的为过成熟纤维。已有研究表明：棉纤维成熟度适中，吸湿性小，单纤维强力高，天然卷曲适中，纤维弹性、刚性和抱合性好，在清梳加工中不易受到揉搓和纠缠而形成棉结。纤维细度适中，纤维中短绒含量少，纺纱过程中受摩擦不易纠缠，不易黏附在机体上被带入须条后经搓揉而形成棉结。一般原棉成熟度系数控制在1.56～1.75之间。

轧工方法对成纱棉结的影响十分明显。用锯齿轧花机加工的原棉，由于锯齿高速回转，对籽棉的打击比较强烈，纤维易被切断或揉搓成棉束、棉结等疵点，这类疵点在清、梳工艺处理中不易被排除。同时由于纤维在锯齿轧花机中受到过分打击而疲劳，易纠缠成棉结。棉网棉结中原棉棉结占5%～20%。实践证明，锯齿棉经清花处理后，钩型棉束比皮辊棉多3～4倍，不过锯齿轧花机上有排僵装置，排僵能力比皮辊轧花机好。皮辊轧花机对籽棉作用比较缓和，对纤维损伤少，棉结、棉束类疵点少，原棉棉结仅占棉网棉结总数的0～5%，棉网清晰度好。

2. 选择带纤维籽屑、软籽表皮等疵点少的原棉　原棉中杂质分两大类：甲类杂质为棉籽、破籽、不孕籽、尘沙、枝叶等，这类杂质的特点是光、大、圆，与纤维黏附力弱，受撕扯、打击后易与纤维分离，只要合理配置工艺，较易清除；乙类杂质为索丝、僵棉、棉结、带纤维籽屑、带纤维软籽表皮、短绒、死纤维等，这类杂质与纤维黏附力强，在开清加工中较难清除，对成纱结杂的影响很大。

3. 选择含水适中的原棉　原棉含水率高，纤维间粘连大，刚性低，易扭曲，杂质不易排除；含水率过低，杂质易碎裂，成纱结杂增多。

（二）加强清梳工序工艺控制

根据纺纱工序对棉结生成的影响分析可知，梳棉工序棉结增加最多，也是后部工序产生棉结的主要原因。但是良好的棉卷结构是梳理作用发挥完善的有利条件,棉卷结构良好,才能有效发挥梳棉机的梳理和排除结杂的效能,结杂在梳棉工序才能得到有效排除和少产生新的结杂。因此,清梳工序是重点控制工序。

1. 降低棉卷或棉流的结杂　原棉在开清棉加工过程中受到各机械打手的撕扯、打击和梳理,纤维易受到损伤而产生短绒,经过揉搓易形成棉结。要降低棉卷或棉流的棉结和杂质,应做好以下几方面工作。

(1)根据原棉含杂数量和内容合理确定除杂原则。开清棉工序的除杂应本着“先松后打,早落防碎,先落大杂,后落小杂”的原则,以排粗大杂疵为主。若原棉中含大杂较多,应考虑在清棉工序中多落;若原棉中含细小杂质或黏附力较大的带纤维杂质较多,则应考虑清棉工序适当少落,以免损失过多好纤维以及造成杂质破碎。一般情况下,棉卷含杂率应控制在1%左右,控制统破籽率为原棉含杂率的70%～90%,除杂效率为50%～60%。

(2)根据原棉性质合理确定打击点数量。打击点的选择本着不同原棉进行不同处理,一般考虑以下几个方面。

①对成熟度差、含杂高、细度细的原棉,可先松后打,一般经3个打击点。

②对成熟度差、含杂少、细度细的原棉,要多松少打,一般经2个打击点。

③对成熟度好、含杂少、细度一般的原棉,可松打交替,以少打为原则,一般经2～3个打击点。

(3)合理确定打手形式和打击速度。开清棉工序在提高纤维开松度的同时,坚决杜绝以纤维损伤和杂质破碎为代价,否则将会导致成纱的结杂粒数等各项质量指标恶化。根据不同打手形式对纤维的损伤程度,在开清棉工序需避免采用刀片打手,应以梳代打,采用锯齿打手、梳针打手或鼻形打手进行开松除杂,以减少棉结的产生和杂质的破碎。

各打手速度,尤其是握持打击的打手速度,应根据纤维细度、长度及成熟度情况进行调整。马克隆值大的纤维成熟度好,强力高,考虑到除杂,打手速度可增高一些;而马克隆值低、成熟度差的纤维,应适当降低打手速度。

(4)视原棉性状、棉卷含杂和含短绒率,合理确定各工艺参数。

对于品种复杂、质量差异大、棉卷含杂和短绒率高的原棉,在工艺参数的配置时,可从以下方面考虑。

①多松早落。利用棉箱的特点,增加落杂区;调整输棉帘之间的撕扯速比,增加帘子的角钉密度,减小角钉直径。

②薄喂轻打,减少喂棉量。适当降低打手速度。根据杂质大小,结合调整尘棒隔距,使应落的杂质尽量早落。

③在不影响打手除杂的前提下,适当增大各凝棉器的风量,增加排除的短绒数量。

④对于细而长的原棉,可以减小给棉罗拉握持力或采取自由打击,以提高除杂效率。

⑤根据原棉含杂内容的不同,应采取不同的补风形式。如果原棉含杂粗大,则采用较大的补风。如果原棉含细小杂质,应减小补风量或者不补风,减少杂质回收,同时适当控制打手前方吸棉风扇速度。

⑥低级棉由于成熟度差,轧工不良,强力低,含水率高,疵点多,一般采用少打、轻打、薄喂、早落少翻滚的工艺,以提高除杂效率,减少纤维损伤,减少束丝和棉结。

⑦正确调整开清棉机各处的隔距。给棉罗拉与打手的隔距要根据加工纤维长度合理调节。如加工纤维长度长,隔距应适当加大;打手与尘棒隔距在不堵车的情况下越小越有利于对原料的开松与除杂。该隔距要根据机台产量、原料的开松程度和加工纤维性能合理调节。如果机台产量高或原料开松度好,隔距应放大;加工化纤时要比加工棉时隔距大。尘棒间的隔距增大,除杂作用强,但落棉会增加。该隔距应根据加工原料的含杂情况制订,如原料的含杂多,特别是原料中含有与纤维易分离的杂疵多,隔距应偏大掌握。

(5)保持机械状态良好。保证清花设备气流畅通、隔距合理、通道光洁,降低棉块棉束和返花反复搓揉有利于减少棉结。

2. 合理配置梳棉工艺,控制生条结杂和短绒 梳棉工序是控制成纱结杂的重点和关键工序。梳棉机除细小杂疵能力较强,一般能清除原棉中带纤维杂质一半以上,但经过梳棉工序,杂质的碎裂情况也比较严重,如控制不当,棉结的形成也较多,因此,要加强梳棉工艺控制,从"增强分梳,充分除杂"和"减少返花和纤维搓转"的角度,严格控制生条结杂。

(1)合理设置梳棉机主要机件运行速度。根据报道,梳棉机主要机件的运行速度对棉结生成量的影响见表1-58。可见,适当偏低的刺辊速度、锡林速度和道夫速度,适当偏高的盖板速度,可明显减少成纱棉结数量。

表1-58 梳棉速度对棉结的影响

项目	工艺一	工艺二	工艺三
锡林速度(r/min)	385	345	330
刺辊速度(r/min)	1080	780	660
道夫速度(r/min)	26	21.5	24.5
盖板速度(m/min)	220	200	164
锡林~盖板隔距(mm)	0.35,0.3,0.3,0.3,0.35	0.28,0.25,0.25,0.25,0.28	0.18,0.15,0.15,0.15,0.18
锡林~道夫隔距(mm)	0.15	0.13	0.15
成纱棉结数量(个/km)	43	20	35

①刺辊速度:刺辊速度高,虽然纤维的分离度和除杂效率提高了,但是由于给棉罗拉握持下的棉层开松尚不充分,使损伤纤维数量及杂质破碎程度增加,反而恶化了成纱质量。对于刺辊速度的调节应在适当考虑提高纤维分离度的同时,重点减少纤维损伤和杂质的破碎。刺辊速度一般不能高于900r/min,具体可根据生产纤维的性能及品种而定。例如,生产中加工棉纤维时,刺辊速度一般在800~900r/min;加工棉型化纤时,刺辊速度应降低,一般控制在700~800r/min;加工中长化纤时,刺辊速度在600~650r/min。

②锡林速度:提高锡林速度后,梳理力并不成比例增加。据测,当锡林速度由300r/min提高到600r/min时,梳理力只增加10%~20%,因此,对损伤纤维的副作用并不十分显著。锡林

速度的提高,可减轻梳针负荷,提高分梳质量,减少棉结生成量。近20年来,高产梳棉机的锡林速度已高达600r/min。

就减少刺辊返花而言,为保证纤维顺利向锡林转移,减少刺辊返花及因刺辊速度高而对纤维造成的损伤和短绒增加,一般加工棉时,刺辊与锡林的线速比在1∶1.7以上;加工棉型化纤时,二者的线速比在1∶1.9以上;加工中长化纤时,线速比在1∶2.4以上。

③盖板速度:盖板速度过小,短绒易充塞锡林针根,对分梳不利而增加棉结数量;盖板速度提高后,增加了单位时间内走出锡林盖板工作区的盖板根数,从而增加盖板花数量,去除的棉结、短绒、细杂量增多,有利于提高生条质量,对降低纤维损伤、减少成纱棉结有利。同时,盖板负荷减少,有利于锡林、盖板针齿抓取纤维,从而提高了梳棉机的分梳能力和减少棉结在锡林盖板工作区的生成。

活动盖板反向回转,即盖板从原来的与锡林同向回转改为反向回转,有利于提高锡林盖板间梳理和除杂作用。盖板正转时,进入工作区的头几块盖板很快就被纤维充塞,行至中前区盖板是在充塞情况下超负荷工作,其分梳除杂作用就较差。盖板反转后,除后区头几块盖板充塞较多外,其余中前区盖板充塞均比正转时少得多,这对锡林盖板的充分分梳除杂极为有利。如某纱厂试验在正反转盖板花率相同的情况下,反转后成纱棉结比正转时降低36%,成纱粗节降低22.8%,细节降低20%。盖板反转效果好,国内外新机已普遍采用。

④道夫速度:因为棉纤维抱合力差,棉网易坠和烂边,道夫速度应适当降低。

(2)合理调整机后除杂工艺。梳理机除杂工艺的确定对落棉率有影响,而落棉率对成纱棉结的影响见表1-59。可知,落棉率与生条结杂数、成纱棉结成负相关关系。落棉率高,短绒含量少,在梳棉加工中纤维呈单纤化,促使纤维平行伸直度提高,从而使纤维和杂质分离,有利于杂质的排除,能明确减少生产棉结杂质粒数,降低成纱棉结数量。

表1-59　落棉率对成纱棉结的影响

落棉率(%)		生条结杂(粒/g)	成纱棉结(个/km)
后车肚	盖板花		
2.64	0.98	24/45	146
3.68	1.45	20/39	1128
4.24	2.03	17/31	84

其中,后车肚落棉与机后除杂工艺的设置有关,包括除尘刀和小漏底工艺。

①除尘刀工艺:目前大部分棉花加工企业普遍采用皮清机,处理后的原棉含杂率较低(特别是含大杂较少),而含细杂较多,纤维损伤严重,短绒率较高。根据开清棉工序"早落、少落、少碎、多松、轻打"的原则,除尘刀的除杂工艺配置侧重于"提高除尘刀安装高度,加大除尘刀安装角度"。

提高除尘刀安装高度后,第一落杂区长度虽然有所减短,但如果适当减小除尘刀至刺辊的隔距(如由0.38mm减小到0.3mm),除尘刀切割进入车肚的附面层比例并未减少,不会降低第一落杂区的除杂效果。同时，第二落杂区的长度增加，使纤维与细小杂疵在第二落杂区的附面层内悬浮时间增大，纤维与细小杂疵在附面层内层更加清晰，如果适当减少小漏底进口隔距（如由 8.5mm 减少到 5mm），则更多的细杂、棉结和短绒随小漏底分隔进入车肚被清除。因此，提高除尘刀高度，同时配以缩小除尘刀与刺辊隔距及小漏底进口隔距，反而能有效地排除细小结杂和短绒，提高机后的除杂效率。

增加除尘刀的安装角度，可减小除尘刀工作面前面的涡流，如图 1－29 所示。假设除尘刀至刺辊的隔距为 0.3mm，则刺辊附面层中厚度小于 0.3mm 的气流顺利通过除尘刀和刺辊隔距点，而厚度大于 0.3mm 的气流则被除尘刀切割，高速气流撞到除尘刀后会折射变向。除尘刀安装角度越小，气流的折射角度越小，内层气流折射变向后与外层气流相遇，由于气流速度高于外层气流，造成除尘刀工作面前面出现一个气流紊乱区（涡流区），形成涡流，造成落棉不稳定，部分长纤维在涡流的作用下成为落棉。比较图 1－29 中的两种除尘刀安装角度可明显看出，除尘刀安装角度较大的气流紊乱区远远小于除尘刀安装角度较小的气流紊乱区。因此，增大除尘刀安装角度，可以有效地减小除尘刀工作面前面的涡流，稳定车肚落棉。

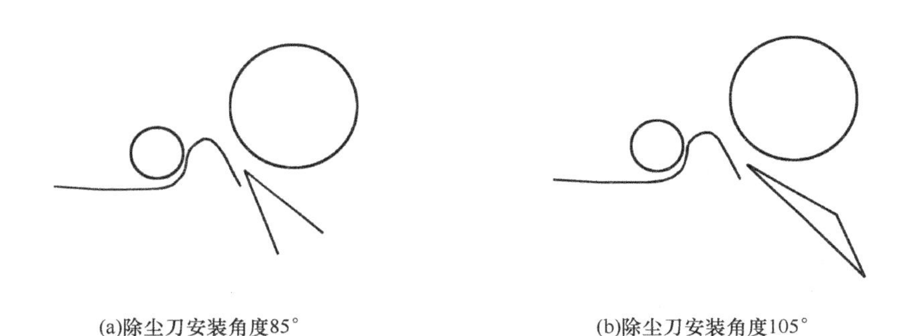

(a)除尘刀安装角度85°　　(b)除尘刀安装角度105°

图 1－29　除尘刀不同的安装角度

另外，加大除尘刀安装角度，还可消除除尘刀挂花现象，加强可纺纤维的回收。在除尘刀安装角度小于 90°时，附着在除尘刀工作面上的纤维团在沿除尘刀工作面向下滑落时，除尘刀工作面对纤维起到托持作用，且附面层气流对除尘刀工作面的作用力也增加了纤维在除尘刀工作面下滑的阻力。而当除尘刀安装角度大于 90°时，纤维团在重力和气流的作用下，很容易下落，不会造成除尘刀工作面的挂花现象。此外，加大除尘刀安装角度后，除尘刀前面的气流更易补入第二落杂区的附面层，从而使一部分落下的长纤维得到回收。

②小漏底工艺：小漏底与刺辊的进口与出口隔距以偏小掌握为宜（如由 8.5mm ×1.5mm 减小到 5mm ×0.56mm），使进入小漏底的气流量减少，一方面增加了第二落杂区的落杂量，另一方面使小漏底内的静压值降低，加之小漏底与刺辊进出口的隔距逐渐减小，小漏底内的静压值自进口到出口平稳增高，使气流从尘棒间和网眼中均匀、缓和地排出，部分进入小漏底并悬浮于刺辊附面层外层的细杂、短绒因隔距逐渐收小和静压值逐渐增高而随气流从尘棒间和网眼中排出，有效地减少了生条中棉结杂质含量。降低小漏底隔距后，由于小漏底内的静压值降低，气流从尘棒间和网眼中流出的速度明显降低，使小漏底糊花现象得到缓解。降低小漏底出口至刺辊

的隔距后，由刺辊带入锡林刺辊三角区的气流量减少，有效地减少了锡林刺辊三角区的静压值，使小漏底内的静压值受到的影响减弱，从而保证了小漏底内的气流运行畅通，也使小漏底糊花现象得到缓解。

（3）调整好梳棉机各处隔距配置。

①给棉板与刺辊隔距：适当放大给棉板与刺辊的隔距，刺辊对纤维层的始刺点降低，刺辊锯齿对原棉的刺入深度变小，因此，刺辊对纤维的分梳强度降低，有效保护了纤维，使生条中的短绒率降低，棉结量减少。从减少生条中的短绒和棉结的角度考虑，给棉板与刺辊的隔距不宜过小。

②锡林与盖板间隔距：从理论上讲，锡林与盖板隔距减小后，两针面间的间隙带变小，使浮于锡林与盖板针面间的纤维减少，同时，纤维在两针面之间转移所需时间缩短，在两针面间转移的次数增加，有利于提高分梳质量和减少棉结生成。但是，如果锡林与盖板间隔距过小，会导致针齿的充塞，反而增加了内层纤维及两针面间的纤维数量，使参与梳理转移的纤维减少，严重时会造成锡林绕花，从而增加生条棉结含量。

一般机台产量高，隔距应适当放大。加工化纤时，由于化纤导电性能差，产生静电不易清除，易造成缠绕锡林，此时隔距应偏大掌握；加工棉型化纤时，锡林与盖板隔距要比加工棉中特纱时增大0.05mm及以上；加工中长化纤时，锡林与盖板隔距要比加工棉型化纤时再增大0.05mm及以上。

③锡林与道夫间隔距：锡林与道夫之间的隔距是影响道夫转移率的关键，减小锡林与道夫的隔距，可提高道夫转移率，显著减少了纤维进入锡林盖板工作区的次数和因纤维被反复梳理而增加短绒、搓出新棉结的机会。因此，锡林与道夫间的隔距在机械状态允许的情况下，以偏小（尤其是高产梳棉机）掌握为宜。

④前、后罩板与锡林隔距：减小后罩板进口隔距，加大前下罩板出口隔距，可以稳定气流，提高纤维由刺辊向锡林的转移及道夫的凝聚作用。

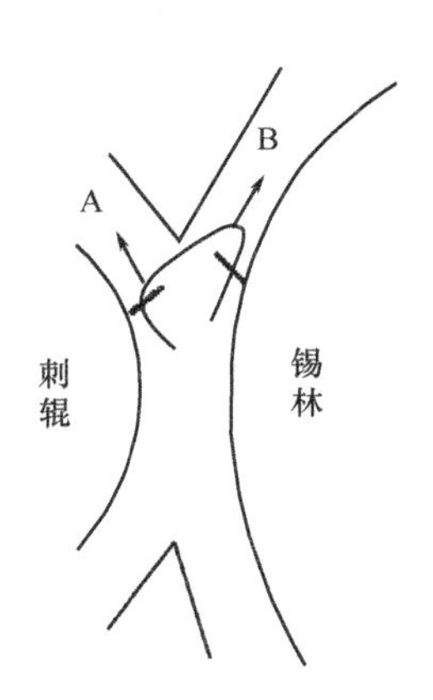

图1－30　减小后罩板与锡林进口隔距后气流流动情况

如图1－30所示，减小后罩板与锡林的进口隔距后，进入后罩板的气流B减弱，进入刺辊罩的气流A加强。由于刺辊与锡林的针齿倾斜方向与气流运行方向相反，气流A有助于纤维从刺辊针齿上滑脱，气流B不利于锡林针齿握持纤维，且对转移到锡林针面上的纤维状态起到破坏作用。因此，减小后罩板与锡林的进口隔距后，气流的重新分配不但有利于提高纤维从刺辊向锡林的转移能力，而且也有利于保持锡林针面上的纤维状态，对减少棉结有利。

加大前下罩板出口隔距后，有利于锡林针齿上的纤维尾端上扬，提高了纤维被道夫针齿抓取的机会，增强了道夫的凝聚作用，提高了道夫转移率，减少了纤维进入锡林盖板工作区的次数和因纤维被反复梳理而增加短绒、搓出新棉结的机会。另外，由于前下罩板的收缩率减小，降低了前下罩板内的静压值，减弱了锡林道夫三角区的涡流现象，减少了纤维在锡林道夫三角区停留的时间和反复翻滚的现象，有利于减少生条棉结，提高纤维的伸直平行度，避免了棉网出现云斑、落网现象。

(4)采用刺辊分梳板和固定盖板。在刺辊下方安装分梳板并在锡林上安装后固定盖板后，可对经刺辊在给棉板处分梳后的纤维进一步进行分梳，使未分离的纤维进一步分离，同时也使刺辊上的纤维进一步定向，保证进入锡林与盖板工作区的纤维状态良好，减少纤维在进入锡林与盖板工作区后的搓转，从而减少棉结的生成。

国内外许多新型高产梳棉机均安装了刺辊分梳板和固定盖板，与普通梳棉机相比，两者清除棉网中结杂的作用有显著差异(表1－60)。

表1－60　固定盖板在清除棉网中结杂的作用

项　　目	大棉结	小棉结	细微杂质	碎籽壳
普通梳棉机(无固定盖板)	100	100	100	100
高产梳棉机(有固定盖板)	75	62	79	66

(5)采用新型针布。针布是包覆在梳棉机锡林、道夫和盖板表面不同规格的针齿器材，是梳棉机的关键梳理元件。针布的规格型号、工艺性能及制造质量，直接影响梳棉机分梳、除杂、均匀混和和转移功能。

①相对于弹性针布来讲，金属针布具有如下特点：

a. 梳理过程中针布齿条无伸长，不变形，设计的各个角度都不会变化，能承受大的梳理力和离心力，并可采用紧隔距强分梳工艺，为梳棉机高速、高产、优质创造了独特的条件。

b. 齿形和规格可变参数多(图1－31)，适纺性高。

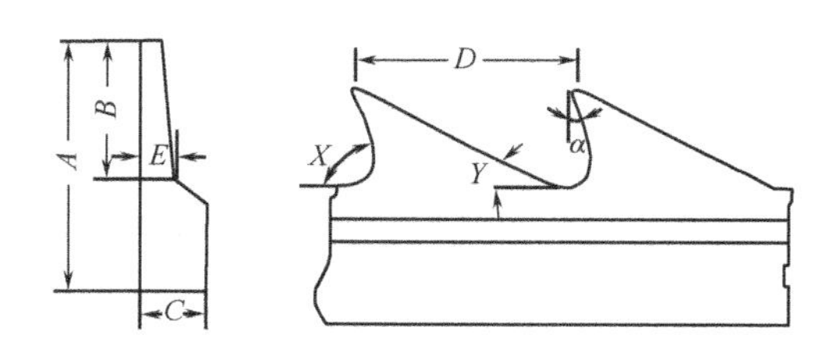

图1－31　金属针布尺寸示意图

A—总高　*B*—齿深　*C*—基厚　*D*—齿距　*E*—齿厚　*α*—前角　*X*、*Y*—齿尖角

c. 齿形在梳理过程中对纤维产生的下沉阻力和上浮升力可有效防止纤维充塞并改善梳理效能。

d. 梳理过程中，不论梳理力如何变化，纤维在针齿上的平衡不易破坏，纤维不易下沉或滑脱，再加上齿深小，因此金属针布纤维层少，负荷轻，纤维交替作用强，有利于改善产品质量，并提高成品率和节约用棉。

e. 梳理过程中针齿不变形，有利于提高梳理度。

f. 抄针、磨针周期长。

g. 效率高，产品质量好，并可使梳棉机产量成倍提高。

随着高产梳棉机的发展，老式梳棉机的更新改造，金属针布逐渐替代弹性针布。新型针布在普通针布的基础上对针高、针齿及针的外形等方面进行了很大改进，形成短、浅、尖、薄、密、小等特点的金属针布，即齿矮(A 小)、尖浅(B 小)、薄密(E、C 小)、工作角小(X 小)，具备对纤维良好的握持与穿刺能力，能够阻止纤维下沉，减少充塞，使针尖面负荷轻，不需要经常磨针等优点。

新型高效锡林齿形采用直齿平底及鹰嘴形两种结构；道夫针布采用深而细的基本齿形，直齿圆弧形齿尖及鹰嘴形或组合型齿尖，针齿侧面加横纹，如图 1－32 所示。

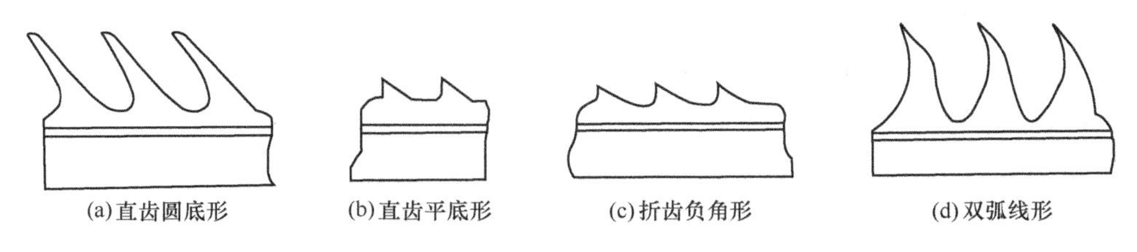

图 1－32　部分新型针布齿条齿形

采用新型针布，可提高梳棉机针布锐度和分梳效果，加强对纤维的分梳，促使梳棉机具有良好的释放和转移能力，提高纤维伸直平行度和棉网清晰度，能有效减少生条棉结和成纱棉结。

②在使用新型针布时应注意如下几个方面。

a. 新型针布的配用必须根据纺纱线密度、纤维性质(棉、化纤、中长、超细、细旦纤维)、配棉等级、锡林速度分别正确选用。目前国内外金属针布厂已提供了各种类型的新型金属针布，供梳棉机使用。

b. 不论各种纺纱线密度、加工纤维性质、配棉等级、锡林速度等都有配套的锡林、道夫、盖板及刺辊锯条的针布，配套使用能提高新型针布梳理性能及清除结杂的能力，提高梳理质量，更好地发挥新型针布的作用。

c. 对针布的加工质量要求是齿尖平整、光洁、耐磨等。目前国内外有许多生产新型针布的工厂，产品质量不一，尤应认真选择。国外如格拉夫(瑞士)、EEC(英国)、HOLL(德国)、全井(日本)等针布性能好、耐磨、精度高、锯齿光泽锋利；国内上海、南通、无锡、青岛等地也有生产，选用时要个别注意针布加工质量。

d. 要及时对锡林、盖板等针布进行周期维修及磨砺，保证针布锯齿的锋利度。随着磨针周期增加，生条棉结含量增加。梳棉机锡林、盖板针布的磨砺周期不能太长，在可能的条件下，要尽量减少短磨针周期，以保持生条棉结含量在较低水平上，提高生条质量。一台锡林、盖板针布大约可加工 200～1000 吨原料(具体视纺纱线密度、工艺设计、原料性能不同而不同)。

(6)提高设备运转状态，保证生条质量。梳棉机上棉结的形成主要是返花、绕花以及纤维的搓转造成的。除了与上述提及的梳棉机各工艺参数的合理配置有关外，锡林针齿如有轧伤、毛刺、油渍、锈斑、光洁度较差等，分梳部件平整度和圆整度差，漏底安装不良，表面粗糙挂花等，都会使生条棉结增加。因此，在优化工艺的同时，还应加强对梳理机各部件的维修保养工作，以保证设备始终处于正常的运转状态。

①加强对设备运转状态的监控检查。每天对生条结杂进行试验检查，对生条结杂超过该品种生条平均结杂20%的机台要进行封车检修，直到试验结果合格才允许开车。

②提高针布锋利度，做到“四快一准”。对锋利度较差的针布进行磨针处理，对有损伤、倒齿、断齿的针布进行更换或挖补。加强工艺上机检查，保证各部件工艺隔距准确到位。

③适当缩短揩车周期。定期用酒精揩光罗拉、喇叭口、大小轧辊、圈条盘等，确保纤维通道不堵、不挂、不粘、不缠、不返。

④保证滤尘设备正常运转。确保梳棉机各吸尘点有足够的风压和风速。梳棉机各部位气流的稳定与否对生条质量有着直接的影响，滤尘设备运转不正常，将会造成梳棉机各部分的气流紊乱，严重影响除杂、转移、凝聚和梳理，造成棉网云斑、破洞等问题。

(7)加强操作管理，稳定生条质量。

①要勤做清洁，防止飞花进入棉网。挡车工要及时清除盖板花，清倒大小尘盒，防止盖板花、尘杂重新进入到棉网中。对喇叭口、大轧辊、光罗拉、盖板内侧、道夫罩、观察窗等处的飞花要及时摘清扫除。刺辊、道夫三角区两端的小墙板易积聚短绒飞花，要经常用捻杆捻净。

②勤巡回、多检查，防止出现疵点棉条。道夫返花、剥棉罗拉缠花、给棉罗拉缠花、棉卷粘层、棉网破边、落网等情况出现时及时处理，并将已纺出的棉条掐净，严防不合格生条流入下道工序。

③时刻保证刺辊低压罩、道夫低压罩等吸尘点的尘杂管道通畅。挡车工要经常检查刺辊低压罩、道夫低压罩等吸尘点的尘杂管道是否连接不良、破损、堵塞等现象，要时刻注意刺辊低压罩是否有喷花、车肚落棉有吸不走等现象。如发现有上述情况，要及时停车处理。

3. 加强精梳，减少精梳条结杂 精梳工序是生产高档精梳纱的重要工序，应本着“重准备、少粘卷、消条痕、把握定时定位、平衡落棉、缩小眼差、给棉钳板重加压、准咬合、两锋一准、提高精梳梳理度”的原则，减少成纱棉结，提高产品质量，提高纺纱生产效益。

(1)精梳准备工序对棉结的影响。精梳准备工序的主要任务是制成成型良好、层次清晰、卷装大、不粘卷、纵横向均匀的小卷，供精梳机使用。精梳准备工序对生条中纤维的伸直度、平行度和分离度的改善要适当。如过度提高纤维伸直平行度，易增加小卷粘连发毛，不利于精梳条条干质量，易形成棉结。因此对精梳准备工序的牵伸、并合数及罗拉隔距等工艺参数的配置应以满足精梳条质量要求为主。

根据实践经验，当采用条卷工艺时，条卷机牵伸应控制在1.35倍左右，并合数控制在20根以内，表1-61所示为条卷机采用不同的牵伸倍数、并合数及小卷定量时的棉结对比情况。表1-62示出条卷机采用不同的罗拉隔距时生成棉结的对比情况。可见，条卷机采用较小的牵伸倍数、较少的并合数，并采用较小的罗拉握持距，有利于减少棉结的生成。

表1-61 条卷机牵伸倍数和并合数配置对成纱棉结的影响

对比项目	小卷定量(g/m)	牵伸倍数	罗拉隔距(mm)	并合数(根)	棉结(粒/g)
工艺一	55	1.60	10×12	24	26
工艺二	65	1.36	10×12	18	15

表 1-62　条卷机罗拉隔距对成纱棉结的影响

对比项目	小卷定量(g/m)	牵伸倍数	罗拉隔距(mm)	并合数(根)	棉结(粒/g)
工艺一	62.1	1.35	14×16	20	19
工艺二	65.26	1.30	10×14	20	14

并卷机在并合数为 6 个小卷时,牵伸倍数以不超过并合数为宜,并采用较小的罗拉握持距,在保证产量的情况下车速尽量减慢,有利于减少棉结的生成。

当采用条并卷准备方式时,预并条的并合数采用 6 根并合较好,牵伸倍数不能超过并合数。条并卷机的牵伸倍数应控制在 1.5 倍左右,小卷定量应根据所纺品种的纤维细度不同而设定。若小卷定量过重,棉层厚,当车间相对湿度过小时,棉层蓬松,由于受顶梳齿高度所限,小卷底部纤维得不到有效梳理。

综上所述,精梳准备工艺适当减少并合数和牵伸倍数,则精梳条短绒减少,且改善精梳机退卷粘连现象,有利于提高成纱质量,减少成纱棉结。

(2)合理调节精梳落棉率。采用 FA261 型精梳机,在不同的落棉率下纺制 T/CJ(67/33)的 13tex 和 CJ11.5tex 的纱线,测试精梳纱中的棉结数量,结果见表 1-63。可见,精梳落棉率与成纱棉结数量呈负相关关系,即随着落棉率提高,成纱棉结数量明显下降。生产中精梳落棉率的确定应同时考虑喂入卷质量和对成纱质量要求两方面,根据产品质量要求、生条含短绒率、棉结的情况以及精梳制成率对工厂经济效益的影响,确定一个最佳落棉量与棉结含量的适当比值。原则上,纺纱特数较细和成纱质量要求较高时,精梳落棉率要偏大掌握,其参考范围见表1-64;原棉或小卷质量差,如喂入卷含短绒较多时,精梳落棉率可偏大掌握。

表 1-63　精梳落棉率对精梳条中棉结的影响

落棉率(%)	成纱棉结(个/km)		落棉率(%)	成纱棉结(个/km)	
	T/CJ(67/33)13tex	CJ11.5tex		T/CJ(67/33)13tex	CJ11.5tex
10	38	43	16	27	29
12	36	39	18	25	27
14	32	36	20	17	20

表 1-64　纺纱特数与精梳落棉率的参考范围

纺纱特数(tex)	落棉率掌握与控制范围(%)	纺纱特数(tex)	落棉率掌握与控制范围(%)
半精梳	13~15	6	20~21
16~19	16~18	5	21~22
8~10	17~19	4	22~23
7	19~20	3(可采用双精梳)	30(第一次落 20%;第二次落 10%)

精梳落棉率的增减可通过调整落棉隔距来实现。在原棉、设备及其他工艺相同的条件下,

不论是前进给棉还是后退给棉方式，都是随落棉隔距增大，精梳落棉率增大，精梳条结杂粒数减小，对成纱质量有利。

（3）调整好锡林与顶梳工艺，保持良好的针面状态。锡林与顶梳是决定精梳棉条质量的最重要零件，精梳锡林负责梳理纤维丛的前端，使纤维伸直平行，并除去其中的短纤维和棉结杂质；顶梳负责梳理纤维丛的尾端，阻留短纤维和结杂。合理使用和充分发挥锡林与顶梳的梳理作用，是控制精梳棉结的关键所在。

①梳理隔距在锡林针不碰钳板的前提下以小为宜。梳理隔距小，则梳理充分，去除结杂效果好，但过小易出现钳板与针相碰。

②根据加工纤维长度和分离罗拉顺转定时确定锡林弓形板定位工艺。弓形板定位晚，则梳理充分，去除结杂效果好，但过晚会将前一周期纤维丛尾端梳下，影响接合质量。因此，弓形板定位应在保证不将前一周期纤维丛尾端梳下的前提下，以晚为宜。

③顶梳一排针的梳理负荷量为锡林的 4.5 倍左右。充分发挥顶梳对纤维丛尾端的梳理作用，才能更好地控制棉结和杂质。有些厂甚至采用双顶梳来增加梳理棉结。采用双顶梳后，同等条件下的精梳条中棉结量可降低 30% ~40%，但要注意采用双顶梳后落棉率的变化，加强顶梳的清洁工作。

④保持良好的锡林针面和顶梳针齿的良好工作状态。锡林针面出现断齿或歪齿，棉结就不易排除。一般定为锡林纵横向坏齿不得超过 2 片，若超出应及时更换，若发现锡林有嵌花现象，应查明原因，彻底排除；顶梳针齿要保持完整，不允许有断针、并针现象发生，若有应及时更换。同时，操作工应严格按照要求对顶梳进行全面细致地清洁，减少针齿挂花现象。

（4）精梳机毛刷速度和直径的影响。精梳机毛刷的作用是清除锡林针齿上的结杂、短绒，保持下次梳理正常，始终处于良好的运转状态。

如果整台锡林清洁不良时，可能的原因有以下两方面。

①毛刷速度变慢，主要原因是毛刷三角带松弛。当落棉率为 18%，毛刷直径为 100mm 时，毛刷速度对成纱棉结的影响见表 1 -65。可见，提高毛刷速度，能有效地清洁锡林表面，排除较多的短绒和杂质，能明显减少成纱千米棉结数量。

表 1 -65　毛刷速度对成纱棉结的影响

毛刷速度（r/min）	成纱棉结数量（个/km）
800	34
1000	27
1200	19

②毛刷运行时间延长，使毛刷直径变小，毛刷刺入深度减小，对锡林的清洁效果降低。毛刷直径必须保持同台一致。

如果某一眼出现锡林清洁不良，造成棉网中棉结数量剧增时，应及时检查毛刷松动，清除吸风斗内的飞花。毛刷内嵌花，不利于锡林清洁，还会把毛刷上的结杂抛入棉网中，应立即更换毛刷，并调整毛刷与三角气流板的隔距。

毛刷与锡林线速比是个关键的工艺参数，选择得当，可以减少棉结。锡林速度加快，毛刷线速度也相应增加。如果提高车速时，应按实际情况，选择相应的毛刷速度，这样才能更好地清洁锡林，降低棉结。

(5)分离罗拉顺转定时与钳板摆动时间的配合。精梳机钳板的运动规律是前进慢、后退快，所以顶梳从棉层中抽出速度也快。此时若分离罗拉顺转还未结束，部分须丛尾端未能得到顶梳的梳理，则须从尾部棉结较多。因此，要根据纤维长度合理调整分离接合时间，以减少须丛尾部棉结的产生。

分离接合长度大小直接影响条干与棉结等成纱技术指标，分离接合长度过大易造成棉网搭头处棉结梳理不彻底，因此，应在保证精梳条干不受影响的前提下，缩小分离接合长度，以控制此处的棉结。

(三)控制好并、粗、细工序的棉结生成

并、粗、细工序在牵伸过程中也会形成棉结。要减少这些工序中的棉结生成，可做好以下方面的工作。

1. 并条工序

(1)从改善纤维伸直平行度的角度考虑宜采用顺牵伸工艺。在纺纱过程中，控制好弯钩纤维的合理变速，提高纤维的伸直平行度，是控制好棉结生成量的主要因素。喂入头道并条机的纤维以前弯钩为主，并条工序采用顺牵伸和倒牵伸工艺对成纱棉结的影响不同(表1-66)。

表1-66　并条工序采用顺牵伸和倒牵伸时的成纱棉结数

项　目	顺牵伸		倒牵伸
	方案一	方案二	
头并总牵伸倍数	7.5	7.5	8.6
二并总牵伸倍数	8.6	8.6	7.5
头并后区牵伸倍数	1.74	1.45	1.45
二并后区牵伸倍数	1.15	1.45	1.45
成纱棉结数(个/km)	48	53	90

由表1-66可见，两道并条的总牵伸倍数采用顺牵伸时，成纱棉结数小于采用倒牵伸工艺。这是因为喂入二道并条的纤维以后弯钩为主，提高二道并条的牵伸倍数有利于提高纤维的伸直平行度，从而减少弯钩纤维在牵伸过程中因相互缠结而形成棉结。而在倒牵伸工艺中，由于在生条内纤维伸直较差的情况下采用了较大的牵伸倍数，促使纤维在牵伸内的变速不稳定，导致形成棉结量增加。另外，由表1-66还可以看出，同样采用顺牵伸工艺，采用方案一的牵伸工艺配置所得棉结数量低于方案二，两种顺牵伸方案的主要区别在于两道并条的后区牵伸倍数配置不同。因此，并条工序采用顺牵伸，且头并后区牵伸采用较大的牵伸倍数，对减少成纱棉结量有利。

(2)适当降低并条机速度。并条机速度与成纱棉结的关系见表1-67。可见,适当降低并条机速度,有利于减少频发性疵点数量。

表1-67 并条机速度与成纱棉结的关系

并条机速度(r/min)	细节(个/km)	粗节(个/km)	棉结(个/km)
950	52	80	100
1450	70	102	142

2. 粗纱工序

(1)粗纱回潮率。适当提高粗纱回潮率,有利于稳定纱线捻回,使粗纱中纤维刚度适当降低,静电积聚下降,减少纤维在纺纱过程中相互排斥,有利于减少千米结节数量。但当回潮率过大时,则使纤维容易纠缠和粘连,反而导致成纱棉结增加。

(2)粗纱定量和捻系数。粗纱定量和捻系数对频发性疵点的影响见表1-68。可见,采用相对适中的捻系数和偏轻的定量,有利于减少棉纱结节的数量。适当的捻系数可提高细纱牵伸前区须条的紧密度,减少边缘纤维和短绒的散失,有利于增加纤维间的应力的抗弯刚度,减少纤维搓转而形成棉结。适当减轻粗纱定量,可减少细纱机总牵伸倍数,有助于减小纤维在牵伸区的移距偏差,能改善条干和纱条光洁度及减少千米结节的数量。

表1-68 粗纱定量及捻系数与棉结关系

捻系数	定量(g/10m)	细节(个/km)	粗节(个/km)	棉结(个/km)	条干 *CV* 值(%)
64	3.26	41	49	54	14.9
66	4.12	27	37	39	13.9
70	5.49	39	44	63	15.7

3. 细纱工序

(1)改善牵伸机件,增加对浮游区的控制。软弹不处理胶辊可提高弹性,增加变形量,加强对浮游区纤维运动的控制作用,延长摩擦力界,缩小加捻三角区,减少千米结节产生的概率。表1-69为采用不同胶辊形式纺制CJ18.2tex细纱时的棉结生成量。可见,采用软弹不处理胶辊后,由于加强了对纤维的控制作用,防止短纤维的扩散,使细纱棉结数量大大降低。

表1-69 胶辊形式对成纱棉结的影响

胶辊形式	WRC-965软弹胶辊	普通836
条干 *CV* 值(%)	14.4	15.2
细节(个/km)	39	57
粗节(个/km)	43	72
棉结(个/km)	51	89

(2)防止纱条扩散。牵伸会使纱条扩散,扩散的纱条边缘纤维与机件摩擦后,易产生棉结。

因此，为防止纱条扩散，应选用密集程度较好的集棉器、喇叭口，并保持纱条通道光滑、清洁，有利于减少棉结和毛羽的生成。

（3）合理搭配后区牵伸工艺。细纱机后区牵伸工艺对成纱棉结的影响见表1－70。可见，适当提高粗纱捻度，减少细纱机后区牵伸倍数，放大细纱后区隔距，三者适当搭配既能加强对牵伸区纤维的约束，提高须条紧密度，又能使须条经后区牵伸后仍留有一定捻回进入主牵伸区，有利于提高前区须条的紧密度，进一步减少纤维扩散，又能加强对纤维运动的有效控制，从而减少成纱棉结数量。

表1－70　细纱机后区牵伸工艺对棉结的影响

项　目	工艺1	工艺2	工艺3	项　目	工艺1	工艺2	工艺3
粗纱捻度(捻/10cm)	4.86	5.06	6.16	后区罗拉隔距(mm)	25	30	35
后区牵伸倍数	1.15	1.29	1.42	棉结(个/km)	59	41	73

第五节　纱线毛羽及控制

纱线毛羽指的是当纱条加捻成纱或细纱加捻成线时，一些暴露在纱线主干之外的纤维头端或尾端。随着纺织品档次的提高和无梭织机的普遍采用，纱线毛羽的危害日益突出，已成为影响产品质量的重要因素，主要体现在影响纱线和织物的外观以及织造过程。如纱线毛羽多，会恶化纱线条干，使纱线的表面光洁度差，耐磨性能差，同时也会降低纱线的强力。纱线毛羽对织物外观的影响主要体现在：毛羽少时，织物光洁、滑爽，纹路清晰；毛羽多，特别是分布不均匀时，会出现纬档、条影和云斑等疵点，使产品等级下降；毛羽不匀会导致染色不均匀，毛羽多的地方颜色较深，少的地方颜色较浅；若两根纬纱上的毛羽不同，会因为反光程度的差别在布面上形成横档。另外，纱线毛羽对织造过程也有影响，过多的纱线毛羽将影响上浆后的正常分绞；在织造过程中因相邻毛羽粘贴缠绞，使织机的开口不清，产生“假吊经”“三跳”等疵点，或者造成经纱断头；无梭织造时，纱线毛羽过多会导致引纬受阻而停车。

一、纱线毛羽的指标及测试方法

（一）毛羽指标

1. 毛羽值　毛羽值指的是1m纱线的检测长度内，所有突出纱线主体外的纤维总长度。例如，毛羽值为40，表示在1m纱线上，突出纱线主体外纤维的总长度为40m。

2. 毛羽指数　毛羽指数指的是单位长度纱线内，单侧面上伸出长度超过某设定长度的毛羽累计数，单位为根/m。

3. 毛羽伸出长度　毛羽伸出长度指的是纤维端或圈凸出纱线基本表面的长度。

4. 毛羽量　毛羽量指的是单位长度纱线上毛羽的总量，与全部露出纱体纤维所散射的光量成正比。

(二)毛羽测试方法

自20世纪50年代以来,已有50多种测试方法相继开始使用。目前比较成熟的方法有目测法、重量法、静电法、数字图像处理法、投影计数法和全毛羽光电测试法等。

1. 目测法 目测法是指直接对管纱目测对比或将纱线绕在黑板上,拍成照片进行对比。这种方法适用于不同纺纱条件的纱线对比。另一种目测法是将毛羽进行定量分级,做好各级毛羽的标准黑板,再将试准黑板对比定级。目测法所得的结果是单位长度的毛羽根数形态。目测法的特点是直观,但取样少,效率低,易产生人为的误差。

2. 重量法 重量法是取一定长度的纱线,测试其经高温烧毛前后的质量损失,以质量损失率来表征毛羽数量。这种方法简单,但结果受纤维种类的影响,如涤纶等合成纤维烧毛时产生熔融,无法反映出毛羽的数量;再者,由于难以控制烧毛条件,也不能准确地反映纱线毛羽的多少。

3. 静电法 当纱线匀速通过高压电场时,在电场的作用下,毛羽竖起,利用光电法计数。这种方法虽效率高,但破坏了毛羽的形态。

4. 数字图像处理法 纱线以一定速度运动,利用CCD(Change Coupled Device)摄像机捕捉运动着的纱线图像,然后通过A/D转换,将图像信号数字化,再将数据传入软件系统,运用高性能计算机快速处理大量数据的能力分析纱线图像,最后根据要求输出各种指标。

EIB-S型纱线电子检测仪是基于此原理开发的用于测量短纤纱外观的测试仪器。EIB-S型纱线电子检测仪本身是一个纱线供送系统。纱线以100m/min的正常测试速度经过一个数码镜头。这个数码系统由CCD镜头组成,有着非常高的分辨率(达3.5×10^{-3}mm),每0.5mm的纱线直径会被精确测量,对高速运动着的纱线不会产生图像的模糊。纱线直径数据经微机处理,产生纱线外观的数据,其测试原理如图1-33所示。

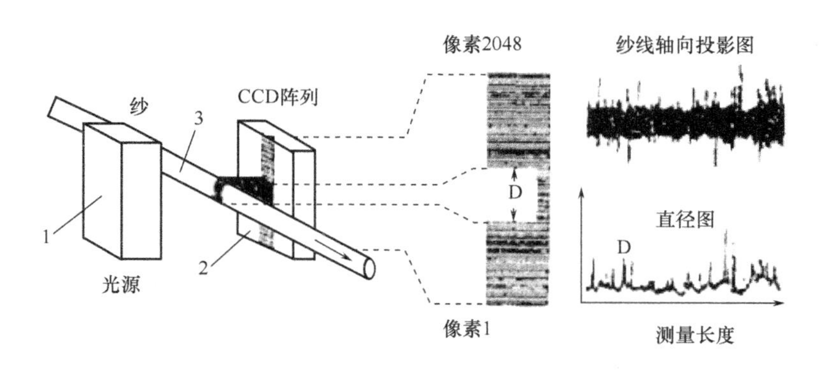

图1-33 EIB-S型纱线电子检测仪的测试原理

光源1的光线射向光电元件2,运动着的纱线3在光电元件2中形成一个阴影,光电元件接受的光量以及电路中的电流量随着纱线细度而变化。这种电流的波动经过放大器放大后被自动记录下来。EIB-S型纱线电子检测仪的测试方法和传统的纱线测试方法相比，能够找出长度为0.5mm和直径3.5×10^{-3}mm的疵点。这是目前所有测试方法中的最高水平。测试结果不受相对湿度、颜色和混纺的影响。它的重要功能是测试纱线毛羽长度和一定长度范围内毛羽个数，从而模拟出纱线的黑板条干进行客观评定以及模拟出一定组织结构的织物。

5. 投影计数法　投影计数法是将纱线投影成平面，测量离纱线表面L处单位长度上的毛羽数，如图1－34所示。检测点是1个光敏三极管，当纱线以速度v通过检测点时，从纱体上伸出的长度大于设定长度L的毛羽(a，b，c，d)，就会遮挡光线使光敏三极管产生电脉冲，经放大整形后，用计数器计出单位长度内脉冲的个数，即毛羽指数。检测点至纱线距离L或称设定伸出长度是可以调节的。由于纱线表观直径存在不匀，L的基线是直径的平均值，又因直径边界有一定的模糊性，所以毛羽的设定长度不小于0.5mm。

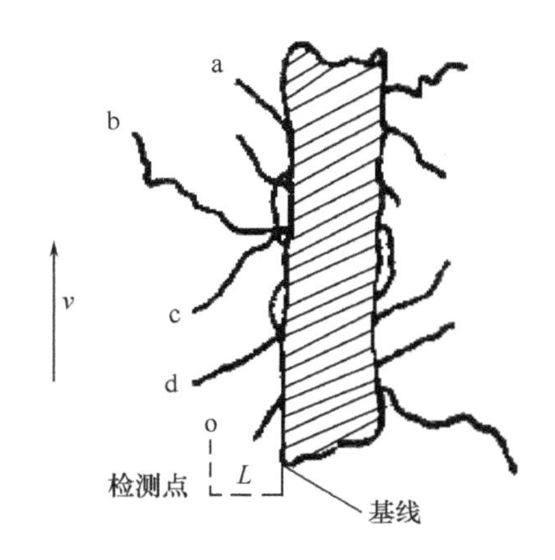

图1－34　投影计数法测试原理

投影计数法是常用的毛羽测试方法之一，代表性的测试仪器包括德国Zweigle公司的G566型毛羽仪、英国锡莱公司的SDL－Y96型电子纱线毛羽度测试仪、国产的YG172型纱线毛羽测试仪等。

(1)德国Zweigle公司的G566型毛羽仪。德国Zweigle公司的G566型毛羽仪，可能是首次同时在纱线12个长度区间对毛羽计数的测试仪器。此即意味着只需一个单独的实验操作就能有效地测定任何纱线全程范围的毛羽值。在以前的程序中，纱线必须分别通过每一长度区间，不仅费时，而且测试结果不真实，因为在多次实验中纱线毛羽是变化的。

测定方法是将12个光敏二极管分别按照距离纱线1mm、2mm、3mm、4mm、5mm、6mm、8mm、10mm、12mm、18mm、21mm、25mm的位置排列；光束直射在纱线，纱线以恒定的速度通过检测区，突出纱线的毛羽形成的阴影，根据其长度被相应位置的二极管检测，计数；将测得的毛羽分类至下列长度：1mm、2mm、3mm、4mm、5mm、6mm、8mm、10mm、12mm、18mm、21mm、25mm，即各二极管的排列距离。

12个长度区间的实验结果和毛羽指数是一个综合数值，也可从数学上看作毛羽的分布。一个条线图可以显示出毛羽的控制情况，实验长度可在键盘上输入，以lm为单位，实验长度为11～9999m，输入的数据以及剩余的实验长度均显示出来。测试时速度不变，为50m/min。一个磁滞刹车和易于启动引导罗拉保证纱线表面在通过装置时不发生变化，凸出于纱线表面的任何纤维阴影都会被投射到光电晶体管上，并被计数。G566型毛羽仪的零点由全计算机化系统辅助调整，为了能把毛羽仪的测试数据输入计算机同时还设置了1个通用接口，通过一记录装置把测试数据输入计算机，从而检查纱线毛羽的周期性变异。

(2)英国锡莱公司的SDL－Y96型电子纱线毛羽测试仪。英国锡莱公司的SDL－Y96型电子纱线毛羽测试仪，可检测特定长度纱线上伸出的毛羽和纤维数量。仪器提供可调的张力输入端，测试头在0～10mm内无级可调，通过对测试头LED(发光二极管)光束中的遮盖物的数目而计算毛羽指数,发光二极管可安装于纱线上方一定高度处,并照在细纱表面或长丝纱的断丝上。纱线在发动机作用下通过钳口罗拉,走速可为 50 ~ 300m/min,空气吸除实验后的废纱。SDL - Y96 型毛羽测试仪以外边定位来检测毛羽,其优点是能保持受检毛羽原来形态,但受检毛羽长度随纱条粗细而变。

(3)国产的 YG172 型纱线毛羽测试仪。YG172 型纱线毛羽测定方法是将光电检测元件根据设定的毛羽检测长度调整到距离纱线的相应位置上,检测元件为光敏元件。纱线以恒定的速度通过检测点(图1 - 35),突出纱线且超过设定检测长度的毛羽扫过光敏元件,引起光敏元件光通量变化,使之转变为电信号,形成计数脉冲。在设定的纱线片段长度内所有计数脉冲的总和即为设定的毛羽长度的毛羽指数。

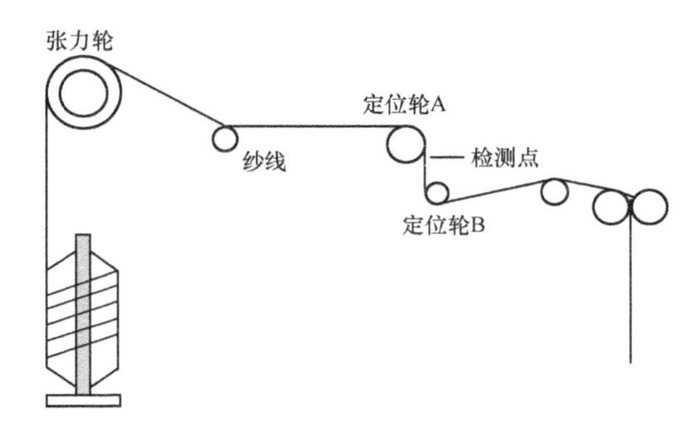

图 1 - 35　YG172 型毛羽测试仪测定过程

6. 全毛羽光电测试法　全毛羽光电测试法的原理如图 1 - 36 所示。光源 1 是氦氖激光器,发出的激光经凸透镜 2 之后变成平行光,经过光阑 3 后成为平行光柱 6 照射到纱线上。该光线一部分照射到毛羽上产生强烈的散射,另一部分则直接照射到吸收器 7 被吸收掉,由毛羽散射的光量经透镜 8 会聚至光电传感器转换为电量。大量实验表明,纱上全部露出纤维所散射的光通量大小与纱线单位长度内毛羽量成正比,根据散射光的光通量变化可以知道毛羽量的多少。

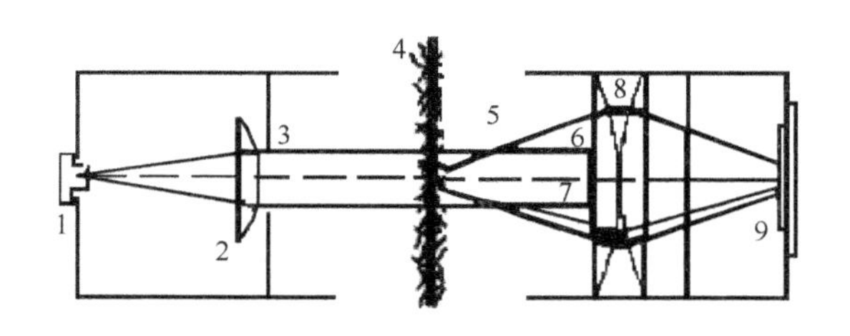

图 1 - 36　全毛羽光电测试原理

1—光源　2—凸透镜　3—光阑　4—纱线　5—散色光　6—直射光

7—激光吸收器　8—透镜　9—光电感应器

全毛羽测试法所得结果包括毛羽量、毛羽波谱、毛羽变异长度曲线、直方图等。该法取样多,效率高,也是目前测试毛羽的常用方法之一,乌斯特 UT3 型毛羽测试装置就是基于此原理开发的。

图1－37为Uster－Test3/4型毛羽仪中光线照射下的纱线，纱线主体是暗的，而被毛羽散射的通量可以被光电传感器检测到，从而得到纱线的毛羽量。

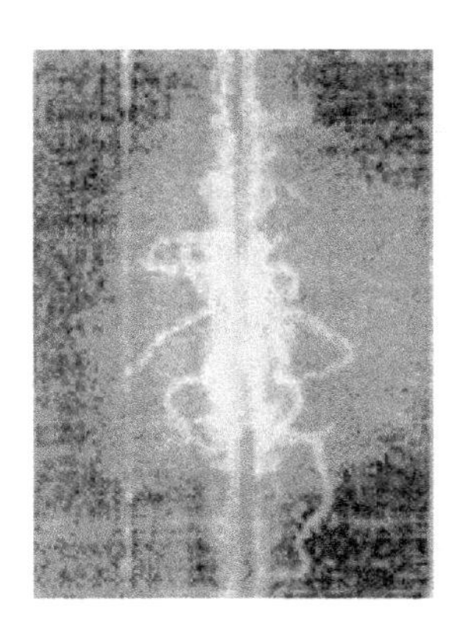
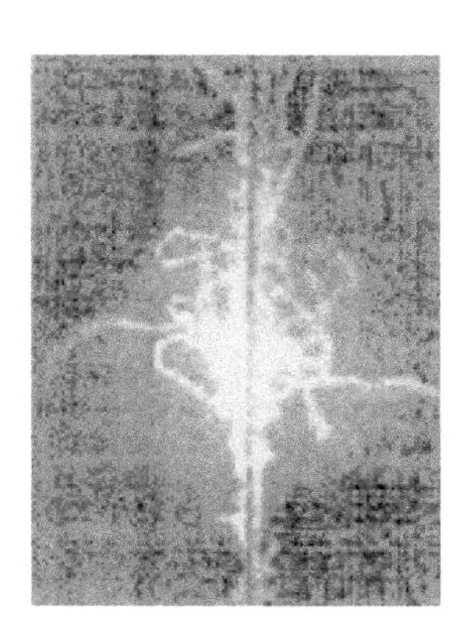

图1－37　Uster－Test3/4型毛羽仪测试原理

Uster－Test3/4型毛羽仪既能由所测样本纱线的毛羽值 H 给出毛羽的分部特性偏差 S_H，也可以根据需要输出一个反映毛羽变化的不匀曲线图（图1－38）和波谱图（图1－39）。

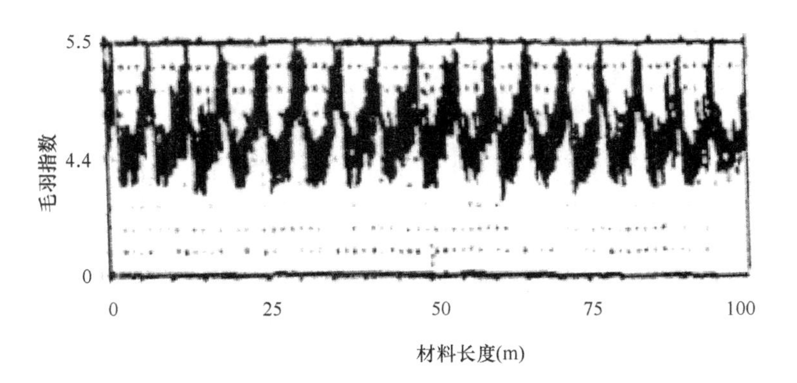

图1－38　毛羽指数变化曲线

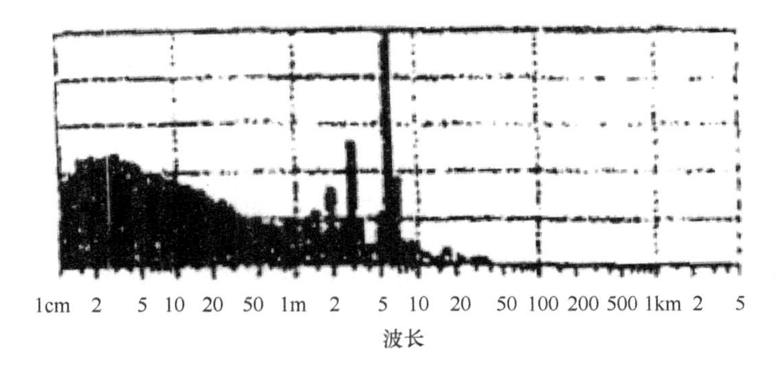

图1－39　毛羽指数变化波谱

毛羽的标准差 S_H 是考核毛羽分布的第二指标，是描述纱线卷装内部毛羽变异的数值，相对于筒子纱卷装而言，相邻两个纬纱间毛羽的差别也会影响织物的外观。

毛羽的变异系数 CV_H 描写整体毛羽分布的情况，是考核批量生产的纱线毛羽分布的均匀情况。

Uster－Test3/4 纱线测试仪能通过对毛羽值和图表的分析确定纺纱机的某个运行环节的恶化导致毛羽的恶化。由于毛羽值 H 统计的是纱线本体两侧的突出纤维值，所以 H 值是相当可信的；但因为其值反映的是在 1cm 的测量长度内突出的纤维的总长度，长毛羽和短毛羽无法区别分类。

二、纱线毛羽的形态及形成原因

（一）毛羽形态

纱线毛羽的形态错综复杂，通常按其断面形态可分为以下三种。

1. 端毛羽 纤维的端部伸出纱线主体的基本表面，而其余部分位于纱芯内部，端毛羽沿纱轴方向又分为前向毛羽、后向毛羽、双向毛羽和假圈毛羽（端纤维卷曲为纤维圈或环的形状），如图 1－40（a）所示。端毛羽是纱线毛羽的主体，一般占毛羽总数的 82%～87%。

2. 圈毛羽 纤维的两端伸入纱芯内部，中间部分露出纱线基本表面，形成一个圈或环，如图 1－40（b）所示。圈毛羽一般占毛羽总数的 9%～12%。

3. 浮游毛羽 附着于纱线表面或其他毛羽上的松散纤维或野纤维，如图 1－40（c）所示。浮游毛羽一般占毛羽总数的 4%～6%。

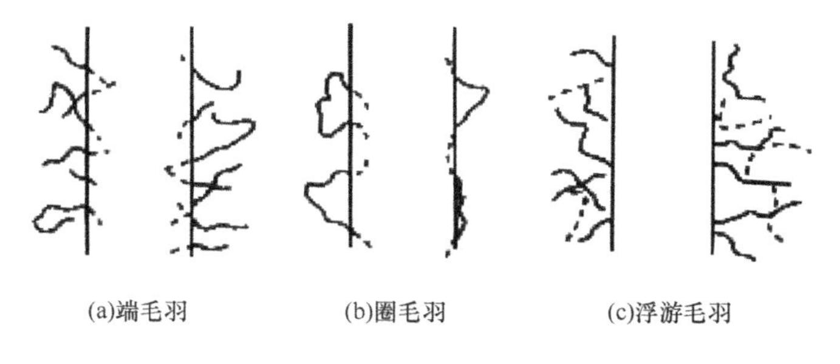

图 1－40　毛羽的各种外观形态

纱线毛羽按其纱线的运动状态可分为顺向毛羽、逆向毛羽、双向毛羽、圈向毛羽和乱向毛羽等，各自形态如图 1－41 所示。顺向指纺纱时顺着纱线前进的方向。

（二）毛羽形成原因

在环锭细纱机上，毛羽的主要发生部位包括前钳口的加捻三角区以及与导纱钩、隔纱板和钢丝圈处的摩擦处，同时由于气圈的离心力作用也会造成纱条上形成毛羽。所以毛羽的形成实际上是由两部分组成，分别为加捻毛羽和过程毛羽。其中，加捻毛羽是在细纱机上经牵伸后的须条被加捻成细纱的过程中形成的，即在纺纱“加捻三角区”形成的毛羽；而过程毛羽是指在细纱机和络筒机上，纱线与导纱钩、钢丝圈、隔纱板和导纱杆、导纱板、张力盘、清纱板、探纱杆以及

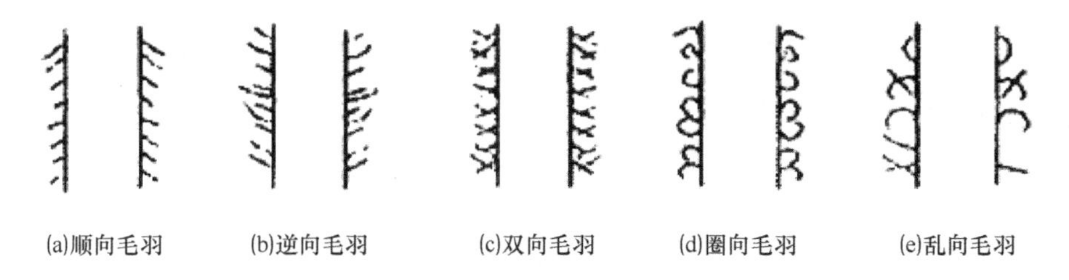

图 1－41　毛羽形态图

槽筒等工艺部件之间产生的刮、擦、扯、拉等作用所产生的毛羽。

具体来讲，毛羽的形成主要有下列原因。

(1)当纤维输出前罗拉时，由于牵伸作用使纤维之间抱合力减弱，纱条扩散，部分纤维与纱条主体脱离了良好的联系，因此，在纱条加捻成纱时，这些纤维因未能全部捻入纱中，尤其在位于纱条外围和边缘时，易形成毛羽，且大都为端毛羽。

(2)由于离心力的作用，已捻入纱中的纤维端被甩出而形成毛羽，且以双向端毛羽居多。

(3)纱线经过加捻卷绕部件时，受到刮擦起毛，或在后加工尤其是络筒工序中，由于纱条受到反复的拉伸松弛，与导纱器摩擦等易形成毛羽，其中以端毛羽居多。

(4)在加捻过程中有外来的纤维附着纱条上，如飞花附着而部分捻在纱中或附着在纱体上而形成毛羽，其中以不定向的浮游毛羽居多。

三、影响成纱毛羽的因素及控制措施

纱线毛羽长度一般在 3mm 及以上时，会使纱线在织造时发生严重的相互缠结，降低纱线的可织性，因此，需要加强控制 3mm 及以上的毛羽数量。当然，对于纱线毛羽的掌握标准，随纺纱线密度及所采用的原料品种不同而不同。一般而言，就不同的纺纱原料而言，其毛羽值的分布规律为：苎麻纱 > 毛纱 > 粘胶纱 > 棉纱 > 亚麻纱；就不同纺纱线密度而言，纱线毛羽数量的掌握标准也不同，纺纱线密度大，纱线截面内纤维根数多，则暴露在纱线主干外的毛羽也会相应增加。对于不同线密度的纯棉细纱，毛羽长度在 3mm 及以上的毛羽数掌握标准见表 1－71。

表 1－71　不同线密度纯棉纱 3mm 及以上毛羽数掌握标准

纺纱线密度(tex)	优级(个/m)	一般(个/m)	劣级(个/m)	纺纱线密度(tex)	优级(个/m)	一般(个/m)	劣级(个/m)
29.2	20	35	50	9.72	10	20	30
19.4	10	25	40	7.29	7	15	25
14.6	10	20	40	5.83	8	15	25

纱线毛羽的形成是在加捻卷绕和后加工过程中形成的，但加捻卷绕和后加工过程中形成的毛羽数量不但同细纱和后加工工序有关，还与纺纱原料以及前纺各工序直接相关。因此，对于纱线毛羽的控制，要贯穿于纺纱全过程。

(一)纺纱原料对毛羽的影响

在一定的工艺条件下,纺纱原料中纤维的长度长、整齐度好、纤维较细,则相应的成纱毛羽就少。原棉成熟度高,棉纤维的强力好,纤维相对来说粗细均匀,长度较长。纱线单位长度内纤维数减少,纤维头减少,而且,长细纤维易受加捻扭矩和纤维间摩擦力的作用而使可能伸出纱体的纤维头长度减短。所以,纱体光滑,毛羽较少。相反,如果原料中的短纤维比例越高,纤维头端伸出纱条主体表面的机会越多,则成纱毛羽就越多。

表1-72所示为不同配棉指标的成纱毛羽数量对比。可见,原棉物理指标对成纱毛羽影响较大,尤其是3mm以下的毛羽。由于纺纱品种和用途不同,配棉标准也不同,在兼顾成本因素的前提下,可最大限度地降低短绒含量高及成熟度低的原棉用量,短绒率不超过12%,并严格控制回花、下脚料的使用比例。

表1-72　不同配棉指标的成纱毛羽数量对比

项　　目	配棉方案一	配棉方案二	项　　目	配棉方案一	配棉方案二
上半部平均长度	36.67	34.67	短绒质量分数(%)	2.9	6.3
MIC	3.98	3.64	1mm及以下毛羽(个/10m)	653.63	932.23
整齐度指数	89.6	85.3	2~3mm毛羽数	181.16	332.56
成熟度比	0.95	0.82	3mm以上毛羽数	26.46	41.06

(二)前纺工序对毛羽的影响

1. 开清棉、梳理和精梳工序　棉条中短绒含量越高,越容易产生毛羽。因此,清棉、梳棉、精梳落棉量与成纱毛羽有密切关系(表1-73)。这是因为当这几个工序的落棉多时,排除的短绒多,生条中的纤维整齐度好,伸直平行度好。当一般原棉的短绒排除率在5%以下时,成纱毛羽数量较多;短绒排除率在5%以上时,成纱的毛羽将会减少。尤其是精梳落棉最明显,因为精梳落棉量大,排除短纤维多,提高了纤维伸直平行度,所以,同一特数的精梳纱比普梳纱毛羽少20%左右。

表1-73　落棉率对成纱毛羽的影响

<table>
<tr><th colspan="3">落棉率(%)</th><th rowspan="2">3mm毛羽数(根/10m)</th></tr>
<tr><th></th><th>盖板花</th><th>后车肚</th></tr>
<tr><td rowspan="3">梳理工序</td><td>0.98</td><td>2.64</td><td>96.38</td></tr>
<tr><td>1.45</td><td>3.68</td><td>62.95</td></tr>
<tr><td>2.03</td><td>4.24</td><td>44.17</td></tr>
<tr><td rowspan="4">精梳工序</td><td colspan="2">12</td><td>96.38</td></tr>
<tr><td colspan="2">14</td><td>74.27</td></tr>
<tr><td colspan="2">16</td><td>69.93</td></tr>
<tr><td colspan="2">18</td><td>54.52</td></tr>
</table>

2. 并条工序　精梳系统预并条的并合数 5 ~ 6 根,以偏小选取为宜;牵伸及牵伸分配原则同头道并条。普梳系统两道并条的牵伸选取以顺牵伸配置为宜,头道 6 ~ 8 根并合偏小掌握,总牵伸略小于并合数,后区牵伸以大为宜,一般在 1.7 倍左右。末道 8 根并合,总牵伸等于并合数,后牵伸偏小掌握,控制在 1.1 ~ 1.2 倍。这是因为经二道并条的成纱毛羽比经一道并条的成纱毛羽少。经二道并条的棉须条中纤维的伸直平行度改善,有利于减少毛羽。采用头并大、二并小的并条后区牵伸,也有利于纤维伸直。二道并条采用集中前区牵伸工艺则有利于减少纤维弯钩。

3. 粗纱工序　粗纱经细纱牵伸后的须条就是进入加捻三角区的半制品,因此粗纱结构就是影响成纱加捻毛羽所要控制半制品的最终结果。粗纱条的表面不光洁,可以在细纱加工中导致毛羽增多。所以,除了要控制粗纱上的条粗通道保持光洁,卷捻部分机械状态良好外,粗纱工序适当加大捻系数对减少棉纱毛羽有利。在细纱不出"硬头"的前提下,一般捻系数控制在 110 以上为宜。这是因为选择较大的粗纱捻度时,加强了对纤维的控制,减少了纤维的离散程度,使纤维的头尾不易伸出纱条主体表面,因而成纱毛羽少。同时,粗纱捻度大,还可避免在后工序运输、退绕过程中粘挂、磨毛,减少细纱后牵伸区纤维的扩散程度,提高进入前区须条的剩余捻回及紧密度,增加前区对纤维的附加控制力,有利于改善成纱条干和毛羽。

(三)细纱工序对毛羽的影响

细纱是纺纱的关键工序,对成纱毛羽的影响较大。

1. 纺专器材的优劣对成纱毛羽的影响　纺专器材的优劣对成纱毛羽的影响主要表现为以下几点。

(1)钢领直径不精确,圆整度、平整度不良,或有波纹、毛刺、凹凸不平与不光洁,钢领板不平或走动变形,上下运动不垂直,会造成纺纱张力的起伏波动与摩擦效应增加,导致纱线毛羽增加。

(2)钢丝圈与钢领配合不良、嵌花,会造成纱线毛羽显著增加。

(3)导纱钩起槽,对纱条的摩擦会使毛羽增加。

(4)胶辊胶圈硬度过大,静电集聚,会导致缠绕严重,出现毛羽。

(5)锭子对锭尖中心不准,造成纺纱张力波动而使纱线毛羽数量增加。

2. 细纱锭速对毛羽的影响　锭速与毛羽的关系较为复杂,一方面在现有条件下,成纱毛羽与锭速成正比,当锭速超过一个临界值时,毛羽大幅度增加。选用不同锭速,在同粗纱、同锭条件下做毛羽试验。结果表明随锭速的增加,毛羽数不断增加,特别是锭速达到 17000r/min 以上时,再增加锭速,毛羽急剧增加。纺低特纱时,锭速每增加 1%,毛羽增加 4% ~ 5%;纺高特纱时,锭速每增加 1%,毛羽增加 6% ~ 8%。

但这是在现有纺专器材及设备状态条件下呈现出来的特性。当设备加工装配精度及纺专器材性能大幅度提高时,毛羽状态就可以控制在一定范围内。目前,国产细纱机影响高速的关键因素之一仍然是如何确保"三同轴",即钢领、钢丝圈的配套问题。因此,速度与毛羽的关系应该从如何充分发挥设备效能和综合考虑使用纺专器材的成本等因素上来研讨,而不能简单地认为速度低则成纱毛羽就低、质量就好的结论。

3. 细纱钳口大小对毛羽的影响 细纱钳口隔距由隔距块的厚度决定。根据生产实践结果，采用偏小的隔距块时，可使须条截面的宽度变小，减少了纤维的扩散程度，使须条在较紧密的状态下加捻，从而减少毛羽。

4. 细纱钢丝圈对毛羽的影响 钢丝圈的号数对毛羽有很大影响。钢丝圈过重或过轻，毛羽数量均会增加，而且细纱断头也增加。因为钢丝圈过轻时，纱线的气圈大，易碰隔纱板，因而毛羽多；钢丝圈过重时，张力增加，钢丝圈易磨损，使纱线通道不通畅，易刮毛纱条，所以毛羽多。

钢丝圈圈形的大小对毛羽也有影响。钢丝圈圈形的大小影响着纱线通道空间。当钢丝圈圈形大时，纱线通道通畅，纱线不易被刮毛，因而毛羽少。

钢丝圈的截面形状对毛羽也有影响。横截面形状不同，则产生的毛羽不同。圆形截面丝圈易散热，但运转不稳定，因而毛羽多；矩形截面钢丝圈横截面积大，易散热，运转平稳，因而有利于减少毛羽。

钢丝圈的使用时间对毛羽也有一定的影响。在生产实践中发现，钢丝圈的使用时间与毛羽数量有一定的关系：在走熟期 1 ~2 天，钢丝圈刚上车，运转不稳定，运转通道不畅，毛羽比较多。在稳定期 3 ~9 天内，钢丝圈适应跑道，运转平稳，毛羽比前两天明显减少；在衰退期 10 ~16 天内，钢丝圈被磨损，挂纤维多，飞圈多，纱线气圈膨大，因而毛羽明显增加。

5. 细纱钢领对毛羽的影响 钢领直径大时，钢丝圈的线速度增大，摩擦力相应增大，同时纺纱张力增加，钢丝圈运转不稳，散热困难，因而毛羽多。反之，钢领直径小时，成纱毛羽少。

钢领直径相同时，钢领边宽对毛羽也有影响。在生产实践中发现，边宽的钢领比窄边钢领毛羽少。这是因为边宽大的钢领纱线通道宽畅，钢丝圈运转平稳，易散热。

钢领使用时间对毛羽的影响与钢丝圈有类似的规律。钢领同样有走熟期、稳定期、衰退期。钢领走熟期时，表面粗糙，摩擦因数大，运转不稳定，因而毛羽多；在稳定期时，钢领与钢丝圈的配合适应，运转平稳，毛羽少；在衰退期时，钢领摩擦因数小，钢丝圈运转不稳定，纱线气圈大，因而毛羽又有增加。

使用不同类型的钢领，毛羽也截然不同。经生产试验研究发现，锥面钢领比平面钢领毛羽少；用特殊材料、特殊工艺处理过的钢领如镀氟、镀铬、镀钼、多元渗化合金钢领等，比普通抛光钢领毛羽少 10% 左右。尤其是使用进口材料制成、用高科技设计处理的钢领毛羽更少，如用纳米磁化钢领纺纱，其毛羽比使用普通抛光钢领少 15% ~20%。

6. 气圈环位置对成纱毛羽的影响 气圈环位置低时，气圈直径增大，纺纱张力大，纺纱气圈张力激增，与纺纱部件的摩擦、碰撞加剧，毛羽增加。

7. 细纱集合器对成纱毛羽的影响 细纱集合器能收拢纱条边缘纤维，使纱条结构紧密、光滑，从而减少毛羽，但若集合器的开口过小，则会使棉须条变毛糙，增加棉纱毛羽。

（四）新型环锭纺对毛羽的影响

传统的环锭纺细纱机上，前罗拉输出的经牵伸后的须条呈松散无控制的状态，随着钢丝圈回转产生的捻回向前罗拉钳口的传递，钳口处的须条宽度逐渐收缩，两侧逐渐折叠卷入纱条中心，在距离加捻点之间形成纺纱三角区，对纱线表面的毛羽形成等有重要影响，并且纺纱三角区中内、外侧纤维在加捻过程中所受纵向张力的不同，导致加捻后细纱中纤维的预张力不同，影响下游工序加工及最终产品的质量，所以应尽量缩小和消除纺纱加捻三角区。

对传统的环锭纺细纱机进行改进，比较代表性的是紧密纺、赛络纺和索罗纺等。在Elite紧密纺与传统FA506环锭纺细纱机上，纺得CJ14.5tex管纱的毛羽及成纱性能见表1－74。由表1－74可见，Elite紧密纺纱线的毛羽数较传统环锭纺显著减少，2mm及以上的毛羽根数减少了60%以上，对于危害严重的长毛羽，紧密纺减少幅度更大。

表1－74　Elite紧密纺与传统环锭纺管纱的毛羽

毛羽长度(mm)		1	2	3	4	5	6	7	8
毛羽数（根/10m）	FA506	482.06	81.53	22.19	9.53	4.86	2.39	1.49	0.49
	Elite紧密纺	316.99	30.53	3.56	0.56	0.16	0.09	0.06	0.09

在EJM128K型环锭纺细纱机上加装分割辊（索罗纺），将4g/10m的粗纱分别纺制得到不同线密度的纱线，使用未经改造的EJM2128K型环锭纺细纱机，对相同规格的粗纱进行试纺，两种设备所纺纱线的性能见表1－75。

表1－75　索罗纺与普通环锭纺纱线性能

项　目		牵伸倍数								
		12			15			18		
7mm毛羽（个/10m）	环锭纺	30.8	40.2	29.2	16.8	13.6	35.6	20.8	25.8	19.9
	索罗纺	10.1	14.2	9.5	3.2	7.4	3.4	1.7	0.8	2.0

表1－75说明，索罗纺技术先弱捻、后强捻的特殊加捻原理，使得纤维排列紧密，纤维之间的抱合力和摩擦力增大，纤维之间不易产生滑脱，因此，索罗纺纱线的部分纤维卷入纱线的内部，从而纱线表面长毛羽的数量平均减少约78%。可见，缆型纺纱线强力高，长毛羽少，表面光洁。但是，受牵伸倍数和捻度的限制，纱线过细或者捻度太高，不易形成索罗纱线，所以索罗纺技术目前还不适宜开发细特和强捻纱。

（五）络筒工序对毛羽的影响

络筒加工除了改变棉纱的卷装形式和质量外，还可以切除粗节、弱节等纱疵。但是，络筒工艺的不良却会导致纱线最终毛羽增加。同一个管纱经过络筒后，筒纱比管纱毛羽增加35%～45%。

1. 络纱通道　络纱通道包括张力架S板、瓷柱、清纱器检测头、导纱管套、张力器，这些元件一旦出现毛刺、凹槽、破损，接触纱处表面不光洁时，棉纱在运动过程中就会受到较大的摩擦，并产生静电，导致棉纱毛羽增加。在正常情况下，张力器是平衡转动的，如果张力器内弹簧弹性发生改变，纱线就会处于不正常的张力状态。如果张力过大，棉纱受到的摩擦变大，纱线毛羽增加。

2. 自停装置　正常的自停装置自停箱油量充足，纱线断头时筒纱立即跳起，脱离高速旋转的槽筒，否则，筒纱不立即跳起，不能脱离槽筒，而与高速运转的槽筒保持不变位置的摩擦，严重损伤纱线，使毛羽增加。如果自停箱缺油，筒纱启动之前，在下降过程中速度过快，和槽筒接触的冲击力过猛，摩擦力加大，棉纱受到损伤，毛羽数量增加。为此，要定期检修自停装置和自停箱油量，保持其完好和箱内的油量充足、黏度合适。

3. 宝塔管、筒锭和槽筒的配合 若筒锭角度产生偏差，即宝塔管和槽筒角度不对，两者不密接，宝塔管的大头或小头和槽筒有较大缝隙，筒纱在运动中就会产生跳动。当宝塔管的孔大或锭管压簧失效时，两者之间的配合不密接，络纱过程中，筒纱和槽筒之间就会产生纵向滑移。筒纱的跳动与滑移，都会导致筒纱的局部加重摩擦，棉纱毛羽会显著增加。

4. 工艺参数 纱线经过络筒后，毛羽大幅度增加，严重影响织造加工和布面质量。但如果能正确选择工艺参数如络筒速度、络筒张力、清纱板隔距、槽筒材料和规格等，并保持良好的机械状态，对降低毛羽的增加幅度十分有利。

(1)络筒速度的影响。络筒速度对成纱毛羽的影响见表1－76。络筒速度越高，纱线跳动越严重，纱线与气圈破裂器、张力器、清纱器以及槽筒之间的碰撞和摩擦越大，纱线受损伤也越大，毛羽数明显增加。在同等条件下，络筒机的线速度越高，毛羽增加的幅度越大。

表1－76 络筒速度与毛羽的关系

管纱3mm毛羽数(根/10m)	络筒速度(m/min)	筒纱3mm毛羽数(根/10m)
45.21	510	85.3
	575	91.4
	643	96.8
	713	118.4

不同材料、不同加工质量的槽筒，表面状态不同，毛羽的增加幅度也不同。金属槽筒与胶木槽筒相比，毛羽少15%～20%。因此，在实际生产中可将胶木槽筒改造为金属槽筒，同时保持槽筒表面及纱线通道光洁。络筒机的线速度不宜过高。传统络筒机的线速度一般在500～600m/min，自动络筒机的线速度一般控制在900～1100m/min。

(2)络纱张力的影响。在络筒过程中，筒管裸出部分的摩擦纱段和气圈破裂器对毛羽有影响。当纱线从纱管上退绕时，由于筒管裸出部分摩擦纱段的存在而使纱线受到摩擦，导致毛羽增加。就一只管纱而言，满管时的摩擦纱段较短，纱线毛羽增加少；随着退绕的进行，筒管裸出部分不断增加，摩擦纱段长度不断增大，毛羽也逐渐增加。特别是管底退绕时，纱线对摩擦纱段的摩擦急剧增大，毛羽增加较多。

络筒时，为了减少纱线张力的波动，在纱道形成气圈的部位安装了气圈破裂器。纱线一直在运动中与气圈破裂器接触摩擦，毛羽由此而增加。纱线与气圈破裂器接触摩擦的程度，也与管纱退绕的部位有关。满管时，气圈直径较小，摩擦较轻，越靠近管底，气圈直径越大，摩擦也越剧烈。因此，气圈破裂器对毛羽的影响也是随着退绕的进行而逐渐增加的。

减少摩擦纱段和气圈破裂器所产生的毛羽，主要手段是合理调节络纱张力。在络纱时，络纱张力大，纱线与络纱通道各部件的摩擦力增大，纱线容易起毛，棉纱毛羽变长、增多(表1－77)。

表1-77 络筒张力对棉纱毛羽的影响 单位:个/10m

张力刻度	1~2mm	3mm
2.0	1515	134
3.5	1823	210
4.0	2377	272

络纱张力小,可减少纱线与摩擦纱段和气圈破裂器的摩擦力,降低毛羽生成量,但会影响筒子的良好成型。因此,络纱张力的调节要根据纱线的特数、络纱成形以及后工序使用情况进行调节。纱线的特数越大,张力越大,在保证筒纱成形好、后加工不脱圈的情况下,络筒张力偏小掌握为宜。

(3)清纱器隔距对毛羽的影响。清纱器的作用是清除纱线上的杂质和疵点,其作用原理是当纱线的杂质与清纱板(或梳针)摩擦或碰撞时而落下。由于纱线一直与清纱板接触摩擦而导致毛羽增加,当隔距小且络纱速度高时,毛羽增加较多。

清纱器的上下位置对毛羽的形成也会产生较大的影响,如果纱线不处于上、下清纱板的中间位置,而在清纱板处呈折线,络筒时将会出现严重的刮纱现象,使毛羽大幅度增加。因此,应根据清纱器清除的内容合理调节隔距,并保证在清纱时使纱线处在上、下清纱板的中间位置。

(4)槽筒的摩擦传动对毛羽的影响。络筒时,槽筒摩擦传动对毛羽产生的影响也较大,尤其是络圆锥形筒子纱时,由于沿筒子母线的直径大小不等,在筒子的母线上只有一个传动点等于传动滚筒(槽筒)的表面线速度,其余各点在卷绕过程中均产生滑移,从而导致筒子上的纱线不断地受到槽筒的摩擦。就筒子上的某一层纱而言,越是靠近筒子的两端,筒子与槽筒的速度差越大,对纱的摩擦越严重,毛羽增加也越多,而靠近传动点,速度差异小,摩擦较轻,毛羽增加较少。

(5)卷装容量对毛羽的影响。筒纱卷装容量对棉纱毛羽也存在一定的影响,若卷装过大,筒子重量大,筒子与槽筒摩擦力大,纱线受损伤大,棉纱毛羽量就会增加。

(6)气圈破裂环位置和导纱距离对毛羽的影响。管纱退绕时产生的气圈直接影响络纱张力,且波动变化很大,对纱线毛羽有明显影响。为此,合理选择导纱距离和采用气圈破裂环能改善络纱时纱线张力,有效控制纱线毛羽的增加。

①导纱距离(纱管插座位置)。导纱距离的设置应从减少络纱时纱线张力的波动来考虑,一般选择100mm以下的短距离为多;但不同导纱距离对纱线毛羽也是有影响的(表1-78)。导纱距离通常选取在80mm左右。

表1-78 导纱距离与筒纱毛羽的关系

导纱距离	50	70	90	110
3mm毛羽数(根/10m)	83.2	85.1	90.3	98.8

②气圈破裂环安装位置。气圈破裂环的安装位置对纱线毛羽也有影响,试验结果见表1-79,一般选择25~40mm,偏低掌握毛羽少。

表1-79 气圈环安装位置与筒纱毛羽的关系

距管顶距离(mm)	3mm 毛羽数(根/10m)
无气圈破裂环	107.4
0	92.0
25	97.4
50	101.5

(六)控制好车间温湿度

车间的温湿度控制不当,会使成纱毛羽增加。车间温湿度低,会使纱条蓬松,纱条内纤维间摩擦抱合力小,纱条在加捻与卷绕过程中与机件摩擦会使毛羽生成量增加。

纺纱过程要求对清梳和细纱工序纤维以放湿状态进行加工,有利于棉花开松、除杂和分梳,生产过程便于做到纤维之间、纤维与机件、打手和针布之间不缠、不粘和不挂。精并粗和络筒工序纤维以吸湿状态加工,纤维间较紧密,抱合状态好,纤维回潮大,导电性强,高速导条、导纱过程不宜产生静电,有利于棉条、纱条表面纤维平整、光洁。由此可见,从降低成纱毛羽角度考虑,细纱与络筒车间的温湿度以偏高掌握为宜。精并粗工序调节温湿度、控制条粗回潮非常重要,其关键是要纤维处于加湿的状态。相对湿度调控可较前工序大5%~10%,一般控制在55%~65%之间,在正常控制原棉回潮的前提下,条粗回潮控制达6.5%~7.5%较好。

思考题

1. 纱线产品的质量标准有哪几种类型?国家标准GB/T 398—2008 棉本色纱线中棉纱的品等是如何划分的?在国家标准中棉纱的品等高低是由哪些指标决定的?
2. 什么是Uster统计值?Uster统计值纱线产品的质量水平是如何划分的?
3. 纱线不匀是如何分类的?评价纱线均匀度的指标有哪些?
4. 试分析原料性能、半制品的质量及牵伸工艺配置对纱线均匀度的影响。
5. 试述提高纱线均匀度的主要技术措施。
6. 纱线的强力指标有哪几种?其含义是什么?
7. 试述纺纱原料的性能与成纱强力的关系。
8. 在传统纺纱工艺流程中,提高纱线强力需采用哪些技术措施?
9. 试分析比较环锭纺纱、紧密纺纱、赛络纺纱的均匀度及强力指标。
10. 什么是棉结?它是如何形成的?
11. 试述成纱棉的数量与原料性能、纺纱工艺、设备状态及车间温湿度的关系。
12. 减少成纱棉结数量需采取哪些工艺措施?
13. 什么是成纱的毛羽?它有什么危害?成纱毛羽指标有哪些?
14. 成纱毛羽的测试方法有哪些?各有什么特点?
15. 成纱毛羽是如何产生的?控制成纱毛羽应采用哪些技术措施?

参考文献

[1]赵书林,耿伟．纺纱质量分析与控制[M]．吉林：吉林科学技术出版社,2009.

[2]刘荣清．棉纱条干不匀分析与控制[M]．北京:中国纺织出版社,2007.

[3]上海纺织控股(集团)公司,《棉纺手册》(第三版)编委会．棉纺手册[M].3 版．北京:中国纺织出版社,2004.

[4]吴敏,徐敏,丁淼明,等．USC 并条机自调匀整装置的机理与工艺测试[J]．棉纺织技术,1998,26(3)：143－147.

[5]张一鸣,刘进洲,李细明,等．FLT－200 型微电脑清棉变频自调匀整仪的特性及应用[J]．棉纺织技术,2001,29(1)：42－45.

[6]陈国芬．论混纺纱的强度与纤维混纺比的关系[J]．棉纺织技术,1994,22(9)：22－25.

[7]郝凤鸣,张弦,王友俊,等．赛络纺纱技术及纺纱实践[J]．棉纺织技术,2005,33(3):54－55.

[8]杨瑞华,谢春萍,侯秀良,等．缆型纺纱技术在棉纺上的应用初探[J]．上海纺织科技,2005,33(1)：26－27.

[9]颜晓青,谢春萍,高卫东．Elite 紧密纺与传统环锭纺成纱质量对比[J]．棉纺织技术,2005,33(4)：32－34.

[10]宋清华,王伯健．我国金属针布的生产现状及发展趋势[J]．金属制品,2007,33(4):33－37.

[11]琴志强,陈跃华．纱线毛羽测试方法的概述[J]．毛纺科技,1999(4)：48－51.

[12]江慧,朱宁．乌斯特 3 型纱线毛羽测试的应用研究[J]．中国纺织大学学报(自然科学版),1997 (5).

[13]何志贵,译．G566 新型纱线毛羽测试仪[J]．国外纺织技术．2001 (7).

[14]陈香云,张毅．YG172 型毛羽仪简介[J]．陕西纺织．2005(2):30－31.

[15]吴予群,吴振刚,曲平．纺纱过程对成纱毛羽影响之研究(一)[J]．纺织器材,2006,33(6):536－542.

[16]吴予群,吴振刚,曲平．纺纱过程对成纱毛羽影响之研究(二)[J]．纺织器材,2007,34(1):28－31.

[17]李广德,赵学健,楚爱秋,等．成纱毛羽的影响因素及控制措施[J]．棉纺织技术,2009,37(10)：584－586.

[18]黄克华．棉纱毛羽的成因与控制[J]．纺织导报,2010(2)：44－46.

第二章 纺纱工艺设计

● 本章知识点 ●

1. 纺纱工艺设计的一般步骤。
2. 原料的选配及纺纱工艺流程的确定。
3. 各工序定量和牵伸设计的原则和方法。
4. 各工序详细工艺设计的原则和方法。
5. 典型产品的纺纱工艺设计举例。

第一节 纺纱工艺设计的一般步骤

将原棉或棉型化纤加工成纱线的方法称为棉纺工艺。确定和选择棉纱生产过程中的工艺流程、工艺技术条件和各工序的工艺参数等，以及对所使用的原料、设备、操作和管理等方面所提出的有关技术要求的过程，统称为棉纺纺纱工艺设计。

由于棉纱的质量除了与原料、设备、操作和管理等因素有关外，还与纺纱工艺设计有关，如纺纱工艺流程设计不合理，并合根数少，就会造成细纱的条干均匀度恶化；原料选择或搭配不合理，工艺参数设计不合理，也不能生产出优质的细纱。细纱的产量不但与车速有关，还与棉纱的特数（号数）、捻度、条子的定量等工艺参数有关。纺纱工艺参数设计的合理与否也关系到生产成本和生产过程的难易程度。所以，合理的纺纱工艺设计就能在生产中充分发挥设备有利的条件，克服不利的因素，从而纺出优质的细纱。如果纺纱工艺参数设计不合理，即使具备了较好的原料、设备、操作和管理等条件，也加工不出符合国家标准要求的细纱。

实际生产过程中，为了充分利用现有原料的性能，发挥现有设备的潜力，降低原料的消耗，提高产品的质量和生产效率，必须认真进行纺纱工艺参数的设计。

一、纺纱工艺设计的任务

棉纺纺纱工艺设计的任务是根据产品的棉纱规格、棉纱质量要求和原料性能等，结合纺纱车间的设备与所用的原料性能，制定合理的工艺流程和各工序的工艺参数，保证加工出符合要求的棉纱。

工艺设计人员从事工艺设计是一项创造性劳动。它需要我们去思考去创造，要考虑到方方面面的因素。如果只是根据传动计算工艺参数，充其量也不过是一个工艺参数计算员罢了。

二、纺纱工艺设计的原则

因为工艺设计的目的是加工出符合要求的棉纱，所以制订工艺计划、选择工艺参数都要以保证棉纱质量为出发点。纺纱工艺设计主要需考虑以下几个方面。

(1)纱线的规格和质量要求，现有的原料和设备条件。

(2)现有的技术水平和管理水平。如果现有技术力量比较强，管理水平比较高，工艺设计时选择的工艺参数可以放宽，如机器的速度可以适当提高，以提高产量。

(3)在保证产品质量的条件下，还应考虑各机台的产量，并尽可能降低消耗。

(4)各工序生产平衡。为保证生产过程顺利进行，在保证后道工序产量平衡的条件下充分发挥设备的潜力。

三、纺纱工艺设计的方法

纺纱车间的任务是由棉卷加工成筒子纱，纺纱工艺设计是根据已知棉纱的特数和棉卷的定量，制定加工工艺流程和确定各道工序的工艺参数，设计时一般采用如下两种方法。

1. 从细纱向上推算　这种方法是根据细纱的实纺特数，选择细纱的牵伸倍数，计算出细纱的喂入重量，细纱的喂入重量即是粗纱的出条重量。根据粗纱的出条重量，按照工艺流程逐道向上推算，直到梳棉机的喂入重量等于使用棉卷的每米重量为止。

2. 从棉卷的定量向下推算　这种方法是根据棉卷的定量，选择梳棉机的牵伸倍数，计算出梳棉机生条的出条重量，生条的出条重量即是并条机的喂入重量。按照工艺流程逐道向下推算，直到细纱机纺出棉纱的特数符合实纺特数为止。

实际设计时，往往是两种方法结合使用，即先从细纱开始设计，然后又从梳棉机生条开始设计，最后在前纺的头并、二并和三并工序进行调整，使前后条子的单位重量平均为止。

纺纱工艺设计之前，工艺员应该对所使用的设备的情况有一个详细的了解，如设备的机械传动、牵伸倍数、出条重量、出条速度、纺纱专件等情况。实际设计时，不要急于逐道详细设计，以免返工。而应该根据前纺各道工序的牵伸倍数和出条重量等情况，估算出各道工序的机械传动、牵伸倍数、出条重量、出条速度等，对前后条子的单位重量进行调整。当前后的条子的单位重量基本平衡时，再根据前纺所使用的设备情况进行部分的调整，然后上车试纺，并进行最后的调整。

四、纺纱工艺设计的内容与步骤

工艺设计师要熟知本公司的设备，熟悉流程配置状况，品种工艺设计必须要切合实际情况，以追求公司利益最大化并满足客户需求为目的。由于原料成本占整个纺纱成本的70%以上，所以工艺设计师要熟知原料情况(产地、特点、价格和适纺品种等)，尽量以最小的配棉成本纺制适合的纱线品种。

(一)各工序工艺设计的主要内容

1. 原棉的选配 配棉方式为分类排队法。配棉过程中需要考虑的指标主要有各原料成分配比、品级、成熟度、纤维长度、含水、含杂等。

2. 开清棉工艺配置 目前开清棉工序一般有清梳联和成卷两种配置。

(1)清梳联配置:清梳联的半成品为延绵,因此一般不需要关注半成品的定量问题。其主要关注参数一般有棉包的排列、各单机尤其是往复抓棉机的运转效率(肋条的高低)、各单机间相连的气流参数保证、各部分打手速度配置、单轴流或者双轴流的尘棒隔距配置、各单机除杂效率分配问题。

(2)成卷线配置:由于半成品为棉卷,所以设计参数一般有棉卷定量、长度、伸长率,棉包排列及抓棉机运转效率,尘棒隔距,各处打手速度,各单机除杂效率分配。

3. 梳棉工艺配置

(1)生条干定量(g/5m)。

(2)总牵伸倍数(机械、实际)。

(3)刺辊、锡林、道夫、盖板速度。

(4)小漏底工艺配置以及各处隔距配置。

4. 并条工艺配置

(1)并条干定量(g/5m)。

(2)并合数。

(3)总牵伸倍数及牵伸分配。

(4)前罗拉转速(出条速度)。

(5)罗拉握持距。

(6)罗拉加压。

(7)喇叭口直径。

5. 粗纱工艺配置

(1)粗纱干定量(g/10m)。

(2)总牵伸倍数及牵伸分配。

(3)设计捻度(捻/10cm)。

(4)罗拉中心距及罗拉加压。

(5)前罗拉、锭子转速设计。

(6)钳口隔距、集棉器口径。

(7)锭翼绕纱(锭端、压掌)。

6. 细纱工艺配置

(1)细纱干定量(g/100m)。

(2)总牵伸(机械、实际)及牵伸配置。

(3)捻度(设计、实际,捻/10cm)及捻系数。

(4)罗拉中心距。

(5)摇架压力。

(6)钳口隔距块。

(7)钢领型号及直径。

(8)钢丝圈配置。

(9)捻向。

(10)锭速。

(11)前罗拉速度。

(二)纺纱工艺设计的一般步骤与基本思路

不同的设计内容,有不同的设计的步骤。总的来说,纺纱工艺设计的步骤包括以下几个方面。

(1)首先确定纺纱工艺设计的工艺流程。

(2)然后计算细纱的实纺特数。

(3)确定纺纱过程中各工序的工艺参数(牵伸倍数、出条重量等)。

(4)根据实际情况,确定前纺其他工序的工艺参数(罗拉隔距、加压量和速度等)。

(5)根据前纺的实际情况,确定后纺各工序的工艺参数。

(6)最后填写纺纱工艺设计单。

根据目前的企业生产情况分为订单化生产、非订单化生产。下面分别来阐述其工艺设计的思路与步骤。

1. 订单化生产工艺设计的基本思路与步骤　订单化生产,用户对产品质量、性能的要求明确,工艺设计的针对性更强。设计思路为:产品性能的要求——所需选定的原料——各工序的基本控制标准——各工序的供应——各工序的各具体工艺参数的设定——工艺上机后跟踪与微调——为节约成本而进行的优选优化。

下面举例说明思路。例如,某企业接到一个每月 50 吨 JC14. 6tex 高档针织用纱的订单,需要组织生产。

(1)设计中首要问题的考虑:要根据用户对产品质量的要求、用途来考量产品优先需要达到细节、捻度、条干、三丝、色差等指标,而强力、毛羽等指标则可以作为辅助指标。根据这些质量要求,对仓库中的原棉进行分类选择,需要选用哪些原料能够达到产品质量的要求,而又不会造成成本的浪费;对于各工序特别是清花、梳棉、精梳的落棉指标心中大致有数,以有效控制用棉成本;根据成品质量要求,对各半制品所应达到的质量情况做到心中有数,以利在投产过程中第一批纱即达到预期质量。这是工艺设计人员所需做的第一步。

(2)流程选定和配台计算:根据用户交货期、产品质量要求确定工艺流程,确定细纱的锭速、配台。根据细纱配台情况,各工序设备情况选定各半制品工序的定量、车速。在这个选择过程中,要充分考虑设备的保养周期,以确保在设备保养的正常进行情况下,可以满足用户的交货期要求;同时要考虑到设备状态、操作水平、管理水平对生产运转率的影响。而定量的选择基本有如下三个原则。

①各工序设备在较佳的牵伸倍数范围内，且对牵伸倍数进行微调时，齿轮室内相应的齿轮数目充足，特别是细纱与并条工序。

②充分考虑工厂的机台配合情况，使前后纺的各品种配台尽可能合理，而不是仅考虑此次投产的一个品种。

③综合考虑各半制品定量的品种适应性。例如，本例中粗纱定量选择时，同时要考虑如果以后有13.1tex，以至于18.2tex等品种订单时，清花至粗纱品种可以不进行翻改，粗纱定量选择时就要兼顾这些品种生产时细纱的牵伸。再如，本例精梳定量的选择，同时考虑高比例棉涤混纺的高档用纱，在这类品种订单来到时，精梳以前工序无需翻改。再例如，某个企业各工序的机型都比较多，考虑到供应关系、车间现场、操作管理、设备保养时的生产调配等因素，半制品各机型定量尽可能设定为相同，这里面就要考虑一个质量一致性的问题，可能为了产品质量的稳定一致，要稍牺牲一些新型设备的质量。当然，如果首先考虑的是尽可能同一品种使用同一机型。这里面其实还是一种权衡的过程，根据企业的设备配台数目、新老设备的机台比例、操作、试验人员的熟练程度、企业管理的规范程度来决定。

(3)完成工艺设计表所有参数设计：根据所选的原料，以及产品质量预期，和本企业的设备状况、空调、操作等实际情况，对各工序的工艺参数进行详细的设定和计算。然后根据齿轮数目，特别是牵伸齿轮以及牵伸专件情况，对各工序的定量进行细微修订，形成一份完整的工艺设计表。

(4)确定各工序半制品质量指标：根据原料情况和设计工艺时的指导思路，设定各半制品所需试验控制的项目以及各项目的指标。尤其注意与成本最相关的落棉率的控制。

(5)最终审查：重新审查一遍工艺设计表，确保每一项参数准确无误，根据交货价格、制成率、原料成本、企业运作成本，对产品利润进行预判。

(6)工艺上机生产跟踪：根据制订的试验控制项目以及控制标准、实物质量对产品进行跟踪观察和控制，为最大限度地减少偶然，确保生产的正常稳定，每工序不少于三天的质量追踪。在各工序依次投产过程中，依据试验数据和生产情况，对不尽合理的工艺参数进行优选优化。

(7)进一步优化设计方案：首批纱出货后，针对用户质量要求和实际生产出的质量，考虑进一步工艺优化、降低成本的可能性，例如减少落棉、降低配棉、提高产能等。如果产品质量超出用户要求过多，则制订工艺优化方案，并进行小样试验。

(8)用户意见反馈修订设计方案：及时收集用户的反馈信息，必要时与用户进行沟通，及时了解使用情况与下游产品生产与质量情况，为下一步的工艺调整优化提供依据。

(9)总结：做好整个产品投产过程的各种工艺、生产、质量数据的收集与总结分析，为下一次投产同类产品或相关产品保留必要的资料。

2. 非订单化生产工艺设计的基本思路与步骤 非订单化生产相较于订单化生产而言，产品的品质针对性要求稍差一些，所要面对的是市场上的所有用户，这时对产品的品质要求是要均衡与稳定。

(1)设计中首要问题的考虑：在进行设定之前，首先要考虑的是企业产品在市场中的定位，是要面向高端客户，还是中端客户，或是低端产品，在这种同类产品中的竞争对手的优势在哪，该类产品的整体质量情况如何，本企业的优势在哪，充分发挥自身优势，合理规避自身不足，产品定位是一个企业经营活动的龙头，整个企业的生产经营活动都是以此为核心。

工艺设计人员所要做的就是使产品质量与企业的产品定位相符，不拔高，不降低。产品质量拔高，意味着成本的提升，质量的降低则不能满足用户的需求，使整个经营活动运行不畅。明白了这个道理，就要对库存的原料进行分类整合，以确保主打产品，兼顾层次结构的原则，在保证质量稳定的前提下，对用棉做好计划。

（2）流程选定和配台计算：根据企业的配台情况与机台的维修保养计划，合理选定工艺流程和各工序的车速与定量。注意点有：

①细纱的千锭时断头率是一个企业管理的综合反映，合理选定细纱车速，让断头率控制在一个适当水平，这就兼顾了产量与消耗的平衡。

②在选定各半制品的定量与车速配置时，合理考虑企业的设备维修保养周期，容器具的数目与周转，半制品的存量与存放。

③结合定台供应选择各半制品的车速。

④在半制品的定量选定时，要考虑以后的品种翻改情况，尽量使同一配棉成分的各半制品的定量相同，只在细纱工序进行支数的分类。

例如，考虑到企业的产品定位、产品结构，一般在 C13.1 ~ 18.2tex 之间使用同一配棉成分，那么这些纱线可以选定同一种的粗纱及以前工序的定量；如果选定 C18.2 ~ 36.4tex 之间的纯棉纱，与涤棉混纺的普梳、精梳纱使用同一配棉成分，则考虑兼顾生条的配比关系（一般情况下，为了节约成本，降低消耗，以及纤维的弯钩状态，普梳混纺品种不推荐使用预并工序，用生条直接混并，这就要考虑到本企业经常投产的几种混纺比例，选定的棉生条定量与涤生条定量根据根数的不同搭配出所需的混纺比例），条卷预并的牵伸要求，纯棉普梳的并条牵伸状态与需求，梳棉机的分梳状态等综合情况选定生条定量。在这些条件中，首先而且是重点考虑的是梳棉机的分梳状态、并条的牵伸状态，兼顾其他条件。

在各工序的单产与供应上，同时要考虑企业的设备维修保养计划，防止因平揩车的进度而出现供应紧张及不足的现象。而且不可忽视具体企业的操作水平、管理水平、车间内温湿度控制等情况、设备状态对生产运转效率的影响。

（3）完成工艺设计表所有参数设计：各工艺参数的具体设定。一般来说，无订单生产的产品总会是一些常规产品，例如纯棉的 18.2tex、14.6tex，涤棉的 65/35 混比、60/40 混比等，特殊产品因其使用的局限性，所面对的只是小众而不是大众，因而一般不在企业的无订单化生产的计划之内。同样的，对这些产品而言，大多数企业都有大量的一手资料，例如历次投产时的工艺设计及部分工艺参数的变更，历次投产时的原料情况及各工序的试验数据，历次投产时的各工序的运转效率，这些都是我们在进行新一次投产时的重要参考资料。

我们要按如下思路进行。

①查阅历次投产时特别是最近一次投产时的原料、各半制品能及成纱的各试验数据，分析合理性。例如，清梳工序的落杂情况、短绒增长情况，各牵伸工序的牵伸效率情况，精梳的落棉

短绒情况、棉结清除情况，以及成纱的粗细节数目、棉结数目、强力、重不匀等。在分析的基础上的工艺设计，也是一次有针对性的工艺改进优化。

②此次投产与上次投产原料变化有多少，哪些性能品质指标发生了变化，针对原料的不同，作出针对性工艺参数的变化。

③此次投产与上次投产，设备上特别是关键部件有没有改变：例如，梳棉的分梳元件，锡林、盖板的针布型号与状态，有无增加固定盖板、预分梳板，牵伸部件的胶辊胶圈的硬度厚度、表面处理情况，再例如新型的纺织元件在设备的使用等。针对这些设备的改进，对工艺进行适度的变化。

④根据此次投产与上次投产时环境的变化，对相关工艺作相应调整。例如，在其他一切条件基本不变时，上次投产是在干冷的冬季，本次投产在湿热的夏季，那么，我们就要考虑，纤维在这种环境变化时发生的变化，变得弹性更好，钢性减弱，在清梳工序就要注意棉结的增长，而短绒增加的幅度会减弱。在各部张力牵伸部位，考虑纤维抱合力变强，可适当增加一些张力，防止壅条壅卷。牵伸力小幅增加，可考虑粗纱捻度减小一齿，防止细纱出硬头等。对于新建工厂的非订单化生产工艺设计思路，可以参考订单化生产。

(4)审核并工艺上车：从前到后重新计算一遍工艺参数，确保各参数准确无误，严格检查工艺上车情况，确保每项参数准确上车。

(5)工艺上车生产跟踪：三天跟纺，观察实际的生产情况。每道工序至少有三天的跟踪，观察机台的生产是否顺利，各工序的质量是否达到了企业的内控标准。对一些不太适宜的参数进行细微优化。

(6)优化工艺设计方案：基于提高产品质量的工艺优化。常规产品的投产的频度与每次投产后生产的时间上为我们作一系列的工艺优化提供了时间的保证，让我们有比较充足的时间对优选前后的试验数据与生产现场进行对比，得到比较全面客观的结论。

工艺设计是一个系统的工作，这个系统不只局限于各工序的系统安排，它包含了我们生产中的方方面面。高度决定视野，如果能站在管理的高度考虑技术问题，也许问题解决得会更彻底一些。同时，生产是一个连续的过程，我们在追求质量的同时，生产的平稳同样的重要，不能平稳生产的工艺同样不是好的工艺。这在前文已反复提到，无论是设备状态、操作水平、温湿度控制、专件甚至是容器具的周转，都在这个统筹的考虑之内。

初学工艺设计切忌一开始就一头扎进数据堆里，那会迷失方向。工艺参数是随着各种条件的变化而变化的，前后工艺参数是相互联系相互影响的，每一个参数的确立你都得考虑其对其他参数的影响然后综合平衡。因此，对工艺设计理论和控制理论要有较深的认知。

具备了以上能力，当你拿到一份别人的工艺设计单，就能从中感知别人的控制思路，对每一个工艺数据的确立就能读懂其控制的目的，那么当再做工艺设计时就有了方向感，知道如何去把握。

本章工艺设计任务（下文简称“任务”）：客户订单产品 JC9.8 ×2tex，用于织制高档府绸。要求长绒棉含量占 35%，成纱条干均匀，强力高，棉结少，外观光洁。

第二节　原料的选配与纺纱工艺流程的确定

一、原料的选配

(一)原棉的种类

纺制纯棉纱的原棉品种的具体特点和用途见表2-1。

表2-1　原棉品种

原棉品种	规格参数		适纺品种	产地
	长度(mm)	马克隆值		
细绒棉	25~32	3.4~5.0	纯棉10tex以上纱,或与棉型化纤混纺	中国
长绒棉	35~45	3.0~3.8	纯棉10tex以下纱,或特种工业用纱,或与化纤混纺	新疆、云南、非洲
中绒棉	32~35	3.7~5.0	10~7tex纱	新疆

(二)原棉选择依据(表2-2)

表2-2　原棉选配依据

项目	类别	对原棉主要性质的要求	混和棉品级、长度范围
成纱细度	特低、低特纱	原棉品级高;纤维细、长,含杂和含短绒较少	1.7~2.5级 29.4~30.4mm
	中、高特纱	比上述要求可低些,并可混入部分低级棉和再用棉	2.4~3.9级 28.4~29mm
纺纱系统	精梳纱	纤维长度长、品级高、成熟度适中、含水率低、轧工较好(棉结少)的原棉	1.9~2.1级 29~29.8mm
	粗梳纱	纤维长度较精梳纱为短,品级适中	1.9~2.5级 28.4~29.4mm
股数	单纱	原棉品级较高,短绒率较低,纤维强力较高	与成纱特数有关
	股纱	成纱特数相同时,相对单纱原棉品级可较低,短绒率和含杂率较高,纤维强力可低	与成纱特数有关
经纱纬纱	经纱	纤维细、长,成熟度适中,强力较高,原棉结杂质可允许稍高	与成纱特数有关
	纬纱	原棉绵结杂质要少,纤维可粗而短,纤维强力可稍低,外观手感要好	与成纱特数有关

续表

项目	类别	对原棉主要性质的要求	混和棉品级、长度范围
织物密度	高密	原棉品级要高，短绒率、含水率要低，纤维细、长，强力要高	与成纱特数有关
	一般密度	比高密度织物的原棉要求较低	与成纱特数有关
加工方法	染色	原棉品级较高，纤维成熟度较好；含有害疵点较少	与成纱特数有关
	漂白	原棉品级可低	与成纱特数有关
	印花	对原棉品级要求较低，并可配用部分低级棉	与成纱特数有关
纱线用途	针织纱	原棉品级较高，棉结杂质小而少，产区要稳定，纤维较细、长，单强较高	2.1～2.6级 28～29mm
	起绒纱	纤维粗而短，可混用部分低级棉或精梳落棉	3.3～4.3级 27～28mm
	毛巾纱	纤维细而长，单强较高，原棉含短绒率要低些	3.3～4.3级 28～29mm

(三)原棉选配方法

1. 原棉分类 原棉分类时，按先低线密度纱，后中线密度纱、高线密度纱；先安排重点产品，后安排一般产品的原则。具体分类时，还需考虑原棉资源、气候条件、产地、原棉性能差异、设备性能等。山东某厂原棉分类实例见表2－3。

表2－3 原棉分类

JC7.3tex		JC9.7tex，JC11.7tex		JC18.2tex	
产地、批号	唛头	产地、批号	唛头	产地、批号	唛头
新疆840104304	137	新疆阿克苏巨鹰	129	新疆84010404	228
新疆84011304	135	新疆兵团	229	新疆84024204	228
新疆84010904	136	三阳	329	新疆8402204	229
新疆8401504	236	宏宇	329	新疆84024204	229
新疆84011004	136	美棉	329	利津博源	328
新疆84011304	136	澳棉	327	利津怡兴	329
新疆84010104	137	美国XVIV	328	三阳30批	329
		美国CUCBS	328	三阳34批	329
				乌兹别克	328
				滨州惠滨	328

2. 原棉排队 排队时主要考虑成分主体、队数与混用百分率、勤调少调、交叉抵补等原则。

山东某厂原棉排队实例见《纺纱工程(第3版)》上册的表2－2。

3. 原棉性质差异　控制范围见《纺纱工程(第3版)》上册的表2－1。

4. 回花、再用棉、下脚的性质和使用　回花、再用棉、下脚的处理和使用见表2－4。

表2－4　回花、再用棉、下脚的处理和使用

名　称	处理和使用
回花	1. 前道工序回花比后道工序回花的纺纱性能好 2. 回花一般在本品种中按生产的比例均匀回用
盖板落棉、抄针棉	1. 盖板落棉和抄针棉的纤维长度比混用原棉短,整齐度差,短纤维和杂质、棉结含量很大 2. 盖板落棉和抄针棉经废棉处理机处理后,杂质数量减少,疵点粒数增多,颗粒变小 3. 盖板落棉质量比抄针棉质量好 4. 盖板落棉质量较好时,可在细甲、中甲以下等配棉中少量搭用;较差时可降至较高特或在副牌、废纺纱中使用 5. 用于高特纱或低级配棉时可不经过处理均匀搭用
精梳落棉	1. 精梳落棉中含短纤维率很高、棉结多 2. 一般控制一定的混用比例,在中丙、高特、低级棉、药棉专纺等配棉中使用
下脚	1. 下脚一般经打包后统一使用 2. 车肚、绒板、特绒辊、油花,包括统破籽等经拣净、开松、除杂后,按一定搭配比例,在粗特、副牌、废纺等产品中使用,以统破籽的使用价值较大

(四)棉包上包图设计

1. 圆盘式纤维包排列

(1)圆周包数的分布:圆盘式抓棉机由于抓棉打手绕中心作旋转运动,在指定的一个旋转角度α内,内环弧长较外环短。因此打手抓取内环的一包纤维的同时可抓取外环多包纤维。即置于内环的一包纤维可以均匀地混和到外环的多包纤维中去。

在纤维包排列时,一般将小比例成分的原料置于内环,而大比例成分的原料置于外环,即按混和比例由小变大将原料沿圆盘半径方向排列,同种原料在同一圈内沿着其放置层圈圆周均匀分布。这样抓取纤维的打手在抓取混和时就确保了各种纤维混和的充分性与均匀性,同时也充分考虑到了小比例成分的原料,使其能充分均匀地混和到整个原料中去。因为,纤维块的混和首先要能同时抓取多种成分,其次是在打手完成抓取纤维一周过程中,各种成分被抓取的时间间隔要均匀。而被抓取的多种成分的纤维块进入输纤管道,在涡旋气流的作用下,自然能得到充分均匀的混和。

圆盘式纤维包排列原理如图2－1、图2－2所示

假设选用原料有A、B、C、D、E,其混用包数分别为4、4、4、6、6,则纤维包可按图2－1排列:内环均匀排列A原料4包,中环B、C两种原料置于其内,B、C两种原料纤维包在中环内间隔交错排列,而外环为D、E两种原料,也交错排放。如果原料混和比例不凑巧,纤维包排列就比较困难。如以上五种原料的混和包数分别为2、4、6、6、6,则纤维包只能按图2－2方式排列比较合理。但是B原料的混和均匀性就不如前种好。

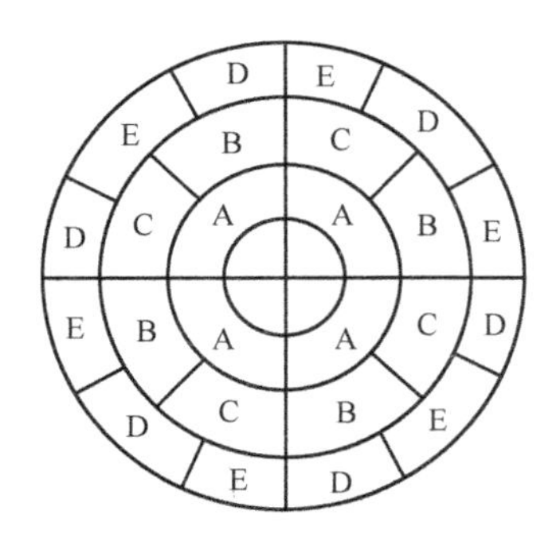

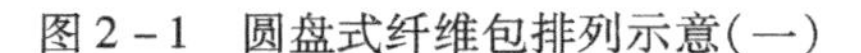
图 2-1　圆盘式纤维包排列示意(一)

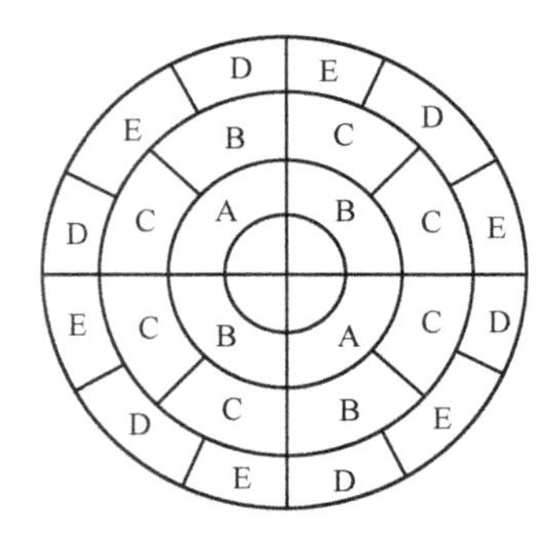

图 2-2　圆盘式纤维包排列示意(二)

(2)松紧棉包的排列:纤维包的松紧程度不同,抓棉机抓取纤维的大小不同。此外,圆盘式抓棉机打手由于运动的线速度内环较外环小,在内环抓取的纤维块要比外环的小。因此,将密度大的纤维包置于内环,有利于抓取纤维块大小的均匀性。

(3)棉包长短边的排列:排列在内环的纤维包底的长边沿圆周方向放置,能够将其成分分布到外环更多的原料中去,使混和更趋均匀。而外环的纤维包底的短边沿圆盘的半径方向排列,也同样可以确保小比例成分原料充分、均匀地混和到其他原料中去。

小比例成分置于内环,而其他成分的纤维包排列内、中、外,尽可能使其排列的圆周较大。这样,众多的大比例成分的纤维包易排列,小比例能均匀、充分地混和到原料中去,中间虚空部分可填些回花、再用棉。

2. 直线式纤维包排列　直线式纤维包排列原理如图 2-3 所示。

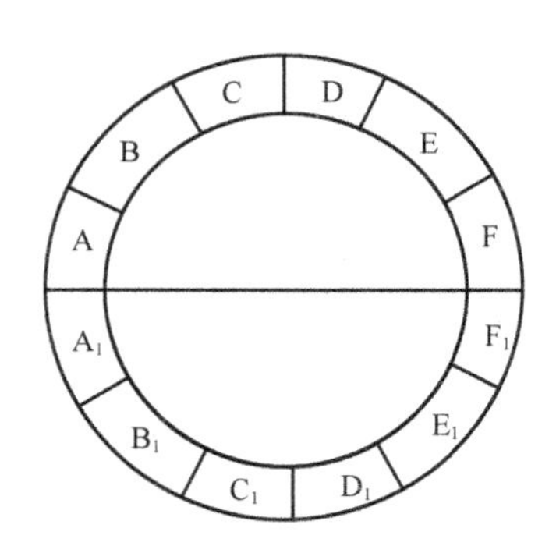

图 2-3　直线式纤维包排列原理

绘制一个圆,画一条水平线平分圆周,接着将所需排列的各种纤维包排在上半圆上,然后将上半周的各种纤维包对称于下半圆周上,沿着整个圆周就是抓棉打手抓取纤维往复一周的情况。即整个圆上各种原料的纤维包,与打手往复抓取各种纤维原料一次的情况相同。因此,如果圆周上各种成分的纤维包排列均匀,则纤维包排列比较合理。

但是,往复式抓棉机抓取纤维时在两纤维包排列头尾出现重复抓取的现象,这样将影响原料混和的均匀性。为了解决这一问题,可在纤维包排列的头尾使纤维包排列的方向与其他部分不同,即头尾纤维包底部的长边沿着纤维包排列的方向,而其他原料的排列则按垂直方向排列;同时,多种原料并排。这样就缩小了因排列重复抓取带来的纤维原料混和的严重不均匀性。

此外,由于采取了直线式排列,抓棉打手抓取纤维包的时间相同,而且在同时刻抓取的原料相同,对于混和比例较小的原料成分,被抓取的时间间隔较长,不利混和,因而要求各种原料的混和比例接近,有利于原料的充分均匀混和,因此直线式排列不适合小比例原料及回花、再用棉的混和。

二、纺纱工艺流程的确定

把棉花纺成纱，一般要经过清花、梳棉、并条、粗纱、细纱等主要工序。用于高档产品的纱和线还需要增加精梳工序。

生产不同要求的棉纱，要采取不同的加工程序，如纺纯棉纱和涤棉混纺纱，由于使用的原料不同，各种原料所具有的物理性能不同，以及产品质量要求不同，在加工时需采用不同的生产流程。

(一)纯棉纱工艺流程

1. 普梳纱　清花→梳棉→头并→二并→粗纱→细纱→后加工。

2. 精梳纱　清花→梳棉→精梳准备→精梳→头并→二并→三并→粗纱→细纱→后加工。

(二)涤棉混纺纱的工艺流程

1. 普梳纱

原棉：清花→梳棉→头并→二并→三并→粗纱→细纱→后加工。

涤纶：清花→梳棉——↑

2. 精梳纱

原棉：清花→梳棉→预并→条卷→精梳→头并→二并→三并→粗纱→细纱→后加工。

涤纶：清花→梳棉→预并——————↑

三、纺纱设备的选择

根据确定的纺纱工艺流程选定纺纱设备的型号，表2－5列出了部分棉纺设备的型号。

表2－5　部分棉纺设备型号

设备类型		设备型号
开清棉	抓棉机	FA1001型圆盘抓棉机、FA002型圆盘抓棉机、FA009型往复式抓棉机
	混棉机	FA016A型自动混棉机、FA029型多仓混棉机、FA022－6型多仓混棉机、FA022－8型多仓混棉机
	开棉机	FA105A1型单轴流开棉机、FA103型双轴流开棉机、FA103A型双轴流开棉机、FA116型主除杂机、FA1112型精开棉机、FA106型豪猪开棉机、FA106A型梳针滚筒开棉机、FA106B型锯片打手开棉机
	给棉机	FA1131型振动给棉机、FA046A型振动给棉机、FA045A型双棉箱给棉机
	成卷机	FA1141型成卷机、FA141型单打手成卷机、FA141A型单打手成卷机
清梳联		青岛纺织机械股份有限公司清梳联、郑州纺织机械股份有限公司清梳联德国特吕茨勒清梳联、Crosrol清梳联
梳棉		DK903型梳棉机、FA224型梳棉机、FA201型梳棉机
精梳准备	并条机	SB－D11型并条机、FA311型预并条机、FA306型预并条机
	条卷机	SXF1338型条卷机、E2/4a型条卷机
	并卷机	SXF1348型并卷机、E4/1a型并卷机
	条并卷联合机	HXFA368型条并卷联合机、E32型条并卷联合机、FA356A型条并卷联合机

续表

设备类型		设备型号
精梳		E76 型精梳机、E7/5 型精梳机、E62 型精梳机、FA266 型精梳机
并条		RSB - D40 型自调匀整并条机、D0/2 型并条机、FA322 型并条机、FA326A 型并条机
粗纱		FA458A 型悬锭粗纱机、F1/1a 型粗纱机、FA421A 型粗纱机、TJFA458A 型粗纱机
细纱		G35 型环锭细纱机、G5/1 型细纱机、EJM128K 型细纱机、FA506 型细纱机
络筒		萨维奥 XCL 型自动络筒机、奥托康 338 型自动络筒机、ORION 型自动络筒机、ESPERO - M/L 型自动络筒机
并纱		TSB36 型并纱机、村田 NO. 23 型并纱机、FA703 型并纱机
捻线	捻线机	FA721 - 75A 型环锭捻线机
	倍捻机	YF1702 型电锭棉纺倍捻机、村田 NO363 - Ⅱ型倍捻机、EJP834 - 165 型倍捻机

第三节　各工序定量和牵伸设计

一、牵伸分配的原则和方法

1. 合理选定生条定量确立纺纱系统牵伸分配的基础　以 CJ14. 6tex 品种为例，采用成卷开清棉工艺计算，纺纱系统将承担 20000 倍以上的牵伸，配置在梳棉、精梳、并条、粗纱和细纱等工序。因此，要取得优质的成纱质量和兼顾劳动生产率提高，取得技术经济的良好效果，必须结合纺纱系统各工序装备条件，合理各工序牵伸分配，发挥出系统的整体效能。

生条定量影响纺纱系统总牵伸配置和各工序分配，同时就清梳工序自身来说，生条定量对成纱质量至关重要。生条定量合理控制，有利于锡林针面负荷减轻和道夫转移率提高，有利于纱线品质改善。在确保质量影响最小化的前提下，生条定量增加必须建立在保证必要的生条纤维梳理度基础上。

表 2 - 6 参考瑞士 Rieter 公司对主要产品系统工艺配置中，梳棉条子推荐的线密度，以及推算出的生条干定量值。

表 2 - 6　瑞士 Rieter 公司推荐梳棉工序线密度值及生条定量推算值

项　目	测试数据					
纯棉普梳细纱(tex)	50	40	30	20	15	12
梳棉(ktex)	5. 9	5. 4	5. 4	4. 9	4. 9	4. 5
生条干定量(g/m)	5. 44	4. 98	4. 98	4. 52	4. 52	4. 15
纯棉精梳纱(tex)	30	20	15	15	10	6
梳棉(ktex)	4. 9	4. 9	4. 9	4. 5	4. 5	4. 2
生条干定量(g/m)	4. 52	4. 52	4. 52	4. 15	4. 15	3. 87

2. 合理运用并合原理配置牵伸　传统纺纱工艺中并合与牵伸往往是一对矛盾，传统工艺的并合主要是通过棉条与棉条间并合来解决片段不匀问题和纤维间混和问题，因此传统工艺往往强调大并合数，重视多道并合和多数并合的理论。而实际生产中大并合数必然相应加大牵伸倍数，传统工艺装备中由于牵伸机构还具有一定的不完善性，因而牵伸倍数的加大往往会导致半制品内在结构变化，产生条干指数恶化，条子、卷子粘连增加等不良工艺效果。

现代纺纱工艺中的并合技术，在传统的棉条并合基础上，更多地运用了清梳联多包混和、多仓混和、梳棉自调匀整技术、精梳准备工序的棉层叠合复并技术和并条机自调匀整技术，来解决片段不匀问题和纤维间混和问题，而不是靠单纯增加并合数来提高混和效果，带来牵伸负担加重的负面影响，合理地处理好并合与牵伸的关系。

表 2－7 为采用清梳联→预并→条并卷→高效能精梳工艺流程中，两种不同准备工艺方案的对比。

表 2－7　高效能精梳准备工序不同工艺方案对比表

项　　目	工艺方案 1	工艺方案 2
预并牵伸倍数	8.1	5.22
预并并合数（根）	8	5
条并卷牵伸倍数	1.70	1.57
条并卷并合数（根）	26	24
准备工序总牵伸倍数	13.77	7.85
准备工序总并合数（根）	208	120

在生条定量和小卷定量相同的条件下，工艺方案 1 较多考虑了多并合数，预并工序 8 根，条并卷工序 26 根，使准备工序总并合数达 208 根，而相应预并工序牵伸和条并卷工序牵伸都较大，准备工序总牵伸倍数达 13.77，预并由于喂入生条弯钩纤维较多，较多并合数配置较大牵伸会导致不良质量效果。而条并卷机其牵伸形式较为简单，不宜承担过多牵伸负担，体现在工艺效果上小卷粘连毛绒感严重，精梳条棉结、条干指标及成纱千米棉结不理想。根据 Rieter 公司和 Vouk 公司建议，精梳准备工序总牵伸倍数不宜超过 10。因而在工艺方案 2 中，降低了总并合数，预并工序为 5 根，条并卷工序 24 根，使准备工序总并合数降为 120 根，相应预并牵伸倍数降为 5.22，条并卷牵伸倍数降为 1.57，准备工序总牵伸倍数降低为 7.85。实际生产中采用工艺方案 2，使小卷粘连情况改善，精条棉结、条干和成纱千米棉结、单强 *CV* 值较方案 1 改善 20% 以上，由于前道采用清梳联技术、条并卷叠合复并技术，虽然精梳准备工序的棉条并合数由 208 根降为 120 个，但纤维混和效果不受影响，工艺方案 2 推广生产高档纯棉精梳针织纱品种，未出现由于混和不良而产生的色档、色差、条影等布面质量问题。

3. 在细纱牵伸分配中，应把握以下重要工艺原则

（1）根据产品原料和结构的不同，如普梳、精梳、化纤混纺类，低、中、高特纱类等，以及生产半制品装备条件和半制品结构条件，合理配置细纱总牵伸和前后区牵伸。

（2）细纱机牵伸机构的不同，对细纱工序牵伸能力有不同影响，直接影响总牵伸配置和前后区牵伸的分配原则。

（3）合理细纱牵伸分配，应考虑成纱产品的不同质量特性指标，如对条干、常发纱疵、强力、毛羽、断头等不同质量特性指标的影响。

纺纱生产系统的牵伸分配，不仅是个系统的工艺问题，同时又是值得研究的技术经济问题，与纺纱生产质量、产量、劳动生产率有着直接关系，在传统纺纱工艺理论的基础上，应根据装备技术条件的变化，合理优化各工序牵伸分配，以发挥出系统的整体效能。

4. 各工序线密度（定量）的选定与牵伸分配实例

（1）线密度的选定要综合考虑原料种类、性能、细纱线密度、车间装备技术条件等因素，14.5tex 棉纱各工序线密度（定量）的选定见表 2－8。

表 2－8　各工序线密度（定量）的选定

工　序	梳　棉	头道并条	二道并条	粗　纱	细　纱	络　筒
线密度（tex）	4200	3400	3400	500	14.5T 14.5W	14.5T 14.5W
并合数	1	6	6	1	1	

（2）牵伸分配计算：

$$本工序牵伸倍数=\frac{上工序半制品特数\times本工序并合数}{本工序半制品特数} \tag{2-1}$$

$$并条头道牵伸=4200\times6/3400=7.4$$

$$并条二道牵伸=3400\times6/3400=6$$

$$粗纱牵伸=3400/500=6.8$$

$$细纱牵伸=500/14.5=34.48$$

二、细纱定量及细纱机牵伸设计

1. 细纱定量设计

纱的标准干重（g/100m）＝细纱的公称（或设计）线密度（tex）/（1＋公定回潮率%）×10

$$细纱实际线密度(tex)=细纱实际干重(g/100m)\times(1+公定回潮率\%)\times10 \tag{2-2}$$

（1）细纱定量：

$$细纱定量(g/100m)=\frac{粗纱定量(g/10m)\times10}{E_{实}} \tag{2-3}$$

计算时，定量均按公定回潮率的重量或干重量来计算。

（2）细纱的实际牵伸倍数：

$$E_{实}=\frac{粗纱定量(g/10m)\times10}{细纱定量(g/100m)} \tag{2-4}$$

2. 细纱机牵伸设计　细纱机的总牵伸倍数等于各个分牵伸倍数的乘积。关于细纱机的总牵伸倍数与牵伸齿轮的对照表和具体的设计可以参见《棉纺手册》第三版。

（1）细纱机的总牵伸倍数。目前，细纱机的总牵伸倍数一般在30～50倍，它不仅与细纱机的机械性能有关，而且还与其他因素有关。

当加工纯棉纱时，当所纺棉纱线密度较大时，总牵伸倍数较小；当所纺棉纱线密度较小时，总牵伸倍数较大。在纺精梳棉纱时，由于粗细均匀，结构较好，纤维的伸直平行度好，所含短绒率也较低，总牵伸倍数一般可高于同线密度粗梳棉纱。在加工纯棉纱时，细纱机工艺设计的总牵伸倍数的参考范围见表2－9，纺纱条件对总牵伸倍数的影响见表2－10。

表2－9　总牵伸倍数的范围

纱线密度（tex）	小于9	9～19	20～30	大于32
双短胶圈牵伸倍数	30～50	20～40	15～30	10～20
长短胶圈牵伸倍数	30～60	22～45	15～35	12～25

表2－10　纺纱条件对总牵伸倍数的影响

总牵伸倍数	纤维及其性质				粗纱性能			细纱工艺与机械			
	长度	线密度	长度均匀度	短绒	纤维伸直度、分离度	条干均匀度	捻系数	线密度	罗拉加压	前区控制能力	机械状态
可偏高	较长	较小	较好	较少	较好	较好	较高	较小	较重	较强	良好
可偏低	较短	较大	较差	较多	较差	较差	较低	较大	较轻	较弱	较差

当加工纯纺涤纶纱和涤棉混纺纱时，细纱机的总牵伸倍数一般比纺棉时稍大。

（2）前牵伸区工艺设计。前牵伸区是细纱机的主要牵伸区，在此区内，为适应高倍牵伸的需要，应尽量改善对各类纤维运动的控制，并使牵伸过程中的牵引力和纤维运动摩擦阻力配置得当。前牵伸区工艺的选择应根据所用原棉的长度、细度、均匀度以及喂入半制品的质量情况、后区牵伸倍数、纺纱线密度、产品质量要求、前牵伸区对纤维的控制能力等来决定。但其中对牵伸能力起决定作用的是细纱机前区的机械工艺性能。在前区牵伸装置中，上下胶圈间形成曲线牵伸通道，收小该钳口隔距，并采用重加压和缩短胶圈钳口至胶辊前罗拉钳口之间的距离，大大改善了在牵伸过程中对各类纤维运动的控制，从而具有较高的牵伸能力。一般情况下，前区牵伸倍数一般控制在20～29。

（3）后牵伸区工艺设计。细纱机的后区牵伸与前区牵伸有着密切的关系。大牵伸细纱机提高前区牵伸倍数的主要目的是合理布置胶圈工作区的摩擦力界，使其有效地控制纤维运动，提高条干均匀度。但是，只有前区的摩擦力界布置，而喂入纱条的结构不匀，纤维松散，在通过前区时，纱条可能发生局部分裂，纤维运动不规则，难以纺成均匀的细纱。因此，后区牵伸的主要作用是为前区作准备，以充分发挥胶圈控制纤维运动的作用，达到既能提高前区牵伸倍数，又能保证成纱质量的提高。

后区牵伸倍数与总牵伸倍数也有一定的关系，当总牵伸倍数增大时，后区牵伸倍数宜适当偏大控制。这是因为前区牵伸倍数超过一定范围时，对细纱条干均匀度的破坏性，较增大后区牵伸的影响严重得多，这时适当增加后区牵伸倍数对条干比较有利。细纱机的前区牵伸能力，因结构不同而各异，可经过实际试验后，根据总牵伸倍数确定合适的后区牵伸倍数。

后区牵伸倍数的设计，不仅与总牵伸倍数有关，而且还与粗纱捻度、粗纱结构、后区加压力量、罗拉隔距等因素有关。在调整工艺时，应注意保持牵伸力基本不变，使罗拉握持力足以克服牵伸力。

提高细纱机的牵伸倍数，有两类工艺路线可以选择。一是保持后区较小的牵伸倍数，主要提高前区牵伸倍数；二是增大后区牵伸倍数，达到提高总牵伸能力的目的。目前，生产中常采用第一类牵伸工艺路线，后区牵伸倍数在纺机织用纱时，一般控制在 1.25 ~ 1.5，常选择 1.36 左右；纺针织用纱时，一般控制在 1.02 ~ 1.15。后区牵伸倍数见表 2 - 11。

表 2 - 11　后牵伸区工艺参数的范围

<table>
<tr><th colspan="2" rowspan="2">项　　目</th><th colspan="2">纯　　棉</th><th colspan="2">化纤纯纺和混纺</th></tr>
<tr><th>机织纱工艺</th><th>针织纱工艺</th><th>棉型化纤</th><th>中长化纤</th></tr>
<tr><td rowspan="2">后区牵伸倍数</td><td>双短胶圈</td><td>1.20 ~ 1.40</td><td>1.04 ~ 1.15</td><td rowspan="2">1.14 ~ 1.54</td><td rowspan="2">1.20 ~ 1.70</td></tr>
<tr><td>长短胶圈</td><td>1.25 ~ 1.50</td><td>1.08 ~ 1.20</td></tr>
</table>

三、粗纱定量及粗纱机牵伸设计

1. 粗纱定量设计　粗纱定量设计时，应根据熟条定量大小、细纱机牵伸能力、细纱线密度、纺纱品种、使用设备状态、温湿度、粗纱机设备性能、产品质量要求以及供应情况等各项因素综合确定。目前，由于细纱机的牵伸能力向高倍发展，粗纱趋于重定量，但粗纱定量过重，会因上罗拉打滑而使上、下胶圈间速度差异较大而产生胶圈间须条分层现象。所以当采用三罗拉双短胶圈牵伸时，一般粗纱定量为 2 ~ 6g/10m，纺特低特纱时，粗纱定量为 2 ~ 2.5g/10m 为宜。加工化纤时，由于化纤须条的牵伸力大，粗纱定量应比纺棉时适当减轻。

粗纱定量不宜过重，若过重时，且车间相对湿度较大时，会因上罗拉打滑而使上下胶圈间速度差异较大，而产生胶圈间须条分裂或分层现象。所以，双胶圈牵伸形式不宜纺定量过重的粗纱。四罗拉双短胶圈牵伸在主牵伸区不考虑集束，须条纤维均匀分散开，不易产生须条上下层分层现象，故粗纱定量可适当放宽掌握。纺超低特纱时，则粗纱定量要适当偏小掌握。如果粗纱定量较大时，要适当控制车间的相对湿度，否则容易出现牵伸须条分层现象。一般情况下，粗纱定量范围见表 2 - 12。

表 2 - 12　粗纱定量的控制范围

纺纱线密度（tex）	大于 32	20 ~ 30	9 ~ 19	小于 9
粗纱干定量（g/10m）	5.5 ~ 10	4.1 ~ 6.5	2.5 ~ 5.5	1.6 ~ 4.0

（1）粗纱的实际重量：

$$\text{粗纱定量}(g/10m) = \frac{\text{并条定量}(g/5m) \times 2}{E_{\text{实}}} \quad (2-5)$$

计算时，定量均按公定回潮率的重量或干重量来计算。

（2）粗纱的实际牵伸倍数：

$$E_{\text{实}} = \frac{\text{并条定量}(g/5m) \times 2}{\text{粗纱定量}(g/10m)} \quad (2-6)$$

2. 粗纱机牵伸设计

（1）总牵伸倍数。粗纱机的总牵伸倍数主要根据细纱线密度、细纱机的牵伸倍数、熟条定量、粗纱机的牵伸效能等决定。由于目前新型细纱机的牵伸能力普遍提高，粗纱机可配置较低的牵伸倍数，以利于保证成纱质量。

目前，双胶圈牵伸装置粗纱机的牵伸范围为4～12倍，一般常用5～10倍，见表2－13。粗纱机在采用四罗拉（D型）牵伸形式时，对重定量、大牵伸倍数有较明显的效果。当纺制较粗的粗纱，采用三上四下曲线牵伸较为适宜。当纺制较细的粗纱，宜采用胶圈牵伸，牵伸倍数可以适当偏大掌握。

表2－13　粗纱机总牵伸的配置范围

牵伸形式	三罗拉双胶圈牵伸、四罗拉双胶圈牵伸		
纺纱特数	高特纱	中特、低特纱	特低特纱
总牵伸倍数	5～8	6～9	7～12

在化纤混纺时，由于纺纱过程中牵伸能力较大，故粗纱定量与牵伸倍数应比纺棉时适当减轻和减小。

（2）前区牵伸倍数工艺设计。由于前牵伸区有双胶圈和弹性钳口，对纤维的运动控制良好，所以牵伸倍数主要由前牵伸区承担。工艺设计时，在决定后区牵伸倍数后，可以根据总牵伸倍数，得出前区牵伸倍数。

（3）后区牵伸倍数工艺设计。后区牵伸倍数的确定和选择要根据熟条中纤维排列、纤维长度、细度等情况，尽可能避免临界牵伸倍数。适当放大后区牵伸倍数，缩小主牵伸区的牵伸倍数，有利于前弯钩纤维的伸直平行。工艺设计时，后区牵伸倍数一般要偏小控制。双胶圈牵伸形式的粗纱机，由于前区摩擦力界布置合理，可以加大牵伸倍数，这就给后区减小牵伸倍数创造了条件。当下胶圈对中罗拉滑溜率较大时，后区牵伸倍数不宜太大。粗纱定量过大时，为防止须条在前区产生分层现象，后区牵伸倍数不宜太小。

（4）牵伸分配。粗纱机的牵伸分配主要根据粗纱机的牵伸形式和总牵伸倍数确定，同时参照熟条定量、粗纱定量和所纺品种等合理配置。由于双胶圈牵伸区对纤维的运动控制良好，所以牵伸倍数主要由该牵伸区承担，而后区牵伸倍数不宜过大，一般情况下偏小控制，当喂入棉条定量过重时，为防止须条在前区产生分层现象，后区可以采用较大的牵伸倍数。当纺化纤时，后区牵伸倍数应大些，以使后区牵伸力与握持力相适应。四罗拉双胶圈牵伸较三罗拉双胶圈牵伸的后区牵伸倍数适当偏大控制。

在三上四下曲线牵伸中，它的前牵伸区的摩擦力界分布比较合理，控制纤维运动良好，故可以适当加大牵伸倍数。它的后牵伸区第三罗拉上有一段包围弧，中区无集棉器，考虑到纱条在进入前牵伸区时，不致因纤维过于扩散以致影响前牵伸区候补的摩擦力界强度和扩展幅度，所以后区牵伸倍数不能过大，但也不宜过小，以避免牵伸力过大。同样情况，在胶圈牵伸的前牵伸区有胶圈和胶圈销组成的弹性钳口，有效地控制纤维运动，故牵伸倍数可以适当放大，牵伸倍数的使用范围也大；而后牵伸区位罗拉牵伸，故牵伸倍数也不宜过大，主要作为主牵伸区的预备牵伸。总牵伸的配置见表 2－13，部分牵伸分配见表 2－14。

表 2－14　部分牵伸分配

部分牵伸	三罗拉双胶圈牵伸	四罗拉双胶圈牵伸
前区	主牵伸区	1.05
中区	—	主牵伸区
后区	1.15～1.4	1.2～1.4

四、熟条定量及并条机牵伸设计

1. 熟条定量设计　熟条定量主要根据细纱线密度、纺纱品种、设备情况而定。一般纺低特纱，定量轻；纺高特纱，定量重。当生条定量过重时，喂入纤维根数多，应增大牵伸机构的加压，如果加压量不足，就会出现牵伸不开和出硬头的现象，使条干明显恶化。同时生条定量增大后，牵伸倍数也应该增大，容易产生附加不匀，影响熟条的条干水平，在保证产量供应的情况下，适当减轻熟条定量，有利于改善粗纱条干。在纺化纤时，由于其牵伸力大，容易出现牵伸不开的现象，所以熟条定量应该比纺纯棉时轻。熟条定量的选用范围见表 2－15。

表 2－15　熟条定量的控制范围

细纱线密度（tex）	熟条定量（g/5m）	细纱线密度（tex）	熟条定量（g/5m）
9 以下	12～17	20～30	17～23
9～19	15～21	32 以上	19～25

并条的实际牵伸倍数：

$$E_{实}=\frac{生条定量(g/5m)\times 并合数}{熟条定量(g/5m)} \tag{2-7}$$

2. 并条机牵伸倍数设计

（1）总牵伸倍数。并条工序的总牵伸倍数应该与并合数和纺纱线密度相适应，一般应稍大于或接近并合数，为并合数的 0.9～1.2 倍。在纺低特纱时，为减轻后续工序的牵伸负担，可以取上限；对均匀度要求较高时，可以取下限。同时，应该结合各种牵伸形式机不同的牵伸张力综合考虑，合理配置。并条工序的牵伸分配主要与牵伸形式机喂入须条的结构有关。总牵伸倍数的选用范围见表2-16。

表2-16 总牵伸倍数的控制范围

牵伸形式	四罗拉双区		单区	曲线牵伸	
并合数	6	8	6	6	8
总牵伸倍数	5.5~6.5	7.5~8.5	6~7	5.6~7.5	7~9.5

(2)各道并条机的牵伸分配。末道并条机的总牵伸倍数如大于头道并条机的总牵伸倍数，有利于纤维伸直平行度的提高，但对于条干均匀度不利。若头并的牵伸倍数大于末并的牵伸倍数时，则经头并牵伸后所产生的条干不匀可以在末并并合时得到改善，故有利于提高条干水平质量，但为了供应头、末并之间的供应，应该适当加快头道并条机的车速。

头、二道并条机的牵伸分配，既要注意喂入棉条的内在结构和纤维的弯钩方向，又要兼顾逐次牵伸造成的附加不匀率增大的情况。采用两道并条机时，头、二道并条机的牵伸分配有两种。第一种是倒牵伸，即头道牵伸倍数大于并合数，二道牵伸倍数稍小于或等于并合数。这种牵伸分配方式，头道牵伸倍数大，有可能造成条干不匀稍高，但是可以通过二道还可以利用并合作用加以改善，且二道牵伸倍数小，有利于提高条子的条干均匀度，但二道牵伸倍数小，不利于弯钩纤维的伸直，成纱强力低。第二种是顺牵伸，即头道牵伸倍数小于二道牵伸倍数，这种分配方式，有利于改善纤维的伸直平行度。

头道并条机喂入的生条纤维排列紊乱，前弯钩较多，如果配置较大的牵伸倍数，虽然可以使纤维伸直平行度得到一定的提高，但对于消除前弯钩效果不明显；二道并条机喂入条的内在结构已有较大的改善，而且纤维中后弯钩较多，可以配置较大的牵伸倍数，以消除后弯钩，但对于改善条干均匀度不利。

在纺超低特纱时，为了减少后续工序的牵伸，可以采用头道并条机的牵伸倍数稍大于并合数，而二道并条的牵伸倍数可以更大。原则上头并牵伸倍数要小于并合数，头并的后区牵伸选择2倍左右；二道并条的总牵伸倍数稍大于并合数，后区牵伸维持弹性牵伸。

各道并条机的前、后区牵伸分配是不相同的。喂入头道并条机的生条中弯钩纤维较多，纤维平均长度较短，高倍牵伸会使移距偏差大，造成条干不匀，所以头道并条机的前区牵伸倍数不宜太大，后区牵伸倍数稍大些。由于喂入二道并条机的条子中后弯钩较多，前区牵伸倍数要适当偏大掌握，后区牵伸倍数要适当偏小控制，已消除后弯钩。

(3)部分牵伸分配的确定。各区的牵伸分配主要与牵伸形式和喂入纱条的结构有一定的关系。无论采用何种牵伸形式，采用6根或8根并合，前区的牵伸倍数都大于后区的牵伸倍数。各种牵伸形式其前区摩擦力界布置都比较合理，而后区是简单罗拉牵伸，所以前牵伸区比后牵伸区能承担较大的牵伸倍数。

不同牵伸形式的前区牵伸倍数不同。如压力棒曲线牵伸比三上四下曲线牵伸的前区牵伸倍数大些，而三上四下曲线牵伸的前区牵伸倍数又比四罗拉双区牵伸大。由于压力棒所产生的主牵伸区后部摩擦力界向前扩展的范围大，更有利于对浮游纤维运动的控制，故前区的牵伸倍数可以适当偏大掌握；由于四罗拉双区牵伸因无附加摩擦力界，所以前区的牵伸倍数应适当偏小掌控制。

①前区牵伸倍数。由于前牵伸区的摩擦力界较后区布置的更合理，所以牵伸倍数主要靠前牵伸区来承担。前牵伸区的牵伸配置参考因素见表2－17。

表2－17　前牵伸区的牵伸配置参考因素

参考因素	前牵伸区的摩擦力界布置合理	纤维伸直度好	加压足够并可靠	纤维后弯钩较多
前区牵伸倍数	较大	较大	较大	较大

②后区牵伸倍数。后区牵伸一般为简单罗拉牵伸，牵伸倍数较小，主要起为前区牵伸做好准备的辅助作用。一方面，后区牵伸摩擦力界布置的特点不适宜进行大倍数牵伸；另一方面，由于喂入后区的纤维排列十分紊乱，棉条内在结构较差，不适宜进行大倍数牵伸。一般头道并条的后区牵伸倍数为1.6～2.1。二道并条的后区牵伸倍数为1.06～1.15。另外，后区采用小倍数牵伸，则牵伸后进入前区的须条不至于严重扩散，须条中纤维抱合紧密，有利于前区牵伸的进行。

③前张力牵伸倍数。前张力牵伸倍数应该考虑所加工的纤维品种、出条速度和相对湿度等因素，一般控制在0.99～1.03。出条速度高、相对湿度高时，牵伸倍数宜适当偏大掌握。纺棉时张力牵伸倍数稍大于并合数。纺纯棉时前张力牵伸倍数取1或稍大于1；纺精梳棉时，如棉条起皱，前张力牵伸倍数可以比普梳纯棉略大；当喇叭口径偏大或擦用压缩喇叭头形式时，前张力牵伸倍数应适当偏大掌握。前张力牵伸倍数的大小，应该以棉网能顺利集束下引、不起皱、不涌头为准。较小的前张力牵伸倍数对条干均匀有利。FA系列并条机都采用喇叭口加集束器的成条技术，可以采用较小的前张力牵伸倍数。

④后张力牵伸倍数。后张力牵伸的设计不仅要根据纤维品种、纤维原料的不同和前工序圈条成形的情况进行配置，而且又与棉条喂入形式有关。一般情况下，当使用压辊时，后张力牵伸倍数为1.01～1.02；当不使用压辊时，后张力牵伸倍数为1.00～1.03。

五、精梳条定量及精梳准备工序和精梳机牵伸设计

1. 精梳条定量设计　精梳条定量由小卷定量、纺纱线密度、精梳机总牵伸倍数确定。当小卷定量和给棉长度确定后，精梳条定量对精梳梳理质量影响不大，故精梳条定量一般偏重掌握，以免总牵伸过大而增加精梳条的条干不匀，一般在15～27g/5m的范围。

纺低特纱时，精梳条定量偏轻掌握；纺粗特纱时，精梳条定量偏重控制。一般情况下，精梳条的定量偏重为好，因为精梳条定量重，精梳机的牵伸倍数可以适当减低，由于牵伸造成的附加不匀会减少，使精梳条的条干均匀度得以改善。

2. 精梳准备工序牵伸设计　目前，采用的小卷准备工艺流程有三种。条卷工艺：梳棉生条→预并条→条卷机→精梳小卷；并卷工艺：梳棉生条→条卷机→并卷机→精梳小卷；条并卷工

艺:梳棉生条→预并条→条并卷联合机→精梳小卷。

(1)条卷牵伸工艺设计。在预并条机上一般是6~8根并合,然后在条卷机有16~24根棉条并合成精梳小卷,总并合数为100~144,总牵伸倍数为6~9倍,这种工艺流程占地面积较小,机构简单,便于管理和维修,制成的小卷粘层少。但纤维的伸直平行度略差,并且由于采用棉条铺放并合方式成卷,制成的小卷有明显的条痕,横向均匀度差,使精梳落棉增多。因此,在并条机上宜采用8根喂入,加大牵伸倍数,以提高纤维的伸直平行度。

(2)并卷牵伸工艺设计。由条卷机加工出小卷,再由并卷机牵伸并合,总并合数为100~144,总牵伸倍数为6~9,与条卷工艺相近。这种工艺流程加工出的精梳小卷成形良好,有利于梳理时钳板的握持,落棉均匀。但纤维的伸直度与平行度较差,所以小卷定量要偏轻控制,并卷机宜采用曲线牵伸装置,并增加压力,以提高纤维的伸直度。

(3)条并卷牵伸工艺设计。总并合数为120~192,总牵伸倍数为7.2~10.8,牵伸和次数并合均较多,纤维的伸直度与平行度较好,可以减轻精梳机的梳理负荷。在同样的工艺条件下,精梳机落棉可以降低1%~1.5%。

(4)精梳准备工序的牵伸倍数和并合数。棉条或小卷的并合数越多,越有利于改善精梳小卷的纵横向结构,降低精梳小卷的不匀率,使不同成分的纤维得以充分的混和。但增加并合数,相应地总牵伸倍数也增加,牵伸作用虽然可以改善棉条中纤维伸直平行状态,但牵伸倍数过大会使棉条过于熟烂而造成粘卷,并且由牵伸产生的附加不匀也增大。因此,准备工序要选用适当的牵伸倍数和并合数,在确定时要考虑精梳小卷和面条的定量、精梳准备工序的工艺流程等情况。

(5)精梳小卷的定量设计。小卷定量影响产质量,定量重,产量高,梳理质量差;反之,定量轻,产量低,梳理质量好。精梳由于是间歇喂入,故决定小卷定量时,还应该考虑每钳次喂给长度、纺纱线密度、设备状态、给棉罗拉的给棉长度等。长给棉时定量轻些,细特纱时定量轻些;反之亦然。新型精梳机采用密齿整体锡林,即使小卷定量加重,锡林梳理强度并没有降低。因此,新型精梳机可以采用重定量,小卷重定量是精梳机高产、高速的要求。表2-18是不同精梳机的精梳小卷定量的控制范围。

表2-18　不同精梳机的精梳小卷定量

机　型	A201型	FA251型	FA266型
定量(g/5m)	39~50	45~65	60~80

3. 精梳机牵伸设计　总牵伸倍数可以根据小卷定量和精梳条定量决定。由于有落棉,所以也有实际总牵伸倍数和机械总牵伸倍数之别。各种线密度细纱所用的牵伸倍数可参见《棉纺手册》第三版。

(1)实际总牵伸。精梳机的实际总牵伸倍数可根据小卷定量、车面精梳条的并合数、精梳机定量决定。

$$\text{精梳机的实际总牵伸倍数} = \frac{\text{小卷定量 g/m} \times 5}{\text{精梳条定量 g/5m}} \times \text{车面精梳条并合数}$$

精梳机的实际总牵伸倍数一般为 40 ~ 60（并合数为 3 ~ 4）、80 ~ 120（并合数为 8）。

（2）机械总牵伸。机械总牵伸倍数由实际总牵伸倍数、精梳落棉率决定。

机械总牵伸倍数 = 实际总牵伸倍数 ×（1 − 精梳落棉率）

精梳落棉率：前进给棉，一般为 8% ~ 16%；后退给棉，一般为 14% ~ 20%。调节变换轮，即可改变总牵伸倍数。

（3）部分牵伸。精梳机的主要牵伸区为给棉罗拉与分离罗拉之间的分离牵伸以及车面的罗拉牵伸。当机型一定时，有效输出长度为一个常数，则分离牵伸倍数随给棉长度的长短而变化；牵伸装置的罗拉牵伸倍数则因牵伸形式不同而不同。为了减少意外牵伸造成的条干不匀，在精梳加工的过程中，各输送部分在不造成涌皱的条件下，张力牵伸倍数以偏小控制。

①分离牵伸。

a. 分离牵伸的定义：给棉罗拉与分离罗拉之间的牵伸倍数称为分离牵伸。由于给棉罗拉与分离罗拉都是周期性变速运动，所以分离牵伸的数值就用有效输出长度与给棉长度的比值来表示，即：分离牵伸 = 有效输出长度/给棉长度。

b. 分离牵伸的大小：对于一定型号的精梳机，有效输出长度是一定值，所以，当给棉长度决定后，分离牵伸倍数就可以确定了。国产精梳机的分离牵伸倍数参见表 2 − 19。

表 2 − 19　国产精梳机的分离牵伸倍数

精梳机型号	有效输出长度（mm）	给棉长度（mm）	分离牵伸倍数
A201 系列	46.5（B 型）、37.24（D 型）	5.72、6.68	5.575 ~ 8.129
FA251 系列	33.78	5.2 ~ 7.1	4.758 ~ 6.496
FA261	33.71	4.2 ~ 6.7	4.733 ~ 7.550
FA266	33.71	4.7 ~ 5.9	5.375 ~ 6.747
FA269	26.48	4.7 ~ 5.9	4.488 ~ 5.634
CJ40	26.59	4.7 ~ 5.9	4.507 ~ 5.657

②车面罗拉牵伸。

a. 合理布置摩擦力界：新型精梳机的车面罗拉牵伸普遍采用了曲线牵伸，多为三上五下。

b. 车面罗拉总牵伸与牵伸分配：三上五下曲线牵伸分为前后两个牵伸区。后区牵伸区牵伸倍数有三档，分别为 1.14、1.36、1.50；前牵伸区为主牵伸区，根据不同纤维长度、不同品种的需求，总牵伸倍数可在 9 ~ 19.3 范围内调整。车面罗拉总牵伸不宜太大，以免影响精梳条条干，常采用 16 倍以下。

六、生条定量及梳棉机牵伸设计

1. 生条定量设计　梳棉机牵伸倍数随所纺纱的线密度不同而不同。在纺低特纱时，常选用较大的牵伸倍数，同时棉卷的质量较轻，因此，生条定量较轻；反之，应较重。在纺线密度相同或相近的纱时，一般若产品质量要求较高可采用较轻的生条定量。

一般生条定量轻，有利于提高转移率，有利于改善锡林和盖板间的分梳效果。

当梳棉机在高速高产和使用金属针布以及其他高产措施后，定量过轻有以下缺点。

（1）喂入定量过轻，则在相同条件下棉层结构不够均匀（如产生破洞等），且由于针面负荷低，纤维吞吐量少，不易弥补，因此生条条干较差。

（2）生条定量轻，直接提高了道夫转移率，降低了分梳次数，在高产梳棉机转移率较高、分梳次数已显著不足的情况下，必将影响分梳质量。

（3）生条定量轻，为保持梳棉机一定的台时产量，势必要提高道夫转速，这不利于剥棉并易造成棉网飘动而增加断头，对生条条干不利。所以生条定量不易过轻，一般为 20 ~ 25g/5m；但也不宜过重，以免影响梳理质量。

（4）喂入定量过轻，则在相同条件下面层结构不易均匀，容易产生破洞等，且由于针面负荷低，纤维吞吐量少，不易弥补，因而生条条干较差。

（5）由于合成纤维的弹性较好，若定量过重，条子变得粗而蓬松，容易堵塞喇叭口和圈条斜管，生条定量应较纺棉时稍轻。但生条定量过轻，容易使棉网飘浮，造成剥棉困难，影响成条质量。梳棉生条定量控制范围见表 2 - 20、表 2 - 21。

表 2 - 20　梳棉机生条定量的控制范围

机　　型	A186F、A186G FA201B、FA203A	FA221、FA224 FA225、FA231	FA232A	DK903
产量[kg/(台·h)]	最高 40	25 ~ 70	40 ~ 80	最高 140
生条定量(g/5m)	17.5 ~ 32.5	20 ~ 32.5	20 ~ 32.5	20 ~ 50

表 2 - 21　生条定量的控制范围（锡林转速 360r/min 左右）

纱线密度(tex)	32 以上	20 ~ 30	12 ~ 19	11 以下
生条定量(g/5m)	22 ~ 28	20 ~ 26	18 ~ 24	16 ~ 22

在锡林转速为 450 ~ 600r/min 的高产梳棉机（如 DK903 型、FA232A 型等）上，上述定量一般可增加 10%。

2. 梳棉机牵伸设计　梳棉机的总牵伸倍数是指棉卷罗拉至小压辊间的牵伸倍数，即总牵伸倍数 E = 牵伸倍数/轻重牙齿数。由于有落棉，所以也有实际总牵伸和机械总牵伸之别。

在同一种机型上纺同一品种时，牵伸倍数应该相同，便于使轻重齿轮统一，工艺统一。以上的计算是按输出与输入机件的表面速度所求得的牵伸，称为计算牵伸，亦称为理论牵伸或机械牵伸。如按棉卷定量与棉条定量所求得的牵伸，称为实际牵伸。在梳棉机上因有相当数量的落棉，故实际牵伸大于计算牵伸。它的关系式如下：实际牵伸 = 计算牵伸/(1 - 落棉率)。梳棉机的总牵伸倍数的控制范围见表 2 - 22。

表 2-22　总牵伸倍数的控制范围

机　型	A186C、A186D A186E、A186F A186G	FA201、FA202	FA231A	FA224、FA225
总牵伸倍数	63~125	63~150	90~170	70~130

(1)生条的实际牵伸倍数 $E_{实}$：

$$E_{实}=\frac{棉卷定量(g/m)\times 5}{生条定量(g/5m)} \tag{2-8}$$

计算时，定量均按公定回潮率的重量或干重量来计算。

(2)梳棉机加工生条的机械牵伸倍数。梳棉机的机械牵伸倍数是指小压辊和棉卷罗拉之间的牵伸倍数。

$$E_{机}=圈条压辊线速度/棉卷罗拉线速度=牵伸常数/牵伸变换齿轮齿数$$

在梳棉生产过程中，由于部分杂质、损耗、短绒和少量的可纺纤维会成为落棉，所以，实际牵伸倍数与机械牵伸倍数有一定的差异。在实际计算牵伸变换齿轮时应该考虑这些因素的影响，它们有以下的关系：

$$E_{实}=E_{机}/(1-落棉率)=E_{机}\times\frac{1}{\eta} \tag{2-9}$$

其中，$\frac{1}{\eta}$ 是牵伸配合率。

一般情况下，梳棉机的落棉率为 3%~4.5%，在生产过程中，要根据计算牵伸和实际牵伸的关系，来合理确定牵伸变换齿轮。

七、棉卷定量及棉卷的牵伸倍数设计

1. 棉卷定量设计　棉卷定量是评价棉卷纵向 1m 片段重量的情况，供改进生产和改进工艺的参考，通过实验，可及时调整和控制棉卷每米重量，以稳定纱线的重量偏差和重量不匀率，以保证成纱质量的稳定。

棉卷重量不匀率是表示棉卷短片段的均匀情况，是考虑棉卷质量的主要指标。它对半制品、成品的重量不匀率有密切的关系。如果棉卷的不匀率差，纱线重量不匀率就会相应增大，影响成品的质量。棉卷的伸长率与棉卷每米平均重量有关，通过棉卷伸长率试验，可及时调整和降低各机台棉卷的伸长率差异，达到控制棉卷每米重量和稳定纱线重偏与重量不匀率的目的。棉卷定量的控制范围见表 2-23。

表 2-23　棉卷定量的控制范围

纺纱(tex)	棉卷的干定量(g/m)	纺纱(tex)	棉卷的干定量(g/m)
高特纱	420~450	低特纱	360~390
中特纱	390~420	特低特纱	320~360

棉卷的定量：

$$棉卷定量(g/m)=\frac{满卷净重(kg)\times 1000}{满卷实际长度(m)}$$

$$满卷实际长度(m)=满卷计算长度(m)\times(1+伸长率)$$

棉卷定量的具体设计可以参见《棉纺手册》第三版。

2. 棉卷的牵伸倍数设计 在加工过程中，将须条均匀地抽长拉细，使单位长度的重量变轻的过程，称为牵伸。牵伸的程度用牵伸倍数表示，按输出与喂入机件表面速度比值求得的牵伸倍数称为机械总牵伸；按喂入与输出半制品单位长度重量的比值求得的牵伸倍数称为实际总牵伸。

成卷机为了获得一定厚度的棉层，制出合乎预定特数的棉卷，就要调节棉卷罗拉和天平罗拉的速度，改变两机件之间的牵伸倍数。

(1)棉卷的实际牵伸倍数 $E_{实}$：

$$E_{实}=\frac{棉卷定量(g/m)\times 5}{生条定量(g/5m)}$$

在棉卷生产过程中，由于开清棉工序存在一定的落棉等，所以，实际牵伸倍数与机械牵伸倍数不相同。在实际工艺时，应该考虑这些因素的影响，两者的关系如下：

$$E_{实}=E_{机}/(1-落棉率)=E_{机}\times\frac{1}{\eta}$$

其中，$\frac{1}{\eta}$ 是牵伸配合率。

计算时，首先确定配合率，然后根据实际牵伸倍数 $E_{实}$，计算出机械牵伸倍数 $E_{机}$。$E_{机}=E_{实}\times\eta$

(2)开清棉机加工棉卷的机械牵伸倍数 $E_{机}$。在成卷机中，为了获得一定规格的棉卷，需要对棉卷罗拉和天平罗拉之间的牵伸倍数 $E_{机}$ 的大小进行调整。

$$E_{机}=牵伸常数\times牵伸变换齿轮齿数$$

(3)牵伸配合率：

$$\frac{1}{\eta}=1-落棉率=E_{机}/E_{实}$$

一般情况下，η 为 109.8% 左右。

棉卷的牵伸倍数具体设计可以参见《棉纺手册》第三版。

第四节 各工序详细工艺设计

一、开清棉工艺设计

(一)开清棉工序工艺设计的要点

开清棉工序工艺设计的原则是“合理配棉、多包取用、勤抓少抓、加强混和、短流程、低速度、精细抓棉、混和充分、渐进开松、减少翻滚、多分梳、多松少打、薄喂入、轻定量、大隔距、多混和、早落少碎、不伤纤维、以梳代打、少翻滚、防粘连、逐渐开松、少量抓取、充分混和、低速度、薄喂入”。在设计开清棉工序的工艺参数时,还要考虑以下几个方面。

(1)提高原料的混和均匀度:由于原棉和合成纤维的性能不同,以及原料的色泽存在差异,故在进行纯纺和混纺时,要充分混和原料,使纤维混和后达到预期的要求,以确保最终产品的质量。因此,实际生产过程中,通过调整抓包机的工艺,做到勤抓少抓,使抓取的纤维快而松。通过对原料进行预处理,提高其开松度。由于混和是以必要的开松为前提的,故应提高开清棉工序的开松效果,并可以通过采用多仓混棉机加强混和,以提高原料的混和均匀程度,改善棉卷的纵横向均匀度。

(2)充分的开松和除杂:在不损伤纤维的前提下,把原料分解为较松和较小的纤维束。在开松的过程中,要最大程度地降低杂质的破裂程度,尽量避免杂质和纤维间的黏附性增加,有利于进一步除杂。要尽量去除杂质,特别是大杂 ,在落杂的同时,要最大程度地降低落棉率。

(3)提高棉卷的均匀度:为了防止和减少纺纱过程中静电的不利影响,合成纤维一般要经过加油给乳处理,并定期清除油污,同时为确保输入纤维流顺利通行,要增强通道光滑程度,改善粘花现象。适当增加自动混棉机棉箱的纤维量,有利于原料均匀混和和均匀顺利输出,改善棉卷的均匀度。

(4)防止粘卷,提高正卷率:粘卷是生产过程中的一个突出问题,它不仅直接影响棉卷的质量,而且还影响实际生产过程中生条的重量不匀率,同时还会因绕锡林而损坏针布,因此,必须积极设法防止。实际生产过程中通过增大上下尘笼的凝棉比例、增加紧压罗拉的压力、采用在棉卷中夹粗纱或者生条等方法,确保最终的成卷均匀,以获得结构良好的棉卷。

(二)开清棉工序的工艺设计

开清棉工序的工艺参数主要包括自动抓棉机工艺、自动混棉机工艺、开棉机工艺和成卷机等相关的工艺参数。开清棉工序的主要工艺参数见表2-24。

表2-24　开清棉工序的主要工艺参数

开清棉工艺流程	FA002 型圆盘抓棉机→FA103A 型双轴流开棉机→FA022-6 型多仓混棉机→FA106A 型梳针滚筒开棉机→FA133 型两路配棉器→FA046A 型振动式给棉机→FA141 型成卷机			
机械名称	工艺参数			
FA002 型圆盘抓棉机	抓棉打手的转速(r/min)	抓棉小车的运行速度(r/min)	打手刀片伸出肋条距离(mm)	抓棉打手间歇下降动程(mm)
FA103A 型双轴流开棉机	打手速度(r/min)	打手与尘棒间的隔距(mm)	尘棒与尘棒间的隔距(mm)	进、出棉口压力(Pa)

续表

<table>
<tr><td rowspan="2">FA022-6 型
换仓压力(Pa)
多仓混棉机</td><td colspan="2">开棉打手转速
(r/min)</td><td colspan="4">给棉罗拉转速(r/min)</td><td colspan="2">输棉风机转速
(r/min)</td><td colspan="2">换仓压力(Pa)</td></tr>
<tr><td colspan="2"></td><td colspan="4"></td><td colspan="2"></td><td colspan="2"></td></tr>
<tr><td rowspan="2">FA106A 型
梳针滚筒开棉机</td><td colspan="2">打手速度
(r/min)</td><td colspan="2">给棉罗拉
转速(r/min)</td><td colspan="2">打手与给棉罗拉
的隔距(mm)</td><td>打手与尘棒的
隔距(mm)</td><td colspan="2">尘棒之间隔距
(mm)</td><td>打手与剥棉刀
的隔距(mm)</td></tr>
<tr><td colspan="2"></td><td colspan="2"></td><td colspan="2"></td><td></td><td colspan="2"></td><td></td></tr>
<tr><td colspan="5" rowspan="2">FA046A 型振动式给棉机</td><td colspan="6">角钉帘与均棉罗拉的隔距(mm)</td></tr>
<tr><td colspan="6"></td></tr>
<tr><td rowspan="5">FA141 型
单打手
成卷机</td><td colspan="2">棉卷定量(g/m)</td><td rowspan="2">实际
回潮率
(%)</td><td colspan="2">棉卷长度(m)</td><td rowspan="2">棉卷
伸长率
(%)</td><td colspan="2">棉卷净重(kg)</td><td rowspan="2">线密度
(tex)</td><td rowspan="2">机械牵伸
倍数</td></tr>
<tr><td>湿定量</td><td>干定量</td><td>计算</td><td>实际</td><td>干重</td><td>湿重</td></tr>
<tr><td></td><td></td><td></td><td></td><td></td><td></td><td></td><td></td><td></td><td></td></tr>
<tr><td colspan="3">打手速度(r/min)</td><td colspan="3">打手与天平曲杆工作
面的隔距(mm)</td><td colspan="2">打手与尘棒间
的隔距(mm)</td><td colspan="2">尘棒与尘棒间
的隔距(mm)</td></tr>
<tr><td colspan="3"></td><td colspan="3"></td><td colspan="2"></td><td colspan="2"></td></tr>
</table>

开清棉工艺设计分为棉卷参数的设计、各设备转速的设计及隔距的设计。由于开清棉设备比较多，因此各单机分别进行工艺设计。

二、梳棉工艺设计

(一)梳棉工序工艺设计的要点

梳棉工序工艺设计的原则是“强分梳、轻定量、低速度、多回收、小张力、好转移、快转移、小加压、紧隔距、强分梳、通道光洁畅通、防堵塞、大速比、合适的隔距、五锋一准”的工艺原则。为了保证半制品的质量，在梳棉工艺参数设计时，还应该考虑以下几个方面。

(1)高产高速：普通梳棉机提高产量会引起分梳不足。高产梳棉机要解决分梳不足的问题，要通过提高锡林速度和在刺辊、锡林上附加分梳元件来解决。由于刺辊和锡林是梳棉机主要的梳理机件，所以在合理选择刺辊速度，确保刺辊对纤维的损伤程度降低的前提下，提高分梳和除杂效能，保证纤维良好的分梳度，提高棉网质量，通过提高锡林速度和产量，以改善成纱质量。

(2)采用紧隔距：在针棉状态保持良好的前提下，刺辊和锡林间采用适当的紧隔距和较大的速比，有利于纤维由刺辊向锡林转移，可以减少纤维返花和棉结的产生；锡林与盖板采用紧隔距，可提高分梳效果；适当减小锡林与道夫的隔距，能提高道夫的转移率，使锡林针面负荷降低，有利于纤维的转移和梳理。

(3)采用适当的定量：普通梳棉机可通过采用适当轻的定量，以提高质量。由于高产梳棉机单位时间输出纤维量大，故道夫速度大，生条定量大。但过重的生条定量不利于梳理、除杂和纤维的转移。生条定量与成条质量有一定的关系，生条定量过轻，容易使棉网飘浮，造成剥网困难，影响生条的质量；生条定量过大，在加工化纤时，因条子蓬松，容易堵塞喇叭口和圈条斜管，不利于梳理除杂和转移，直接影响成条质量。

(4)合理选配针布：梳棉机是依靠针布对纤维进行梳理的，合理选配和使用针布，有利于提高纤维的转移率、改善梳理、减少结杂和提高生条的质量。生产过程中，要根据纤维的种类、梳棉机的产量、设备状态等情况，选择性能不同的新型高性能针布，并注意锡林针布与刺辊、盖板、道夫以及刺辊、锡林上附加分梳元件针布的配套。选择针布时以锡林不缠绕纤维、生条结杂少和棉网清晰度好等为主要依据。

(5)协调关系：协调好开松度、除杂效率、棉结增长率和短绒增长率之间的关系，是梳棉机必须着重考虑的问题。纤维开松度差，除杂效率低，短绒和棉结的增长率也低。提高开松度和除杂效率，往往短绒和棉结也呈增长趋势。要充分发挥刺辊部分的作用，注意给棉板工作面长度和除尘刀工艺配置。在保证一定开松度的前提下，尽可能减少纤维的损伤和断裂。

(6)除杂分工：梳棉机上宜后车肚多落，抄斩花少落。根据原棉含杂内容和纤维长度合理制定梳棉机后车肚工艺，充分发挥刺辊部分的预梳和除杂效能。

(二)梳棉工序的工艺设计

梳棉工序的工艺参数主要包括生条定量、牵伸倍数、速度、隔距等。梳棉的工艺设计主要根据棉卷质量，参考相关资料，依次进行生条定量和牵伸倍数设计、速度和隔距设计等，以确定梳棉机相关的工艺参数。梳棉工艺的设计内容见表2-25。

表2-25　梳棉工艺的设计内容

机型	生条定量(g/5m)		回潮率(%)	线密度(tex)	总牵伸倍数		棉网张力牵伸	转速(r/min)			
	干定量	湿定量			棉网张力牵伸	实际		刺辊	锡林	盖板(mm/min)	道夫
FA201											

刺辊与周围机件隔距(mm)					
给棉板	第一除尘刀	第二除尘刀	第一分梳板	第二分梳板	锡林

锡林与周围机件隔距(mm)							
活动盖板	后固定盖板	前固定盖板	大漏底	后罩板	前上罩板	前下罩板	道夫

齿轮的齿数				
Z_1	Z_2	Z_3	Z_4	Z_5

三、精梳工艺设计

（一）精梳工序工艺设计的要点

精梳工序工艺设计的原则是"重准备、少粘卷、把握定时定位、平衡落棉、缩小眼差、重加压、准咬合、两锋一准"。在设计精梳工艺参数时，还需要考虑以下几个方面。

（1）合理选择精梳机的准备工艺路线。精梳机前的小卷准备工作质量的好坏关系到精梳工序的全面经济效果。选择适当的工艺路线与设计合理的工艺参数，能够提高精梳小卷的整体质量，减少精梳落棉和卷。

（2）适当选择精梳的落棉率。精梳机落棉率的高低对产品质量有直接的关系。选择合理的精梳落棉率，能提高精梳产品的质量和企业的经济效益。精梳机的落棉率要根据原棉的性能、条子的内在质量、精梳小卷准备工艺、设备情况、纺纱的品种和成纱的质量要求而合理选择，同时注意平衡各眼的落棉，缩小眼差。

（3）体现新型精梳机的梳理作用。精梳机梳理作用的好坏直接关系到所生产的产品的质量。要根据成纱品种和质量要求等，合理选择新型精梳锡林的规格和种类，以充分发挥锡林和顶梳的梳理作用。

（4）保证精梳机的优质高产。为保证精梳机的优质高产，还必须注意正确调整各机构的安装定时、定位和各有关部件的隔距，选择适当的速度和集合器、喇叭口的规格，并合理选择有关牵伸分配和有效的加压量。

（5）充分发挥精梳机的生产潜力。生产效率不仅取决于车间温湿度、运转和设备管理，而且还与精梳机的速度、小卷定量、喂给长度等有关。充分发挥精梳机的生产潜力，以降低生产成本费用。如新型精梳机可以采用重定量和高速等方法来实现高产。

（6）精梳机使用新型胶辊，提高精梳条质量。由于表面不处理胶辊硬度低、弹性好、湿润感好，使分离罗拉和分离胶辊组成的钳口对纤维的控制力稳定且均匀，精梳机通过采用表面不处理胶辊，能改善精梳条干不匀率，提高成纱条干水平。

（二）精梳工序的工艺设计

精梳工艺设计分为预并条工艺设计、条并卷工艺设计、精梳工艺设计三部分，每个工艺都要进行棉条（小卷）定量及牵伸、速度、握持距（隔距）及其他工艺参数的设计。

精梳工序的工艺参数主要包括锡林速度、毛刷转速、落棉隔距、锡林梳理隔距、牵伸罗拉中心距、给棉方式和给棉长度等。工艺设计主要根据熟条质量指标等，参考相关资料，确定精梳机相关的工艺参数。其主要工艺参数见表2－26。

表2－26　精梳工序的主要工艺参数

预并条工艺												
机　型	预并条定量（g/5m）		回潮率（%）	总牵伸倍数		线密度（tex）	并合数	牵伸倍数分配				前罗拉速度（m/min）
	干重	湿重		机械	实际			紧压罗拉～前罗拉	前罗拉～二罗拉	二罗拉～后罗拉	后罗拉～导条罗拉	
FA306												

续表

罗拉握持距(mm)		罗拉加压(N)	罗拉直径(mm)	喇叭口直径(mm)	压力棒调节环直径(mm)
前~二	二~后	导条×前×二×后×压力棒	前×二×后		

齿轮的齿数						
Z_1	Z_2	Z_3	Z_4	Z_5	Z_6	Z_8

条并卷工艺

机型	小卷定量(g/m)		回潮率(%)	总牵伸倍数		线密度(tex)	并合数	成卷罗拉速度(m/min)	握持距(mm)			满卷定长(m)
	干重	湿重		机械	实际				前罗拉~二罗拉		三罗拉~后罗拉	
FA356A												

牵伸分配						胶辊加压(MPa)			
前成卷罗拉与后成卷罗拉	后成卷罗拉与前紧压辊间	前紧压辊与后紧压辊	台面压辊与前罗拉	前罗拉与后罗拉	后罗拉与导条辊	前胶辊	中胶辊	后胶辊	紧压胶辊

齿轮的齿数									
A	B	C	D	F	G	I	J	K	L

精梳工艺

机型	精梳条定量(g/5m)		回潮率(%)	并合数	总牵伸倍数		线密度(tex)	落棉率(%)	给棉方式	给棉长度(mm)	转速(r/min)	
	干重	湿重			机械	实际					锡林	毛刷
FA266												

牵伸分配						隔距			
圈条压辊与前罗拉	前罗拉与后罗拉	后罗拉与台面压辊	台面压辊与分离罗拉	分离罗拉与给棉罗拉	给棉罗拉与承卷罗拉	落棉隔距(刻度)	梳理隔距(mm)	顶梳进出隔距(mm)	顶梳高低隔距(档)

主牵伸罗拉握持距(mm)	锡林定位(分度)分离罗拉顺转定时刻度		加压(N/端)			
			前胶辊	中胶辊	后胶辊	分离胶辊

齿轮的齿数							
A	B	C	E	F	G	H	J

根据表2－26,精梳工艺设计分为预并条工艺设计、条并卷工艺设计、精梳工艺设计三部分,每个工艺都要进行棉条(小卷)定量及牵伸、速度、握持距(隔距)及其他工艺参数的设计。

四、并条工艺设计

(一)并条工序工艺设计的要点

并条工序工艺设计的原则是“合适的隔距、稳握持、强控制、匀牵伸、顺牵伸、多并合、重加压、轻定量、大隔距、低速度、防缠绕”。为了进一步改善半制品的质量,确保最终成纱质量的稳定,通过调整和改善熟条的内在质量,在并条工序的工艺参数设计时,应该考虑以下几个方面。

(1)选择合理的牵伸形式:为了改善纤维的伸直平行度,提高并条的均匀度,在并条机上采用新型曲线牵伸,以代替直线牵伸。目前,随着并条机速度的提高,牵伸机构向压力棒和多胶辊曲线牵伸方向发展,如四上三下、五上三下等形式。

(2)合理选择集合器和喇叭口:在并条机使用集合器,能改善成纱质量,降低断头率,减少飞花和落棉,提高劳动生产率。正确选择喇叭口,能减少纱疵,提高产品质量。

(3)采用大卷装:采用大卷装能有效减轻劳动强度,减少半制品的接头次数,改善产品质量,提高劳动生产率。

(4)采用自调匀整装置:在并条机采用短片段自调匀整装置,能改善熟条的重量不匀率,降低细纱的重量不匀率,减少细纱的断头率。

(5)优化工艺参数,确保熟条的质量:正确选择工艺参数,确保牵伸的稳定,提高牵伸效率,避免牵伸不开和出硬头等不良后果的产生,减小熟条的条干不均匀率,降低重量不匀率。

(6)并条机使用新型胶辊等专件,提高熟条质量:并条机牵伸胶辊要适应高速、高压和抗绕性的要求。由于硬度适当的高速胶辊,弹性大且恢复快,对须条的握持力较强,运转平稳,能明显改善熟条的条干水平。同样,在并条机上使用表面不处理胶辊生产半熟条和熟条,发现运转良好,不易绕花,对温湿度适应性强。并条机采用自调匀整装置,能显著改善棉条的重量不匀率和条干 *CV* 值。

(二)并条工序的工艺设计

由于熟条的质量主要体现在条干均匀度、重量不匀率、重量偏差和熟条的内在结构等方面。所以,要根据生条、并条的质量指标、加工原料的特点和设备条件等,确定棉条定量、工艺道数、并合根数、牵伸倍数、罗拉隔距和罗拉加压等工艺参数(表2－27)。

根据表2－27,并条工艺设计分为棉条定量及牵伸设计、速度设计、握持距设计及其他工艺参数的设计。通常先进行棉条定量及牵伸设计,然后进行速度、握持距及其他工艺参数的设计。

表 2-27　并条工序的主要工艺参数

机型	条子定量(g/5m)		回潮率(%)	总牵伸倍数		线密度(tex)	并合数	牵伸倍数分配				紧压罗拉速度(m/min)
	干重	湿重		机械	实际			紧压罗拉~前罗拉	前罗拉~后罗拉	后罗拉~检测罗拉	检测罗拉~导条罗拉	
FA326A												

罗拉握持距(mm)		罗拉加压(N)	罗拉直径(mm)	喇叭口直径(mm)	压力棒调节环直径(mm)
前~中	中~后	导条×前×中×后×压力棒	前×中×后		

齿轮的齿数								
Z_1	Z_2	Z_3	Z_4	Z_5	Z_6	Z_7	Z_8	Z_9

五、粗纱工艺设计

(一)粗纱工序工艺设计的要点

粗纱工序工艺设计的原则是“轻定量、大隔距、重加压、大捻度、小张力、中轴向和径向卷绕密度、小伸长、小后区牵伸、小钳口、适中的集合器口径”。粗纱内在质量的好坏直接影响最终成纱的质量,在设计粗纱工序的工艺参数时,还要考虑以下几个方面。

(1)合理选择粗纱定量。根据熟条定量大小,并考虑细纱机的牵伸能力、细纱线密度和粗纱加工质量等,合理选择粗纱的定量和总牵伸倍数。为了提高粗纱的均匀度,在粗纱机上应该采用新型牵伸装置。根据粗纱机的设计要求,将熟条加工成一定质量的粗纱,正确配置牵伸齿轮的齿数。牵伸倍数的设计要根据设备的牵伸能力和纱的特殊要求,全面考虑。

(2)改善粗纱均匀度。在牵伸过程中,采用适当的罗拉隔距和加压量,有利于提高纤维的伸直平行度,改善条干均匀度。

(3)合理选择车速。粗纱机的速度正向高速发展,但过高的速度会使机械增加磨损,而且在粗纱断头时,容易增加纱疵。

(4)正确选择粗纱捻度。在设计粗纱的捻度时,不仅要考虑纤维的长度、细度和半制品定量等,而且还要考虑粗纱捻度在细纱机牵伸过程中对成纱质量的影响。

(5)提高粗纱的综合质量。合理选择工艺参数,确定合理的温湿度,尽最大程度提高粗纱的综合质量,向细纱机提供质量稳定的半制品,为最终生产质量优质的细纱做准备。

(6)粗纱机使用新型胶辊,提高粗纱质量。由于新型胶辊弹性好、硬度低、胶料分散度高,与罗拉接触时具有较大的弧面,能有效地控制纤维,改善条干。粗纱机使用不处理胶辊除了显著改善粗纱条干外,对提高成纱质量也十分有利。

(二)粗纱工序的工艺设计

粗纱工序的工艺参数主要包括捻系数、速度、罗拉握持距、粗纱卷绕密度及其他工艺参数设计(表2-28)。根据熟条和粗纱质量的要求,参考相关资料,确定粗纱工序相关的工艺参数。通过合理的工艺设计,尽可能提高粗纱产品的加工质量,向细纱工序提供优质的半制品,为最终提高成纱质量打好基础。

表2-28　粗纱工序的主要工艺参数

机　型	粗纱定量(g/10m)		回潮率(%)	总牵伸倍数		后区牵伸倍数	线密度(tex)	计算捻度(捻/10cm)	捻系数	罗拉握持距(mm)		
	干重	湿重		机械	实际					前~二	二~三	三~后
TJFA458A												

罗拉加压(daN)	罗拉直径(mm)	轴向卷绕密度(圈/10cm)	径向卷绕密度(层/10cm)	转速(r/min)	
前×二×三×后	前×二×三×后			前罗拉	锭子

集合器口径(宽×高)(mm)			钳口隔距(mm)	齿轮的齿数												
前区	后区	喂入		Z_1	Z_2	Z_3	Z_4	Z_5	Z_6	Z_7	Z_8	Z_9	Z_{10}	Z_{11}	Z_{12}	Z_{14}

根据表2-28,粗纱工艺设计分为粗纱定量及牵伸设计、捻度设计、速度设计、握持距设计、粗纱卷绕密度设计及其他工艺参数的设计。通常先进行粗纱定量及牵伸设计,然后进行捻度设计,再进行速度、握持距、粗纱卷绕密度及其他工艺参数的设计。

六、细纱工艺设计

(一)细纱工序工艺设计的要点

细纱工序工艺设计的原则是"大隔距、中捻度、重加压、中弹中硬胶辊、中速度、小后区牵伸、小钳口、合适的温湿度"。为了确保成纱质量,在细纱工艺参数设计时,还应该考虑以下几个方面。

(1)细纱机在向大牵伸方向发展。为了加大细纱机的牵伸倍数,可以采用不同的牵伸机构,改善在牵伸过程中对纤维须条的控制,合理确定牵伸工艺参数,获得理想的效果。在加压形式上,为适应增加压力的需要,目前细纱机大多数采用弹簧摇架加压和气动加压。实际生产过程中,加压、罗拉隔距和牵伸倍数的设计必须与牵伸力相适应,以确保获得质量优质的产品。

(2)合理选择捻度。细纱捻度不仅直接影响成纱的强力、捻缩、伸长、光泽、手感和毛羽等质量指标,而且还影响细纱在加工过程中的变化和成品的服用性能等,同时也影响细纱机的产量和用电量等经济指标。因此,必须全面考虑,合理选择细纱捻度。

(3)加强设备基础管理。在加强设备保全保养等基础工作的基础上,尽量提高车速,选择合理钢领、钢丝圈、筒管直径和长度以及调整好钢领板的运动等。

(4)提高劳动生产率。加大细纱管纱卷装,能有效提高劳动生产率。在确定管纱卷装时,要尽量增加卷绕密度,但必须使络筒时发生的脱圈情况减少到最低限度,否则反而会降低劳动生产率。

(5)使用新型纺纱专件,提高细纱质量。胶圈是纺纱牵伸的主要专件之一,在纺纱过程中胶圈质量的好坏直接影响产品的档次。胶圈与成纱的条干、千米节结数量等质量指标的关系十分密切。由于新型内外花纹胶圈能与纱条紧密接触,产生一定的摩擦力界,形成强有力的握持钳口,可以显著减少千米节结数量。在配棉成分相同的条件下,在细纱机上采用表面不处理胶辊、附加压力棒隔距块、细纱机前后区压力棒上销等新型专件,发现它们能改善对纤维运动的控制,从而有利于提高成纱质量。

(二)细纱工序的工艺设计

细纱工艺设计包括牵伸倍数、捻系数、锭速、罗拉中心距、钳口隔距、罗拉加压、集合器、钢丝圈的选择及其他工艺参数的设计(表2-29)。细纱工艺是将粗纱纺制成具有一定线密度、符合国家(或用户)质量标准的细纱。根据细纱的用途和质量要求,参考相关资料,确定细纱工序相关的工艺参数。

表2-29 细纱工序的工艺设计

机型	细纱定量(g/100m)		实际回潮率(%)	总牵伸倍数		后区牵伸倍数	线密度(tex)	计算捻度(捻/10cm)	捻系数	捻缩率(%)	捻向
	干重	湿重		机械	实际						
FA506											

罗拉中心距(mm)		罗拉加压(daN)	罗拉直径	钢领		钢丝圈型号	转速(r/min)	
前~中	中~后	前×中×后	前×中×后	型号	直径(mm)		前罗拉	锭子

前区集合器口径(mm)	钳口隔距(mm)	卷绕圈距(mm)	钢领板级升距(mm)	齿轮的齿数													
				Z_A	Z_B	Z_C	Z_D	Z_E	Z_F	Z_G	Z_H	Z_J	Z_K	Z_M	Z_N	Z_n	n

根据表2-29,细纱工艺设计分为细纱定量及牵伸设计、捻度设计、速度设计、卷绕圈距设计、钢领板级升距设计、钢领与钢丝圈设计、中心距设计及其他工艺参数的设计。通常先进行细纱定量及牵伸设计,然后进行捻度设计,再进行速度、卷绕圈距、钢领板级升距、钢领与钢丝圈、中心距及其他工艺参数的设计。

七、后加工工艺设计

后加工工序的工艺设计包括络筒工艺设计、并纱工艺设计和捻线工艺设计三部分内容。

(一)筒并捻工序工艺设计的要点

(1)改善产品的外观质量和内在性能。筒子的卷绕结构应该能满足高速卷绕的要求,在减少杂质和棉结等疵点的前提下,接头要小而牢,尽量少损伤纱线原有的物理力学性能。

(2)稳定产品的结构状态。筒子表面纱线分布均匀,在适当的卷绕张力下,具有一定的密度。卷绕结构应该能够便于纱线退绕轻快。

(3)加大卷装容量,提高生产效率。制成适当的卷装形式,筒子成形良好,表面和端面要平整。筒子的容纱量要尽可能地大。

(4)提高纱线强力。确保并纱股线,均衡各股线的张力。提高条干均匀度和强力,增加耐磨性和弹性,改善光泽等。纱线强力要均匀一致,使卷绕条件不变,保证络筒质量。

(5)使用新型络纱装置等,提高整体质量。采用非接触电子清纱装置、先进的张力装置、气圈控制器、镀铬金属槽筒等,以提高络筒纱的质量。

(6)合理选择工艺参数。要优化工艺参数,合理设置张力和速度等工艺参数,防止过大的张力损伤纱条质量,尽可能地去除杂质;减少对纱条的摩擦,降低条干和毛羽的恶化;确保并纱时各根纱的张力均匀并统一,以提高纱线的强力等质量指标。

(二)筒并捻工序工艺设计

筒并捻工序的主要工艺参数见表2-30。

表2-30 筒并捻工序的主要工艺参数

络筒工艺

机型	槽筒速度(m/min)	张力(cN)	卷绕长度(m)	电子清纱器				
				形式	棉结	短粗节	长粗节	长细节
奥托康纳338								

并纱工艺

机型	并合根数	卷绕线速度(m/min)	张力圈重量(g)
FA703			

倍捻工艺

机型	线密度(tex)	计算捻度(捻/10cm)	计算捻系数	捻向	锭速(r/min)	卷绕线速度(m/min)	超喂率(%)
EJP834-165							

齿数

A	B	C	D	E	F	G

根据表2-30,络并捻工艺设计分为络筒工艺设计、并纱工艺设计、倍捻工艺设计。络筒工

艺主要进行速度、张力、卷绕长度及清纱设定值的设计,并纱工艺主要进行速度、张力的设计,倍捻工艺主要进行捻度、锭速、线速度的设计。

1. 络筒工序的工艺设计

(1)络筒速度。络筒速度不仅影响到络筒机的产量,而且还直接影响到络筒纱的质量。络筒速度对络纱质量的影响显著,速度越高,气圈回转速度越大,其离心力大,与络纱部件的摩擦加剧,使毛羽数量增加,产生条干恶化等不良现象。在设计络筒速度时要考虑以下因素。

①当纱线线密度大时,络筒卷绕线速度可快;反之,要适当降低络筒卷绕线速度。

②当纱线强力较低或者条干不匀率大时,络筒速度要偏低控制,以减少对纱线的不利影响。

③要考虑原料的性能和特点,加工原棉时络筒速度要偏低控制;加工化纤络筒速度要偏高掌握。

④要考虑络筒机的类型。自动络筒机加工精度高,材质好,设计合理,如意大利的萨维奥、德国产的 Autoconer 238 络筒机、日本的村田等进口络筒机,适宜的络筒速度一般在 900 ~ 1700m/min;1332M 型等国产络筒机,络筒速度一般控制在 400 ~ 600m/min。

(2)络纱张力。络筒机的络纱张力对络筒纱的质量十分密切。络纱张力过大或过小都会对络筒纱的质量产生不利的影响。络纱张力过大,纱线与络筒机有关部件的摩擦加剧,使卷入纱体中的一部分纤维露出纱体,产生毛羽的数量明显增加。当络纱张力过小时,纱线张力波动不稳定,纱线容易跳动,同样影响络筒纱的质量。在设计络纱张力时要考虑以下因素。

①纱线线密度大时,络纱张力可以偏大掌握;反之,要适当降低络纱张力。

②当卷绕速度高时,络纱张力可以偏小控制;反之,可以适当偏大掌握络纱张力。在保持筒子成形良好的前提下,络纱张力通常为单纱强力的 8% ~12% 。

③当纱线强力较低或者条干不匀率大时,络纱张力可以偏小控制。

④根据原料的性能和特点,加工原棉时络纱张力要偏低控制;加工化纤络纱张力要偏高掌握。

⑤要考虑络筒机的类型。1332M 型等国产普通络筒机,采用圆盘式张力装置。张力盘压力的大小用张力盘的加压重力来表示,可以按张力盘重力(cN)等于纱线断裂强度的 3% ~5% 经验公式确定。络棉纱时,如络筒速度在 500m/min 左右,根据纱线粗细可以参考表 2 - 31。

表 2 - 31 圆盘式张力装置的张力控制范围

棉纱线密度(tex)	加压重力(cN)	棉纱线密度(tex)	加压重力(cN)
12 以上	6 ~ 8	24 ~ 32	12 ~ 15
14 ~ 16	8.5 ~ 9	36 ~ 58	15 ~ 19
18 ~ 21	9.5 ~ 11.5		

(3)清纱装置。目前,有机械式清纱装置和电子清纱装置两种。由于机械式清纱装置的清纱功能和效果较差,只适应对清纱要求不高的纱线品种,仅在普通络筒机上使用。上机时需要按照纱线直径来调整纱线通过的缝隙尺寸。在确定清纱缝隙时,还应该考虑络筒速度和络纱张力对络筒纱质量的影响。清纱板隔距过大或过小都对络纱质量不利。在实际生产过程中,尽量使用电子清纱装置,能保持良好的清纱作用,从而减少对纱线条干的破坏和毛羽数量的增加。

采用电子清纱装置时，要根据后道工序和织物外观质量的影响，确定清纱的设定值。清纱限度是通过数字拨盘设定的，具体的设定方法与电子清纱装置的型号有关。具体设计时可以参见有关手册或者参见《棉纺手册》第三版。

(4)筒子的卷绕密度。筒子的卷绕密度应该按照筒子的后道用途和纱线的种类等确定。染色用筒子的卷绕密度一般偏小掌握，约 0.35g/cm^3；其他用途的筒子的卷绕密度较大，约为 0.42g/cm^3。适宜的卷绕密度有利于筒子成形良好，且不损伤纱线的弹性。络纱张力对筒子的卷绕密度有直接的影响，络纱张力越大，筒子的卷绕密度越大。因此，实际生产过程中，通过调整络纱张力来改变筒子的卷绕密度。

(5)筒子的卷绕长度。由于在整经工序中，集体换筒的机型要求筒子的卷绕长度与整经长度相匹配，筒纱长度可以通过工艺计算得到，故在络筒机上要根据工艺规定绕纱长度定长。在实际生产过程中，随纱的线密度、筒子锥角等不同，实际长度与设定长度不会完全相同，需要根据实际情况确定一个修正系数，经修正后的络筒长度与设定长度的差异较小，一般控制在 2% 以内。普通络筒机上一般没有定长装置，需要通过控制卷绕直径的方法进行间接定长，其精度较差，生产中可以参考有关的经验数据；进口的自动络筒机采用电子定长装置，其精度较高。

(6)导纱距离和气圈破裂环。在 1332M 型等国产络筒机上，络筒机的导纱距离和气圈破裂环对络筒纱质量有一定的影响。

气圈破裂环位置低，气圈直径较小，纱线在运动过程中与络纱部件摩擦较轻；当气圈破裂环位置增加时，气圈直径较大，纱线在运动过程中与络纱部件摩擦加剧，使毛羽的数量增多。

导纱距离小，纱线从管纱退绕时，纱线与管纱的倾角小，并与纱管的摩擦小，络纱毛羽较少；反之，可使毛羽的数量增多。当导纱距离增加到一定距离时，张力急剧增加，容易形成多节气圈，使络纱毛羽的数量明显增多。生产过程中要合理选择导纱距离和气圈破裂环位置。一般情况下，导纱距离为 35～80mm；气圈破裂环高度控制在 25～45mm。

(7)气圈控制器。目前，络筒机普遍使用气圈控制器，气圈控制器可以根据管纱由大纱向小纱的退绕过程来调整退绕张力，以减少离心力、张力波动和减少管纱的伸长和摩擦，最大限度地减少络筒毛羽的增加和毛羽波动。一般情况下，意大利的萨维奥络筒机的气圈控制器控制在 25mm 左右；德国产的 Autoconer 238 型络筒机的气圈控制器控制在 37mm 左右；日本产的村田 N0.7－2 型等进口络筒机，气圈控制器控制在 60mm 左右。

(8)电子清纱装置工作性能指标。在实际使用过程中，电子清纱器工作性能的优劣以及各锭之间的一致性，可以用以下指标来衡量：

$$\text{正确切断率} = \frac{\text{正确切断数}}{\text{正确切断数} + \text{误切数}} \times 100\%$$

$$\text{清除效率} = \frac{\text{正确切断数}}{\text{正确切断数} + \text{漏切数}} \times 100\%$$

$$\text{空切率} = \frac{\text{空切数}}{\text{正确切断数} + \text{误切数}} \times 100\%$$

$$\text{清纱品质因数} = \text{正切率} \times \text{清除效率} \times 100\%$$

正确切断的判别方法有称重法和目测法。称重法是以 5cm 长的纱样称其质量，凡超过标准质量 1.75 倍的，属于正确切除；凡低于标准质量 1.75 倍的，属于误切。目测法是将清纱装置切取的纱样，与分级仪样照进行目测对比，切取纱样在设定清纱界限以上的判别为纱疵，属于正确切除；低于此界限的属于误切。

2. 并纱工序的工艺设计

(1)卷绕线密度。并纱机的卷绕线密度与并纱的线密度、纱线强力、纤维性能、单纱筒子的卷绕质量和并纱股数等因素有直接的关系。

①纱线线密度大时，卷绕线密度可以偏大掌握；反之，要适当降低卷绕线密度。

②当纱线强力较低时，卷绕线密度要偏低控制；反之，卷绕线密度要偏高控制。

③根据原料的性能和特点，加工原棉时卷绕线密度要偏低控制；加工化纤时卷绕线密度要偏高掌握。

④当单纱筒子的卷绕质量较好时，卷绕线密度要偏大控制；反之，卷绕线密度要偏小控制。

⑤当并纱股数多时，卷绕线密度要偏低控制；反之，卷绕线密度要偏高控制。

(2)并纱张力。并纱时应该保持各股单纱之间张力均匀一致，并确保并纱筒子成形良好，并具有一定的紧密度，使生产过程顺利进行。并纱张力可以通过张力装置来调节，张力装置常采用圆盘式。它是通过张力片的质量来调节的，一般掌握在单纱强力的 10% 左右。具体设计参数见表 2－32。生产过程中，并纱张力与卷绕线密度、纱线强力和原料性能等有关。

表 2－32　不同粗细单纱选用张力片的质量

线密度(tex)	12 以下	14～16	18～22	24～32	36～60
张力片质量(g)	7～10	12～18	15～25	20～30	25～40

(3)并合根数。并合根数通常根据用户对股线的要求而定。目前，并纱机一般采用 3 根并合。如果用户需要 5 根并合，就需要第一次有 3 根并合的筒纱和 2 根并合的筒纱，然后两只筒子再次并纱，成为 5 根并合的筒纱。

(4)并纱速度。并纱速度加快会使断头数和毛羽数增加，生产过程中应该适当选择并纱速度。一般情况下，多根并合或细特纱并合时，并纱速度要适当偏低掌握；管纱并合较筒子纱并合速度低；化纤纱并合较棉纱速度低。

3. 捻线工序的工艺设计　目前，捻线机的种类按加捻方法可以分为环锭捻线机和倍捻捻线机两种，企业主要使用倍捻捻线机。

(1)锭子速度。捻线机的锭子速度和纱线品种有关，加工棉纱时，具体设计参数见表 2－33。加工涤纶纱或涤棉混纺纱时，锭子速度要偏低控制，较纯棉低，过高的锭子速度会造成钢领旁出现熔融落白粉，直接影响股线的质量。

表 2－33　加捻棉纱线密度与锭速的关系

加捻棉纱线密度(tex)	7.5×2～9.7×2	12×2～14.5×2	19.5×2～29.5×2
锭子速度(r/min)	10000～11000	8000～10000	7000～9000

(2)捻向和捻系数。一般情况下,单纱采用Z捻,股线采用S捻。特殊品种的纱线根据用途采用Z捻、S捻、ZS捻和SZ捻。股线的捻系数与单纱的捻系数的比值直接影响到股线的光泽、手感、伸长和捻缩等,生产过程中要根据需要合理选择。股线捻向和捻系数的选择可以参考环锭捻线机的工艺参数。具体设计时可以参见有关书籍。

(3)卷绕交叉角。卷绕交叉角与筒子成形有很大的关系。一般情况下包括高密度卷绕的卷装、标准卷绕的卷装和低密度卷绕的卷装,理论上卷绕交叉角由往复频率确定。从机械角度看,最大往复频率为60次/min,根据经验,纱速宜设定在70m/min以下,断头率较少。选择参数前,如果大于极限值60次/min,应该调整锭速或卷绕交叉角参数。

(4)超喂率。变更超喂率可以改变卷绕张力,从而调整卷绕筒子的密度。一般超喂率大,筒子的卷绕密度小。但是,纱线在超喂罗拉上打滑时,即使超喂率设定得再大,卷绕张力仍不能有效地下降。因此,还可以通过改变纱线在超喂罗拉上的包角,有效地利用纱线与超喂罗拉的滑溜率来控制卷绕张力。

(5)张力。一般短纤维倍捻机的张力器为胶囊式,通过改变张力器内的弹簧可以调节纱线张力,不同品种的纱线加捻,需要不同的张力。适宜的纱线张力可以改善成品的捻度不匀率和强力不匀率,降低断头率。张力调节的原则是在喂入筒子退绕结束阶段,纱线绕在锭子贮纱盘上的贮纱角保持在90°以上。

(6)气圈高度。气圈高度是指从锭子加捻盘到导纱杆的高度。气圈高度减少,气圈张力减少;反之增大。最小高度以气圈不碰储纱罐为限,最大高度以纱线不断头为限,因为如果气圈碰击锭子的储纱罐,就会造成纱线断头;而气圈高度则会使气圈张力增大,也就可能导致纱线断头率上升,影响生产效率和纱线的质量,所以气圈高度必须根据纱线品种进行调整,确保高度适当。

(7)捻线机的钢领和钢丝圈:近几年,捻线机正向高速度方向发展,并采用细纱高速分离锭子、细纱钢领和钢丝圈。加捻中特纱时,可以使用PG2型钢领,同时选用G型、GS型钢丝圈;加捻细特纱时,可以使用PG1型钢领,同时选用6701型、6802型、7014型和新GS型钢丝圈。加工时,具体设计参数见表2-34。

表2-34 捻线机选用的钢领和钢丝圈

股线线密度(tex)	钢丝圈号数	股线线密度(tex)	钢丝圈号数	股线线密度(tex)	钢丝圈号数
36×2	12~15	14×2	2~5	28×3	14~18
29×2	10~13	12×2	1~4	19×3	11~14
24×2	8~11	10×2	1/0~3	14×3	7~10
19×2	6~9	7.5×2	4/0~1/0	10×3	3~6
16×2	4~7	6×2	7/0~4/0	7.5×3	1~4

(8)股线定量。根据单纱线密度和并合数,可以按照以下计算出股线标准干燥定量G(g/100m):

$$G=\frac{\text{单纱线密度}\times\text{并合股数}(n)}{(1+\text{公定回潮率})\times 10} \tag{2-10}$$

若为纯棉纱线,则:G = 纱线密度/10.85。

如属售筒,则需考虑络筒伸长率,一般在0.3%左右;如属售绞,则需考虑筒摇伸缩率,一般在±0.2%。纯棉股线设计干燥定量G_1可以下式计算:

$$G_1 = \text{纱线密度}/10.85 \times (1 \pm \text{络筒或筒摇伸缩率}) \qquad (2-11)$$

其中,如为伸长率用"-"号,缩率用"+"号。

(9)单纱定量。根据股线定量并考虑加工变化来确定。单纱直接做成并纱筒子或先做单纱筒子时,一般均有伸长,其值随张力大小而异,一般在0.5%左右。同向加捻时产生捻缩,股线捻系数增加,则捻缩率增加。反向加捻时,产生捻缩还是捻伸,需要根据纱线密度与捻系数确定。双股线反向加捻时,在股线捻系数较小时捻缩率稍有下降,到捻比值0.4~0.5时回升,捻比值到0.7~0.8时与单纱的捻缩率相等,以后再继续上升。单纱设计干燥定量G_0可以下式计算:

$$G_0 = G_1/n(1 - \text{络筒并纱伸长率})(1 \pm \text{捻伸缩率}) \qquad (2-12)$$

其中,如为伸长率用"-"号,缩率用"+"号。

第五节 典型产品的工艺设计举例

一、普梳纯棉产品工艺设计举例

C27.8tex纯棉产品纺纱工艺设计过程如下。

1. 原棉选择 由于C27.8tex纯棉纱供机织物的经、纬纱使用,要求成纱结杂少,条干均匀,毛羽数量少,强力高等。故要求原棉选择长度为27~29mm,品级控制在2~4级。原棉的成熟度好,轧工的条件和质量好,含杂少,含水率和线密度适中等。

(1)纺制普梳纯棉纱所用原棉的种类。纺制普梳纯棉纱所用原棉的种类、产地和特点见表2-35。

表2-35 原棉的种类、产地和特点

原棉品种		参数		适纺品种	产地
		手扯长度(mm)	马克隆值		
原棉	细绒棉	25~32	3.4~5.0	纯棉10tex以上纱,或与棉型化纤混纺	中国
	长绒棉	35~45	3.0~3.8	纯棉10tex以下纱,或与棉型化纤混纺	新疆、云南
	中绒棉	32~35	3.7~5.0	加工7~10tex纱	新疆

(2)原棉选配的依据。原棉选配的依据主要根据成纱规格、纺纱系统、纱线结构、用途和纱线性能要求等确定(表2-36)。

表2-36　原棉选配的依据

纱线要求		原棉选配
成纱规格	超低特与低特线密度	色泽洁白、品级高、纤维细、长度长、杂质少、有害疵点少、含短绒较少的原棉,混用部分长绒棉
	中、高特线密度	色泽正常、品级低、纤维略粗、长度略短、杂质较多、有害疵点多、含短绒较多的原棉,混用一些再用棉和低级棉
纺纱系统	精梳纱	色泽好、品级高、纤维线密度适中、长度较长、整齐度略次、强度较高的原棉、混用部分长绒棉
	普梳纱	色泽一般、品级较低、纤维线密度适中、长度一般、整齐度较好、强度中等的原棉,混用一些再用棉和低级棉
纱线结构	单纱	色泽好、长度一般、强度较好、未成熟纤维和疵点较少、轧花质量稍好的原棉
	股线	色泽略次、长度一般、强度中等、未成熟纤维和疵点稍多、轧花质量稍差的原棉
用途	经纱	色泽略次、纤维细长、整齐度较好、强度较高、成熟度适中的原棉
	纬纱	色泽好、长度略短、强度稍差、杂质较少的原棉
	针织用纱	色泽乳白有丝光、纤维细、长度长、整齐度好、成熟度好、未成熟纤维和疵点较少、含短绒较少的原棉
	染色用纱	色泽较好、长度长、整齐度好、成熟度好、疵点较少、含短绒较少的原棉
纱线强度大		色泽好、长度长、整齐度好、成熟度正常、短绒较少的原棉
纱线条干不均匀小		色泽好、纤维细长、整齐度较好、强度较高、成熟度适中的原棉
纱线棉结杂质少		成熟度正常、疵点较少、含短绒较少的原棉
纱线外观光洁		纤维细、长度长、整齐度好、棉结和籽屑较少、短绒较少的原棉

(3)原棉选配的方法。

①原棉的分类。原棉的分类是根据原棉的特性和各种纱线的不同要求,把适合纺制某类纱的原棉划为一类,组成该种纱线的混和棉。原棉生产品种较多,可以根据具体情况分为若干类。在原棉分类时,先安排超低特线密度纱和低特线密度纱,后安排中特线密度纱、高特线密度纱;先安排重点产品,后安排一般或低档产品。实际生产过程中具体分类时,还需要考虑原棉资源、气候条件和原棉性能差异等。

②原棉的排队。原棉的排队是在分类的基础上,将同一类原棉排成几个队,把地区和性能相近的排在一个队内,当一个批号的原棉用完后,用同一个队中的另一个批号的原棉接替上去,使混和棉的性能无显著变化,达到稳定生产和保证成纱质量的目的。因此,原棉在排队时应该考虑主体成分、队数与混用百分率和抽调接替等因素的变化。

(4)原棉性能差异的控制。为确保生产过程中原棉成分的稳定,避免原棉质量明显波动对成纱质量造成的不良影响,关键是控制好原棉性能的差异。

(5)回花和再用棉使用比例的控制。回花包括回卷、回条、粗纱头、细纱断头吸棉等,可以与混和棉混用,但混用量不宜超过5%。回花一般本特(支)回用,但是超低特线密度纱、混用纱的回花只能降级使用或利用回花专纺。

再用棉包括开清棉机的车肚花、梳棉机的车肚花、斩刀和抄针花和精梳机的落棉等。再用棉的含杂率和短绒率都较高,一般经过预处理后降级混用,精梳机的落棉在加工高特线密度纱时可以混用5%~10%、中特线密度纱时可以混用1%~5%。

(6)混用原料性能指标的计算。配棉时的混和棉称为混和体,混和体中的各项性能指标以混和体中各原料的性能指标及其重量百分比加权平均计算,根据下面的公式:

$$X = X_1A_1 + X_2A_2 + X_3A_3 + \cdots + X_nA_n = \sum_{i=1}^{n} X_iA_i \tag{2-13}$$

式中:X ——混和体的某项性能指标;

X_i ——第 i 种纤维的某项性能指标;

A_i ——第 i 种纤维的混用重量百分比。

(7)C27.8tex 纯棉产品混用原料成分。根据客户的订单和要求,在实际生产过程中,根据所购进的原棉情况,结合所纺纱线按照分类排队法进行配棉,同时考虑原料储备和成本核算等因素综合考虑。根据配棉时所选择的几种原棉品级、长度、强力、成熟度和成分比例等,计算出混和棉的性能指标(表2-37)。

表2-37 混和棉的性能指标

混用原料成分				
原料混用比例(%)	品　级	长度(mm)	含杂率(%)	含水率(%)
河南棉45 山东棉20 湖北棉20 新疆棉15	2.2	29.5	2.1	8.8
	成熟度系数	短纤维含量(%)	纤维线密度(tex)	皮辊棉百分比(%)
	1.58	13.3	1.65	10

2. 纺纱工艺一般设计方法

(1)确定纺纱工艺流程。

①普梳纺纱系统一般的工艺流程如下:

开清棉→梳棉→并条(头道)→并条(二道)→粗纱→细纱→后加工

②C 27.8tex 纯棉产品采用的纺纱工艺流程为:

FA002A 型圆盘式抓棉机×2→TF30A 型重物分离器(附 FA051A 型凝棉器)→FA016A 型自动混棉机(或 FA022 型多仓混棉机)→FA106 型豪猪式开棉机(附 A045 型凝棉器)→A062 型电器配棉器→FA046A 型振动棉箱×2→FA141A 型成棉机×2

(2)牵伸计算。

①重量牵伸(实际牵伸) $= \dfrac{\text{喂入重量} \times \text{并合数}}{\text{纺出重量}}$

②机械牵伸。根据各工序齿轮传动计算。

(3)定量计算。

①棉卷：

$$棉卷定量(g/m)=满卷净重(kg)\times 1000/满卷实际长度(m)$$

$$满卷实际长度(m)=满卷计算长度(m)\times(1+伸长率)$$

②梳棉：

$$生条定量(g/5m)=\frac{棉卷定量(g/m)\times 5}{E_{实}}$$

计算时，定量均按公定回潮率的重量或干重量来计算。

③并条：

$$并条定量(g/5m)=\frac{生条定量(g/5m)\times 并合数}{E_{实}}$$

④粗纱：

$$粗纱定量(g/10m)=\frac{并条定量(g/5m)\times 2}{E_{实}}$$

⑤细纱：

$$细纱定量(g/100m)=\frac{粗纱定量(g/10m)\times 10}{E_{实}}$$

计算时，定量均按公定回潮率的重量或干重量来计算。

(4)捻系数：

$$实际捻系数=\sqrt{Tt}\times 10cm 内的实际捻度$$

(5)线密度：

$$细纱的线密度(tex)=\frac{重量(g)\times 1000}{长度(m)}$$

$$细纱的标准干重(g/100m)=\frac{细纱的公称(或设计)线密度}{1+公定回潮率}\times 10$$

$$细纱实际线密度(tex)=细纱实际干重(g/100m)\times(1+公定回潮率)\times 10$$

3. 纯棉纺纱工艺设计过程

(1)开清棉工艺设计。开清棉的各个机械要求清棉机发挥开松、除杂、混和和除尘的作用；要求各机组提高除杂效率，各机角钉、刀片、梳针和锯齿等打击元件，保持光洁完整；各机组的机构灵活，给棉均匀，通道光洁，以及发挥天平调节作用，以生产出含杂低、厚薄均匀和重量不匀率小的棉卷。在工艺设计上，要合理选择尘棒的隔距、风扇的风力、打手的速度、打手与剥棉刀的隔距等参数。

①FA002A 型圆盘式抓棉机的工艺设计。根据精细抓棉的原则，确保圆盘式抓棉机的抓棉打手刀片每齿的抓棉量偏小掌握。在考虑圆盘式抓棉机的机械状态的情况下，采用以下的工艺参数(表 2-38)。

表 2-38 FA002A 型圆盘式抓棉机的工艺参数设计

工艺参数	参数设计
打手刀片伸出肋条的距离(mm)	2.75
抓棉打手间歇下降距离(mm)	3.25
抓棉机小车的运行速度(m/min)	22.5~24.25
抓棉打手的转速(r/min)	950

②FA022 型多仓混棉机的工艺设计。根据充分混和的原则,增大多仓混棉机的容量,增加延时时间,使其达到较好的混和效果。因此,在考虑多仓混棉机的机械状态的情况下,采用以下的工艺参数(表 2-39)。

表 2-39 FA022 型多仓混棉机的工艺参数设计

工艺参数	参数设计
换仓压力(Pa)	220
开棉打手转速(r/min)	310~3400
给棉罗拉的速度(r/min)	0.23
输棉风机转速(r/min)	1500

③FA106 型豪猪式开棉机的工艺设计。豪猪式开棉机主要依靠打手和尘棒之间的机械部件来完成开松和除杂的作用。因此,在考虑豪猪式开棉机的机械状态的情况下,采用以下的工艺参数(表 2-40)。

表 2-40 FA106 型豪猪开棉机的开松工艺参数设计

工艺参数	参数设计
打手速度(r/min)	540
给棉罗拉转速(r/min)	40
打手与给棉罗拉间的隔距(mm)	6.5
打手与尘棒间的隔距(mm)	进口隔距 12 出口隔距 16.5
尘棒之间的隔距(mm)	进口一组 13 中间两组 8 出口一组 5.5
打手与剥棉刀之间的隔距(mm)	1.6

④FA141A 型单打手成棉机的开松工艺设计。单打手成棉机主要依靠打手和尘棒之间的机械部件来完成开松和除杂的作用。因此,在考虑单打手成棉机的机械状态的情况下,采用以

下的工艺参数(表2－41)。

表2－41　FA141A单打手成卷机的开松工艺参数设计

工艺参数	参数设计
打手速度(r/min)	900～1000
打手与天平曲杆工作面间的隔距(mm)	8.5～10.5
打手与尘棒间的隔距(mm)	进口隔距9,出口隔距16.5
尘棒与尘棒间的隔距(mm)	6

⑤FA141A型单打手成棉机的工艺设计。

a. 计算综合打手转速 n_1 (r/min):

$$n_1 = n \times \frac{D}{D_1} \times 98\% = 1440 \times \frac{160}{230} \times 98\% = 981.7(\text{r/min})$$

式中:n ——电动机的转速(1440 r/min);

D ——电动机带轮直径(160mm);

D_1 ——打手带轮直径(230mm)。

b. 计算棉卷罗拉转速 n_3 (r/min):

$$n_3 = 0.1026 \times D_3 = 0.1026 \times 120 = 12.312(\text{r/min})$$

式中:D_3 ——电动机带轮直径(120mm)。

c. 计算牵伸倍数 E:

$$E = 3.2162 \times \frac{z_4}{z_3} \times \frac{z_2}{z_1} = 3.2162 \times \frac{30}{21} \times \frac{17}{25} = 3.124$$

d. 棉卷计算长度 L:

$$L = \frac{n_4 \times \pi \times d \times E_1 \times E_0}{1000} = \frac{160 \times \pi \times 80 \times 1.0226 \times 24.571}{1000 \times 24} = 42.1(\text{m})$$

式中:E_0——24.571/Z_6(Z_6取24齿)。

e. 棉卷实际长度:

$$L_1 = (1 + \varepsilon) \times L = 43.3(\text{m})$$

式中:ε——棉卷的伸长率,取2.8%。

f. 计算棉卷重量。根据表15,棉卷干定量选取390g/m开清棉车间的回潮率8%。

$$棉卷干净重 = 390 \times 43.3/1000 = 16.9(\text{kg})$$

$$棉卷湿定量 = 棉卷干定量 \times (1 + 8\%) = 421.2(\text{g/m})$$

$$棉卷湿净重 = 棉卷湿定量 \times 43.3/1000 = 18.2(\text{kg})$$

棉卷设计的工艺参数见表2－42。

表 2-42 棉卷设计的工艺参数

工艺参数	参数设计	工艺参数	参数设计
机械牵伸倍数	3.124	棉卷的伸长率(%)	2.8
棉卷干定量(g/m)	390	棉卷实际长度(m)	43.3
棉卷湿定量(g/m)	421.2	棉卷干净重(kg)	16.9
棉卷长度(m)	42.1	棉卷湿净重(kg)	18.2

⑥开清棉工艺设计表。开清棉工艺设计见表 2-43。

表 2-43 开清棉工艺设计表

<table>
<tr><td colspan="8">开清棉工艺流程</td></tr>
<tr><td colspan="8">FA002A 型×2→FA104 型→FA022-6 型→FA106 型→A062 型→A092 型→FA141A 型×2</td></tr>
<tr><td colspan="8">开清棉工艺</td></tr>
<tr><td rowspan="2">棉卷干定量(g/m)</td><td colspan="2">棉卷长度(m)</td><td rowspan="2">棉卷伸长率(%)</td><td rowspan="2">棉卷干净重(kg)</td><td colspan="3">转速(r/min)</td></tr>
<tr><td>计算</td><td>实际</td><td>豪猪打手</td><td>综合打手</td><td>棉卷罗拉</td></tr>
<tr><td>390</td><td>42.1</td><td>43.3</td><td>2.8</td><td>16.9</td><td>540</td><td>981.7</td><td>12.312</td></tr>
</table>

<table>
<tr><td colspan="2">给棉罗拉与打手隔距(mm)</td><td colspan="2">打手与尘棒隔距(mm)(进口×出口)</td><td colspan="2">尘棒与尘棒隔距(mm)</td></tr>
<tr><td>豪猪</td><td>综合</td><td>豪猪</td><td>综合</td><td>豪猪</td><td>综合</td></tr>
<tr><td>6.5</td><td>7</td><td>12×16.5</td><td>9×16.5</td><td>13×8×5.5</td><td>6</td></tr>
</table>

(2)梳棉工艺设计。梳棉机要提高梳棉机机械状态水平,做好"五锋一准",为采用高速度、紧隔距、强分梳工艺创造条件。要求各通道部件光洁无油污,在运转过程中无挂花和积花,以便生产出棉网清晰、条干均匀、重量不匀率小和棉结杂质少的生条。在工艺上要求锯齿或针布锋利、隔距准确、速度合理等,以确保棉卷的含水率和含杂率适当,使棉卷结构良好,质量稳定。

①生条定量设计。

$$\text{生条定量(g/5m)} = \frac{\text{棉卷定量(g/m)} \times 5}{E_{实}}$$

加工 C 27.8tex 纯棉产品,根据表 2-21,生条定量为 20~26g/5m,结合其他设备的牵伸能力,初步设计生条定量为 22g/5m。

②梳棉机牵伸设计。

a. 计算生条实际牵伸倍数 $E_{实}$:

$$E_{实} = \frac{\text{棉卷定量(g/m)} \times 5}{\text{生条定量(g/5m)}} = 390 \times 5/22 = 88.6$$

b. 计算生条的机械牵伸倍数 $E_{机}$:

$$E_{机} = E_{实} \times (1 - \text{落棉率}) = 88.6 \times (1 - 3.2\%) = 85.76$$

梳棉机加工生条时的机械牵伸倍数 E：

$$E=\frac{30134.1}{Z_2\times Z_1}$$

梳棉机加工生条时的机械牵伸倍数 E 与 Z_2、Z_1 的关系可以查阅说明书或参考《棉纺手册》第三版。

从说明书或者《棉纺手册》第三版，可以查到与计算的牵伸倍数85.8最接近的牵伸倍数是88.1，相应的 Z_2 是19，Z_1 为18，即 $E=\frac{30134.1}{Z_2\times Z_1}=\frac{30134.1}{19\times 18}=88.11$。

c. 计算修正后梳棉的实际牵伸倍数 $E_{实}$ 和生条定量：

$$E_{实}=E_{机}/(1-落棉率)=88.11/(1-3.2\%)=91.02$$

修正后的生条定量 $=390\times 5/91.02=21.42$g/5m

d. 棉网张力牵伸倍数。根据梳棉机的传动图可知，棉网张力牵伸倍数即是大轧辊与下轧辊之间的牵伸倍数：

$$E_0=24.55/Z_2=24.55/19=1.29$$

e. 小压辊与道夫间的牵伸倍数 E_1：

$$E_1=29.22/Z_2=29.22/19=1.54$$

③梳棉机速度设计。根据梳棉机的传动图，皮带的传动效率取98%。

a. 锡林速度(r/min)：

$$n_1=1460\times\frac{136}{542}\times 0.98=359(\text{r/min})$$

b. 刺辊速度(r/min)：

$$n_2=1460\times\frac{136}{209}\times 0.98=931(\text{r/min})$$

c. 盖板速度(mm/min)：

$$n_3=183.609\times\frac{Z_4}{Z_5}(\text{mm/min})$$

实际生产过程中，可以根据盖板速度与变换齿轮之间的关系来选择合适的盖板速度。根据梳棉机的说明书或参考《棉纺手册》第三版。本产品选择98.87mm/min。

d. 道夫速度(r/min)：

$$n_4=1.048\times Z_3(\text{r/min})$$

道夫速度的确定同上。本产品选择23 r/min。

④梳棉机隔距设计。为避免重复和节省篇幅，梳棉机隔距的设计机依据见表2－44，也可以参考《棉纺手册》第三版。

⑤梳棉机工艺设计表。梳棉机工艺设计见表2－44。

表 2-44　梳棉机工艺设计表

梳棉工艺

机型	生条干定量(g/5m)	总牵伸倍数		棉网牵伸倍数	转速(r/min)			
		机械	实际		刺辊	锡林	盖板(mm/min)	道夫
FA224	21.42	88.11	91.02	1.29	931	359	98.87	23

刺辊与周围机件隔距(mm)

给棉板	第一调节板	第二调节板	除尘刀	分梳板	三角小漏底	锡林
0.3	1.2	1.2	1.3	1.3	1.2	0.13

锡林与周围机件隔距(mm)

活动盖板				后固定盖板			前固定盖板	道夫	前上罩板	后上罩板
第一点	第二点	第三点	第四点	第一块	第二块	第三、四块	1~4块			
0.23	0.2	0.2	0.23	0.65	0.6	0.5	0.3	0.12	1.2	1.3

(3)并条工艺设计。并条机要提高机械平修质量,牵伸罗拉、胶辊铁壳和芯子的偏心、弯曲和间隙应该符合规定,胶辊表面光洁,加压着实和两端一致,棉条通道光洁无挂花,集棉器开口和位置适当,断头自停装置良好,牵伸齿轮咬合正常,是对改善熟条条干和防止纱疵产生的基础工作。

要提高熟条质量,必须选择合适的并条工艺道数,有足够的并合数;选择合理的牵伸倍数和牵伸分配,并根据纤维长度,正确配置罗拉握持距和足够的胶辊加压,有利于改善纤维伸直平行度;混和均匀,以提高熟条条干均匀度和降低重量不匀率。

①并条棉条定量设计。

$$并条定量(g/5m)=\frac{生条定量(g/5m)\times 并合数}{E_{实}}$$

生产过程中采用FA326A型并条机,根据表2-45中并条定量的控制范围,生条定量为17~21.5g/5m,结合其他设备的牵伸能力,牵伸效率为98%,初步设计并条棉条定为18.9g/5m,并合数采用8根,经过两道并条。这里仅计算第一道并条机的工艺设计过程,省略第二道并条机的工艺设计的过程,直接给出二道并条机的实际熟条定量。有关内容可以参见《棉纺手册》第三版。

②并条机牵伸设计。

a. 计算并条实际牵伸倍数 $E_{实}$:

$$E_{实}=\frac{生条定量(g/5m)\times 并合数}{并条定量(g/5m)}=\frac{21.42\times 8}{19}=9.019$$

b. 计算并条的机械牵伸倍数 $E_{机}$:

$$E_{机}=E_{实}/0.98=9.20$$

表 2-45　并条机工艺设计表

<table>
<tr><td colspan="10">并条工艺</td></tr>
<tr><td rowspan="2">道　别</td><td rowspan="2">机　型</td><td rowspan="2">条子干定量(g/5m)</td><td rowspan="2">并合数</td><td colspan="2">总牵伸倍数</td><td colspan="3">牵伸倍数分配</td><td rowspan="2">前罗拉速度(mm/min)</td></tr>
<tr><td>机械</td><td>实际</td><td>前罗拉~后罗拉</td><td>中罗拉~后罗拉</td><td>后罗拉~检测罗拉3~4</td></tr>
<tr><td>头并</td><td>FA326 A</td><td>19.0</td><td>8</td><td>9.20</td><td>9.016</td><td>8.69</td><td>1.8</td><td>1.02</td><td>294</td></tr>
<tr><td>二并</td><td>FA326A</td><td>18.2</td><td>8</td><td>8.68</td><td>8.64</td><td>8.69</td><td>1.8</td><td>1.02</td><td>264</td></tr>
<tr><td colspan="2">罗拉握持距(mm)</td><td colspan="3">罗拉加压(N)</td><td colspan="3">罗拉直径(mm)</td><td colspan="2" rowspan="2">喇叭口直径(mm)</td></tr>
<tr><td>前~中</td><td>中~后</td><td colspan="3">导条×前×中×后×压力棒</td><td colspan="3">1×2×3×4</td></tr>
<tr><td>44</td><td>46</td><td colspan="3">118×353×392×353×58.8</td><td colspan="3">45×35×35</td><td colspan="2">2.6</td></tr>
<tr><td>44</td><td>46</td><td colspan="3">118×353×392×353×58.8</td><td colspan="3">45×35×35</td><td colspan="2">2.4</td></tr>
</table>

并条机加工条子时的机械牵伸倍数 E 是指导条罗拉与紧压罗拉之间的牵伸倍数，它与以上变换齿轮的关系可以查阅说明书或参考《棉纺手册》第三版。根据并条机的传动图。并条机加工条子时的机械牵伸倍数 E：

$$E = 0.0861 \times \frac{Z_5 \times Z_7 \times Z_4}{Z_6 \times Z_3} = 9.20$$

式中：Z_3 —— 60~73，取 61；

Z_4 —— 63~73、80~90，取 82；

Z_5 —— 74~76，取 75；

Z_6 —— 72~74，取 74；

Z_7 —— 76~78，取 78。

c. 计算修正后并条的实际牵伸倍数和并条定量：

$$E_{实} = E_{机} \times 0.98 = 9.20 \times 0.98 = 9.016$$

$$修正后的并条机条子定量 = \frac{21.42 \times 8}{9.016} = 19(g/5m)$$

d. 计算并条机部分牵伸倍数。从说明书或者《棉纺手册》第三版，可以查到与计算的部分机械牵伸倍数与以上变换齿轮的关系。

前罗拉与后罗拉之间的牵伸倍数 E_1：

$$E_1 = 0.132 \times \frac{Z_4 \times Z_9}{Z_3} = 8.69$$

式中：Z_3 —— 60~73，取 61；

Z_4 —— 63~73、80~90，取 82；

Z_9 —— 47~50，取 49。

紧压罗拉与前罗拉之间的牵伸倍数 E_2：

$$E_2 = \frac{49.817}{Z_9} = 1.0167$$

式中：Z_9——47～50，取49。

中罗拉与后罗拉之间的牵伸倍数E_3：

$$E_3 = \frac{Z_8}{20} = 1.8$$

式中：Z_8——22～38，取36。

后罗拉与检测罗拉之间的牵伸倍数E_4：

$$E_4 = 0.013 \times Z_7 = 1.02$$

式中：Z_7——取78。

检测罗拉与导条罗拉之间的牵伸倍数E_5：

$$E_5 = \frac{Z_5}{Z_6} = \frac{75}{74} = 1.0135$$

式中：Z_5——取75；

Z_6——取74。

③并条机速度设计。

紧压罗拉的速度v：

$$v = 58 \times f \times \frac{Z_1 \times \pi \times d}{Z_2 \times 1000} = 384(\text{m/min})$$

式中：f——变频电机频率，取40Hz；

$\frac{Z_1}{Z_2}$——取$\frac{30}{34}$；

d——紧压罗拉的直径，59.8mm。

④并条机握持距设计。根据混和棉的性能指标和FA326A型并条机的特点，FA326A型并条机是三上三下压力棒曲线牵伸。

设计前区握持距为29.5＋10＝39.5(mm)；设计后区握持距为29.5＋11＝40.5(mm)。

⑤并条机其他工艺参数设计。

a. 压力棒工艺。综合考虑所纺的C27.8tex纯棉产品质量和纤维的品质情况，选用直径13mm的压力棒调节环。

b. 罗拉加压(N)：

导条罗拉×前罗拉×中罗拉×后罗拉×压力棒＝140×366×370×380×65

c. 喇叭头孔径(mm)：

$$\text{喇叭头孔径} = C \times \sqrt{G_m} = 2.7(\text{mm})$$

式中：C——经验常数，取0.62；

G_m——棉条定量(g/5m)，取19g/5m。

⑥并条机工艺设计表。并条机工艺设计见表2－45。

（4）粗纱工艺设计。粗纱机要提高机械平修质量，牵伸齿轮咬合正常，罗拉弯曲和胶辊偏心要符合规定，并无缺油情况。集棉器开口一致和安装位置适当，胶辊回转灵活，铁炮起始位置正确，使伸长率稳定。保持锭壳光洁、运转正常和通道无挂花等，对改善粗纱条干，降低重量不匀率，减少纱疵有重要的影响。

粗纱工艺设计以提高粗纱质量为主要目的，达到伸长稳定，重量差异小，条干均匀，结构紧密，成形良好。在工艺设计时，要合理选择牵伸倍数，罗拉隔距要根据原棉长度合理配置，罗拉加压一般以较重为宜。严格控制粗纱的伸长率，合理配置粗纱捻系数。

①粗纱定量设计。这里省略第二道并条机的工艺设计的过程，直接给出二道并条机的实际熟条定量。二道并条机的实际熟条定量为18.2g/5m。采用TJFA458A型粗纱机，牵伸效率为98%，根据表2－45，初步设计粗纱定量为4.8g/10m。

$$\text{粗纱定量(g/10m)} = \frac{\text{熟条定量(g/5m)} \times 2}{E_{实}}$$

②粗纱机牵伸设计。

a. 计算粗纱实际牵伸倍数$E_{实}$：

$$E_{实} = \frac{\text{熟条定量(g/5m)} \times 2}{\text{粗纱定量(g/10m)}} = \frac{18.2 \times 2}{4.8} = 7.58$$

b. 计算粗纱的机械牵伸倍数$E_{机}$：

$$E_{机} = E_{实}/0.98 = 7.74$$

粗纱机加工粗纱时的总机械牵伸倍数E是指导条辊与前罗拉之间的牵伸倍数，它与以上变换齿轮的关系可以查阅说明书或参考《棉纺手册》第三版。根据粗纱机的传动图。粗纱机加工粗纱时的机械牵伸倍数E：

$$E = 0.19471 \times \frac{Z_{14} \times Z_6}{Z_7} = 0.19471 \times \frac{19 \times 69}{33} = 7.74$$

式中：Z_{14}—— 齿数 为19～22，取19；

Z_6 ——齿数为69～79，取69；

Z_7 ——齿数为25～36，取33。

c. 计算修正后粗纱的实际牵伸倍数和粗纱定量。

修正后粗纱机的实际牵伸倍数$E_{实}$：

$$E_{实} = E_{机} \times 0.98 = 7.74 \times 0.98 = 7.58$$

修正后的粗纱定量＝18.2×2/7.58＝4.8（g/10m）

粗纱的线密度为4.8×（1＋8.5%）×100＝520（tex）

d. 计算粗纱机部分牵伸倍数。从说明书或者第三版《棉纺手册》可以查到与计算的部分机械牵伸倍数与以上变换齿轮的关系。

前罗拉与后罗拉之间的牵伸倍数 E_1：

$$E_1 = 3.84 \times \frac{Z_6}{Z_7} = 3.84 \times \frac{79}{35} = 8.67$$

第三罗拉与后罗拉之间的牵伸倍数 E_2：

$$E_2 = \frac{48.8059}{Z_8} = \frac{48.8059}{36} = 1.356$$

式中：Z_8 ——齿数为 22 ~ 38，取 36。

导条辊与后罗拉之间的牵伸倍数 E_3：

$$E_3 = 0.0507 \times Z_{14} = 0.0507 \times 20 = 1.014$$

③粗纱捻度设计。

a. 初步选取捻系数。参考《棉纺手册》第三版，选择粗纱的捻系数为 106。

b. 计算捻度。

估算粗纱的捻度 $T_{tex估}$：

$$T_{tex估} = \alpha_{t估} / \sqrt{Tt_{粗}}$$

其中，捻系数 $\alpha_{t估} = 106$，粗纱的线密度为 520tex。

$$T_{tex估} = \alpha_{t估} / \sqrt{Tt_{粗}} = 106 / \sqrt{520} = 4.649(捻/10cm)$$

根据 TJFA458A 粗纱机的传动图，计算粗纱的捻度 T_{tex}：

$$T_{tex} = 163.414 \times \frac{Z_2}{Z_3 \times Z_1} = 163.414 \times \frac{103}{52 \times 70} = 4.624(捻/10cm)$$

其中，$\frac{Z_2}{Z_1}$ 选 103/70；Z_3 选 52。

c. 计算计算粗纱的捻系数 α_t：

$$\alpha_t = T_{tex} \sqrt{Tt_{粗}} = 4.624 \times \sqrt{520} = 105.4$$

④粗纱机速度设计。

a. 锭子速度 n_1。根据《棉纺手册》第三版中粗纱锭速的控制范围，锭子速度设计为：

$$n_1 = 1175.2349 \times \frac{D_m}{D} = 1175.2349 \times \frac{120}{210} = 671.6 \text{ (r/min)}$$

式中：D_m——电动机带盘节径，为 120 ~ 194mm，取 120mm；

D ——主轴带盘节径，为 190 ~ 230mm，取 210mm。

b. 前罗拉速度 n_2：

$$n_2 = 8.1799 \times \frac{D_m \times Z_1 \times Z_3}{D \times Z_2} = 8.1799 \times \frac{120 \times 70 \times 52}{210 \times 102} = 166.8 \text{(r/min)}$$

⑤粗纱机握持距的设计。根据混合棉的性能指标，TJFA458A 型粗纱机是四罗拉双胶圈牵伸，胶圈架长度采用 30mm。

前罗拉与二罗拉之间为整理区，其握持距可略大于或等于纤维的品质长度，因此，设计为36mm；二罗拉与三罗拉之间为主牵伸区，其握持距一般等于胶圈架长度加自由区长度，因此握持距设计为30+23=53(mm)；三罗拉与四罗拉之间为简单罗拉牵伸，其握持距设计为29.5+18=47.5(mm)。

⑥粗纱卷绕密度的设计。

a. 粗纱轴向卷绕密度 H。根据TJFA458A型粗纱机的传动图，计算粗纱轴向卷绕密度 H：

$$H = 1.6558 \times \frac{Z_{12} \times Z_{10}}{Z_9 \times Z_{11}} = 1.6558 \times \frac{37 \times 39}{28 \times 30} = 2.84\ (\text{圈/cm})$$

式中：Z_{12} ——卷绕变换齿轮齿数，取37；

$\frac{Z_{10}}{Z_9}$ ——升降阶段变换齿轮齿数，取 $\frac{39}{28}$；

Z_{11} ——升降变换齿轮齿数，取30。

b. 粗纱径向卷绕密度 R：

$$R = 250.18 \times \frac{Z_5}{Z_4} = 250.18 \times \frac{22}{34} = 162.3(\text{层/10cm})$$

式中：Z_4 ——成形变换齿轮齿数为19～41，取22；

Z_5 ——成形变换齿轮齿数为19～46，取34。

⑦粗纱其他工艺参数设计。

a. 罗拉加压(daN/双锭)。根据《棉纺手册》第三版和牵伸形式、罗拉速度、罗拉握持距、须条定量及胶辊的状况等而设计，选择罗拉加压为：

前罗拉×二罗拉×三罗拉×后罗拉=12×19×14×15

b. 钳口隔距。参考《棉纺手册》第三版，双胶圈钳口隔距的控制范围，选择钳口隔距为3.8mm。

c. 集合器。根据粗纱的实际定量，参考《棉纺手册》第三版关于集合器的有关设计。粗纱机的前区集合器口径(宽×高)选择6mm×4mm；后区集合器口径选择7mm×4mm；喂入集合器口径选择8mm×5mm。

⑧粗纱机工艺设计表。粗纱机工艺设计见表2－46。

表2－46　粗纱机工艺设计表

粗 纱 工 艺

机　型	粗纱干定量(g/10m)	总牵伸倍数		后区牵伸倍数	计算捻度(捻/10cm)	捻系数	罗拉中心距(mm)		罗拉加压(daN)
		机械	实际				1～2	2～3	1×2×3×4
TJFA458A	4.8	7.74	7.58	1.356	4.624	105.4	36	53	12×19×14×15

罗拉直径(mm)	轴向卷绕密度(圈/10cm)	转速(r/min)		锭翼绕纱		钳口隔距(mm)	径向卷绕密度(圈/10cm)
1×2×3×4		前罗拉	锭子	锭端	压掌		
28×28×25×28	28.4	166.8	671.6	3/4	3	3.8	162.3

(5)细纱工艺设计。细纱机要做好保全和保养等基础工作,要求牵伸部分转动齿轮咬合正常,罗拉和胶辊偏心要符合规定,胶圈和胶辊规格适当,胶圈架无抖动,加压正常,钳口规格、集棉器开口和安装位置一致,罗拉、锭子和钢领状态正常,各通道无挂花,以提高成纱强力,降低重量不匀率,改善条干均匀度,降低细纱断头。

细纱工艺设计的目的是要提高细纱质量,必须合理配置牵伸倍数,在牵伸力相适应的前提下,一般采用大隔距、重加压、小后区牵伸、小钳口等,选用合理的钢领和钢丝圈。根据织物用途配置合理的捻系数等,以提高成纱强力和条干均匀度,减低细纱断头,减少纱疵。

①细纱定量设计。

$$细纱定量(g/100m)=\frac{粗纱定量(g/10m)\times 10}{E_{实}}$$

计算时,定量均按公定回潮率的重量或干重量来计算。

$$细纱实际线密度\ Tt_{细}=细纱实际干重(g/100m)\times(1+公定回潮率)\times 10$$

根据所纺的细纱的线密度 C27.8tex,公定回潮率为 8.5%,细纱实际干重为:

$$细纱实际干重(g/100m)=\frac{细纱实际线密度\ Tt_{细}}{1+公定回潮率}\times 10=\frac{27.8}{1+8.5\%}\times 10=2.5622(g/100m)$$

②细纱机牵伸设计。

a. 计算细纱实际牵伸倍数 $E_{实}$:

$$E_{实}=\frac{粗纱定量(g/10m)\times 10}{细纱定量(g/100m)}=\frac{4.8\times 10}{2.5622}=18.73$$

b. 计算细纱的机械牵伸倍数 $E_{机}$:

$$E_{机}=E_{实}/0.98=19.11$$

细纱机加工成纱时的机械牵伸倍数 E 是指前罗拉与后罗拉之间的牵伸倍数,它与以上变换齿轮的关系可以查阅说明书或参考《棉纺手册》第三版。根据细纱机的传动图。机械牵伸倍数 E :

$$E=9.0129\times\frac{Z_K\times Z_M\times d_1}{Z_J\times Z_N\times d_3}=18.43$$

式中:Z_K ——齿数为 39 ~ 89,取 39;

Z_J ——齿数为 39 ~ 89,取 69;

Z_M ——齿数为 51 ~ 69,取 69;

Z_N ——齿数为 28 ~ 46,取 28;

d_1 ——前罗拉直径为 25mm;

d_3 ——后罗拉直径为 25mm。

c. 第三步计算细纱的后区牵伸倍数。中罗拉与后罗拉之间的牵伸倍数,细纱机的后区牵伸倍数 E_1:

$$E_1=54.7826\times\frac{d_2}{Z_H\times d_3}=54.7826\times\frac{25}{40\times 25}=1.37$$

式中：Z_H ——齿数为 36～50，取 40；

　　d_2 ——后罗拉直径为 25mm。

③细纱捻度设计。

a. 初步选取捻系数。参考《棉纺手册》第三版，根据纱线的线密度。选择细纱的捻系数为 380。

b. 计算捻度。

计算细纱的捻度 $T_{tex估}$：

$$T_{tex估} = \alpha_{t估} / \sqrt{Tt}$$

其中，捻系数 $\alpha_{t估} = 380$，细纱线的线密度 C 27.8tex，

$$T_{tex估} = \alpha_{t估} / \sqrt{Tt} = 380/\sqrt{27.8} = 72.07(捻/10cm)$$

根据 FA506 型细纱机的传动图，计算细纱的捻度 T_{tex}：

$$T_{tex} = 2422.74 \times \frac{Z_B \times Z_D}{Z_A \times Z_C \times Z_E} = 2422.74 \times \frac{68 \times 77}{52 \times 87 \times 39} = 71.8(捻/10cm)$$

其中，$\frac{Z_A}{Z_B}$ 选 $\frac{52}{68}$；Z_C 选 87；

Z_D 选 77；

Z_E 选 39。

c. 计算细纱的捻系数 α_t：

$$\alpha_t = T_{tex}\sqrt{Tt} = 71.8 \times \sqrt{27.8} = 378.9$$

④细纱机速度设计。

a. 前罗拉速度 n_1：

$$n_1 = 8.27 \times \frac{D_1 \times Z_A \times Z_C \times Z_E}{D_2 \times Z_B \times Z_D} = 8.27 \times \frac{180 \times 45 \times 80 \times 36}{200 \times 75 \times 80} = 160.77(r/min)$$

b. 锭子速度 n_2：

$$n_2 = 1460 \times \frac{(D_3 + \delta) \times D_1}{(d + \delta) \times D_2} \times 98\% = 1460 \times \frac{(250 + 0.8) \times 180}{(22 + 0.8) \times 200} \times 98\% = 14165(r/min)$$

⑤细纱机钢领和钢丝圈选取。根据《棉纺手册》第三版，选择钢领和钢丝圈为：钢领为 PG1，直径 42mm；钢丝圈为 6903 3/0。

⑥细纱机罗拉中心距设计。根据 FA506 型细纱机的牵伸形式（长短胶圈牵伸）、纤维性能等，设计罗拉中心距为：前牵伸区罗拉中心距采用 44mm；后牵伸区罗拉中心距采用 52mm。

⑦细纱其他工艺参数设计。

a. 罗拉加压（daN/双锭）。根据牵伸形式、罗拉速度、罗拉握持距、须条定量及胶辊的状况

等而设计，选择罗拉加压为：

$$前罗拉 \times 中罗拉 \times 后罗拉 = 14 \times 10 \times 14$$

b. 钳口隔距。由于细纱的线密度为 C 27.8tex，它是纯棉产品，根据纱线密度与钳口隔距的控制范围，钳口隔距为 2.5 ~3.0mm。

c. 集合器。由于细纱的线密度为 C 27.8tex，根据前区集合器口径的控制范围，前区集合器口径为 2.4mm。

⑧工艺设计表。各工序的工艺设计见表 2 –47。

表 2 –47　细纱工艺设计表

细纱工艺

机型	细纱干定量(g/100m)	公定回潮率(%)	总牵伸倍数		后区牵伸倍数	捻向	计算捻度(捻/10cm)	捻系数	罗拉中心距(mm)	
			机械	实际					1 ~2	2 ~3
FA506	2.5622	8.5	18.43	18.73	1.37	Z	71.8	378.9	44	52

罗拉加压(daN/双锭)	罗拉直径(mm)	转速(r/min)		胶圈钳口(mm)	钢领		钢丝圈型号	集合器口径(mm)
1 ×2 ×3	1 ×2 ×3	前罗拉	锭子		型号	直径(mm)		
14 ×10 ×14	25 ×25 ×25	160.77	14165	2.5	PG1	42	6903 3/0	2.4

二、精梳纯棉产品工艺设计举例

为避免重复和节省篇幅，对精梳纯棉产品中有关棉的精梳部分工艺的设计，可以参考“纯棉产品工艺设计举例”中的有关工艺设计的内容，或者参见《棉纺手册》第三版。

CJ12.7tex 精梳纯棉针织用纱产品纺纱工艺设计过程如下。

(1)原棉选择。由于 CJ12.7tex 精梳纯棉纱对质量的要求较高，应着眼于提高成纱强力，要求成纱结杂少，条干均匀，毛羽数量少。故要求原棉选择长度为 30mm 左右，品级控制在 1.5 级左右，线密度为 1.6dtex 左右。原棉的成熟度好，轧工的条件和质量好，含杂少，含水率等。

(2)开清棉工艺设计。具体设计时可以参考“普梳纯棉产品工艺设计举例”中的开清棉工艺设计的内容，或者参见《棉纺手册》第三版。进行上述的精梳纯棉开清棉工艺设计过程。

开清棉设备流程采用两刀两箱，开清棉工艺路线应该贯彻先松后打、多松少打的原则。棉卷定量可以偏重掌握，尘棒隔距可以适当放小。

(3)梳棉工艺设计。具体设计时可以参考“普梳纯棉产品工艺设计举例”中的梳棉工艺设计的内容，或者参见《棉纺手册》第三版。进行上述的精梳纯棉梳棉工艺设计过程。

梳棉工艺采用中速、重定量、紧隔距的工艺路线，以提高梳理强度。后车肚工艺应该尽量放大第一、第二调节板与刺辊之间的隔距，以增大落棉率，排除杂质与短绒。

(4)并条工艺设计。具体设计时可以参考“普梳纯棉产品工艺设计举例”中的并条工艺设计的内容，或者参见《棉纺手册》第三版。进行上述的精梳纯棉并条工艺设计过程。

并条采用压力棒曲线牵伸，并条机的速度为头道快、二道慢。

（5）精梳工艺设计。精梳准备的工艺设计中，条卷机的并合数为20根，并卷机的并合数为6根，精梳小卷采用适当偏重的定量。详细的设计过程可以参见《棉纺手册》第三版。

（6）粗纱工艺设计。具体设计时可以参考“普梳纯棉产品工艺设计举例”中的粗纱工艺设计的内容，或者参见《棉纺手册》第三版。进行上述的精梳纯棉粗纱工艺设计过程。采用较小的后区牵伸倍数，有利于提高粗纱的条干均匀度。捻系数为106；粗纱定量偏轻掌握。

（7）细纱工艺设计。具体设计时可以参考“普梳纯棉产品工艺设计举例”中的细纱工艺设计的内容，或者参见《棉纺手册》第三版。进行上述的精梳纯棉细纱工艺设计过程。细纱机后区牵伸采用针织工艺路线，后区牵伸倍数为1.04倍左右；捻系数为340左右。

（8）工艺设计表。各工序的工艺设计见表2－48～表2－55。

表2－48　混用原料成分设计表

混用原料成分				
原料混用比例（%）	品　级	长度（mm）	含杂率（%）	含水率（%）
新疆棉40 山东棉20	1.6	30.3	1.5	8.6
湖北棉18	成熟度系数	短纤维含量（%）	纤维线密度（dtex）	皮辊棉百分比（%）
河南棉32	1.69	11	1.65	0

表2－49　开清棉工艺设计表

开清棉工艺流程							
FA002A型×2→FA104型→FA022－6型→FA106型→A062型→A09型2→FA141A型×2							
开清棉工艺							
棉卷干定量（g/m）	棉卷长度（m）		棉卷伸长率（%）	棉卷干净重（kg）	转速（r/min）		
	计算	实际			豪猪打手	综合打手	棉卷罗拉
378	41	42.4	3.5	16	540	900	13

给棉罗拉与打手隔距（mm）		打手与尘棒隔距（mm）（进口×出口）		尘棒与尘棒隔距（mm）	
豪猪	综合	豪猪	综合	豪猪	综合
6	7	11×16	8×18	11.7	8.6

表2－50　梳棉工艺设计表

梳 棉 工 艺								
机 型	生条干定量（g/5m）	总牵伸倍数		棉网牵伸倍数	转速（r/min）			
		机械	实际		刺辊	锡林	盖板（mm/min）	道夫
FA224	20.5	92.1	94.4	1.192	925	400	148	32
刺辊与周围机件隔距（mm）								

续表

给棉板	第一调节板	第二调节板	除尘刀	分梳板	三角小漏底	锡林
0.3	1	1.2	1.2	1.2	1	0.13

锡林与周围机件隔距(mm)

活动盖板				后固定盖板			前固定盖板	道夫	前上罩板	后上罩板
第一点	第二点	第三点	第四点	第一块	第二块	第三、四块	1~4块			
0.2	0.15	0.15	0.18	0.6	0.55	0.45	0.25	0.12	1.0	1.3

表2-51　条并卷工艺设计表

条并卷工艺

机型	条卷定量(g/m)	并合数	总牵伸倍数		牵伸分配					前罗拉速度(m/min)
			机械	实际	棉卷→紧压→前→二→三→四→五→后→导条					
FA334	62	20	1.35	1.32	1→1.04→1.08→1→1.08→1.09→1→1.02					58
FA334	60	6	6	6.2	前张力	1~2	2~3	3~后	后~导	56
					1.01	5.65	1.0	1.3	1.02	

罗拉握持距(mm)		罗拉加压(10^5Pa)	罗拉直径(mm)
1~2	4~5	75	1×2×3×4×5×后
45.3	51		35×27×27×35×27×27
1~2	3~4	60	前×2×3×后
45	47		32×25×25×32

表2-52　精梳工艺设计表

精 梳 工 艺

机型	并合数	条子定量(g/5m)	总牵伸倍数		牵伸倍数分配
			机械	实际	棉卷罗拉×给棉罗拉×分离罗拉×车面压辊×后罗拉×5×4×3×2×前罗拉×圈条压辊
F1269A	8	19.5	108.3	123.1	1.1×5.09×1.06×1.03×1.14×1×1.37×1×9.6×1.02

锡林定位(分度)	转速(r/min)		落棉率(%)	给棉方式	给棉长度(mm)	隔距(mm)		
	锡林	前罗拉				落棉隔距	顶梳~分离罗拉	主区罗拉握持距(mm)
37	270		18	后退给棉	5.2	10.95	1.5	43.5

表 2－53　并条工艺设计表

并条工艺

道别	机型	条子干定量(g/5m)	并合数	总牵伸倍数		牵伸倍数分配			前罗拉速度(mm/min)
				机械	实际	1～2	2～3	3～4	
头并	FA311	17.5	8	8.79	8.91	5.44	1.018	1.6	296
二并	FA311	16.5	8	8.38	8.48	6.63	1.018	1.24	268

罗拉握持距(mm)		罗拉加压(N)	罗拉直径(mm)	喇叭口直径(mm)
1～2	3～4	1×2×3×4	1×2×3×4	
36.5	46	294×294×392×392	35×35×35×35	3
36.5	46	294×294×392×392	35×35×35×35	3

表 2－54　粗纱工艺设计表

粗纱工艺

机型	粗纱干定量(g/10m)	总牵伸倍数		后区牵伸倍数	计算捻度(捻/10cm)	捻系数	罗拉中心距(mm)		罗拉加压(N)
		机械	实际				1～2	2～3	1×2×3
FA401	5.0	6.81	6.6	1.26	4.74	106	47	49	300×200×250

罗拉直径(mm)	轴向卷绕密度(圈/10cm)	转速(r/min)		锭翼绕纱		钳口隔距(mm)	集合器口径(mm)
1×2×3		前罗拉	锭子	锭端	压掌		
28×25×28	38	230	960	3/4	3	5.5	11

表 2－55　细纱工艺设计表

细纱工艺

机型	细纱干定量(g/100m)	公定回潮率(%)	总牵伸倍数		后区牵伸倍数	捻向	计算捻度(捻/10cm)	捻系数	罗拉中心距(mm)	
			机械	实际					1～2	3～4
FA506	1.272	8.5	39.95	39.31	1.04	Z	95.33	340	41	47

罗拉加压(N)	罗拉直径(mm)	转速(r/min)		胶圈钳口(mm)	钢领		钢丝圈型号	集合器口径(mm)
1×2×3	1×2×3	前罗拉	锭子		型号	直径(mm)		
137.2×98×137.2	25×25×25	241	18000	4	PG1/2	42	RSS10/0	2

三、混纺产品工艺设计举例

为避免重复和节省篇幅，对涤纶与棉混纺纱的工艺设计，这里仅对混纺中的涤纶及棉的混纺部分予以说明。设计过程中关于条并卷工艺设计和精梳工艺设计，可以参考“精梳纯棉产品工艺设计举例”中的有关工艺设计的内容，或者参见《棉纺手册》第三版。T/C 65/35 J13.0tex

涤纶与棉混纺纱产品纺纱工艺设计过程如下。

1. 涤纶与棉混纺纱纤维的选择 涤纶短纤维长度为36~38mm，线密度为1.5dtex，整齐度好，单纤维强力高，约为0.044~0.0528N/dtex。因此选用的原棉长度长，品级高，成熟度好，线密度适中，低特纱涤纶与棉混纺纱产品可以选用细绒棉与涤纶混纺。为了提高涤棉产品的质量，保证正确的混纺比，一般涤棉混和回花不在本特纱内回用。涤纶短纤维线密度与纺纱的线密度的关系见表2-56。

表2-56 涤纶短纤维线密度与纺纱的线密度的关系

纱线线密度(tex)	32及以上	21~30	11~20	10及以下
涤纶短纤维线密度(dtex)	1.8~2.0	1.6~1.8	1.4~1.6	1.2~1.4

2. 混纺产品纺纱工艺一般设计方法

(1)混纺纺纱系统工艺流程。

棉：开清棉→梳棉→精梳准备→精梳→棉条

化学纤维：开清棉→梳棉→预并→化学纤维条

精梳和预并→并条(三道)→粗纱→细纱→后加工

(2)T/C13.1tex涤/棉产品采用的纺纱工艺流程。

a. 纺棉工艺流程：

FA002A型圆盘式抓棉机×2→TF30A型重物分离器(附FA051A型凝棉器)→FA016A型自动混棉机(或FA022型多仓混棉机)→FA106型豪猪式开棉机(附A045型凝棉器)→A062电器配棉器→FA046A型振动棉箱×2→FA141A型成棉机×2

b. 纺化纤工艺流程：

FA002A型圆盘式抓棉机×2→FA022型多仓混棉机(或FA016A型自动混棉机)→FA106A型梳针滚筒式开棉机(附A045型凝棉器)→A062电器配棉器→FA046A型振动棉箱×2→FA141A型成棉机×2

3. 涤棉混纺纱工艺设计过程的特点 涤纶不含杂质，仅含有少量的纤维疵点，因此，涤纶与棉纤维在开清棉机和梳棉机上应分别进行加工。本节仅介绍在各工序生产过程中，加工涤纶的工艺特点。

(1)开清棉工艺设计的特点。

①涤纶的配料应该视原料的来源与纺纱厂的生产条件而定。如某批涤纶原料充足，可纺性好，可以单独使用；不同型号的两种或两种以上的涤纶混和使用，并以其中的某一可纺性较好的涤纶作为主体成分，其余作为辅助成分。这样做的优点是可以较长时期保持原料稳定，减少翻改，以保持产品质量均匀和稳定。

②配料比例需适应棉包的合理布置。棉包排列做到相同原料纵向分散、横向叉开。棉包高低不平时，要做到“削高嵌缝，低包松高，大面积看水平”。混用回花应该由棉包夹紧，最好打包后使用。按照“勤抓和少抓”的原则，做好开松效果好，运转效率高。

③根据涤纶的特性，开清棉工序的目的是适当松解、充分混和与均匀成卷。因此，确定工艺流程与工艺配置时，应该遵循最低限度地开松打击，防止纤维损伤与纠结；加强落棉控制，减少纤维散落及棉结产生的概率。

④加工涤纶的开清棉工艺流程，一般采用短流程。棉箱具有增进混和与改善棉卷均匀的作用。

⑤在涤纶的开清过程中，对除杂作用要求较低，因此，不宜采用刀片式打手，而选用梳针打手。打手速度要适当偏低掌握，设计时要考虑原料的开松状态、工艺流程和打手针齿规格等，涤纶部分以多松多梳为主。原棉部分尽可能采用自由打击或梳针打手，以多松轻打为主，使纤维充分分解，减少损伤。

⑥由于涤纶具有较好的蓬松性和弹性。开清棉机打手与给棉罗拉间的隔距，以及打手与尘棒间的隔距，应比加工棉纤维时大，使纤维避免猛烈地开松作用。同时，在提高涤纶的开松度的前提下，尘棒与尘棒间的隔距要适当偏小控制，以减少纤维的损伤和散落。

⑦生产过程中，要以“多松少打、以分割代替打击、不落少落、充分开松与混和”的原则。尽量使抓棉打手刀片每齿的抓棉量小，提高抓棉机的开松作用。缩小均棉罗拉与斜帘之间的隔距，调整水平帘与角钉帘的速比，提高开松度。打手形式应采用梳针式，清棉机采用梳针或综合打手，以求轻打多梳。一般梳针滚筒速度为500～600r/min；三翼梳针打手为750～900r/min；风扇速度一般为1200～1400r/min。

⑧加工成卷时，棉卷定量不低于400g/m，过轻容易产生破洞，使重量不匀率上升。

⑨尽量增大多仓混面积的容量，增加延时时间，已达到较好的混和效果。

（2）梳棉工艺设计的特点。

①梳棉机采用金属针布能阻止纤维下沉，减少充塞，能获得较好的梳理质量。因此，针布的选择不仅需要考虑使纤维受到良好的梳理作用，而且还应注意使纤维易于从一个针面向另一个针面顺利转移。加工涤纶选择工作角较小，齿密大的刺辊锯条。正确选择锡林和道夫的针布规格，是解决梳理和转移的关键问题。针布的梳理与转移效果，取决于锯齿的齿深、齿角和齿密。锡林针布和道夫针布的选配，应以适当地转移为原则，生产过程中，道夫针布的齿较锡林为高，而作用角较小，以加强对纤维的握持力；但道夫的针齿密度应适当小于锡林针齿密度，以防止转移率过高而影响产品质量。盖板针布的选择要求针尖能承受较大的梳理负荷，不容易绕锡林和充塞纤维。

②由于涤纶梳理时容易产生静电，要正确选择锡林和刺辊的速度，两者的表面速比较梳理棉纤维时为大，一般控制在2左右。锡林速度高可以减轻针面负荷，增强分梳，锡林速度的提高，可使刺辊转速不致过低而影响刺辊分梳。

刺辊速度必须与锡林速度相适应，刺辊速度高，有利于开松除杂，但过高会造成纤维损伤。一般情况下，锡林速度为280～340r/min，刺辊速度为600～860r/min。

盖板速度影响除杂效率和盖板花量，由于化纤杂质较少，并且短纤维容易在盖板花中排出，因此盖板速度可适当偏低掌握，一般控制在78～140mm/min；道夫速度偏低掌握，有利于改善棉网的质量，一般为22～300r/min。

③加工涤纶时，梳棉机各部分的隔距应遵循充分梳理，顺利转移的原则。刺辊与给棉板之间的隔距设计要考虑给棉板工作面的形状、棉层厚度、纤维长度与棉卷定量，一般比纺棉时要偏大掌握，以减少对纤维的损伤。锡林和盖板之间的隔距是梳棉机的主要隔距，紧隔距能改善棉网清晰，减少棉结；但会产生较大的梳理应力，使纤维受到损伤，同时静电干扰大，容易绕锡林，因此，隔距一般比纺棉时要偏大掌握。锡林和道夫的隔距以偏小掌握；前上罩板上口与锡林的隔距一般比纺棉时略大；刺辊与锡林的隔距主要起转移作用，要求紧隔距，必须做到隔距准确。

④梳棉生条定量过轻，容易使棉网飘浮，造成剥网困难，影响生条质量；生条定量过重，由于纤维弹性好，条子粗而蓬松，容易产生堵塞等不良现象。一般生条定量控制在 19 ~ 25g/5m。

（3）精梳工艺设计的特点。

①为了充分发挥涤纶长度整齐、无杂质的优点，使涤棉混纺纱条干均匀，外观光洁，与涤纶混纺的棉纤维大多数要经过精梳，以排除短绒和疵点。涤棉混纺纱大多用于细薄织物，因此，对精梳棉条的质量有较高的要求，即要求棉结杂质少，条干均匀，纱疵少。

②要减少精梳棉条的棉结杂质，在精梳工序要改进精梳前小卷准备工艺，适当选择小卷定量，加强精梳机锡林与顶梳的梳理，合理确定精梳落棉，并减少机台与逐眼落棉的差异。

③生产过程中，要合理选择锡林与顶梳梳针的规格；锡林和顶梳状态要良好，避免缺齿等不良现象；提高锡林毛刷的清洁效能；合理调整弓形板定位和顶梳的安装角度。

④根据纺纱质量和节约用棉的原则，合理确定落棉率，减少机台与逐眼落棉的差异。落棉率可以根据最后成品的要求进行调整。

⑤为了降低精梳条干不匀率，生产过程中，要正确配置小卷张力牵伸，设计时应根据小卷定量、给棉量大小和给棉罗拉加压等进行调整；棉网张力牵伸的设计应该根据给棉长度和小卷定量确定，在不涌条的情况下，棉网张力牵伸要偏小控制，以改善棉条均匀度。合理控制车面棉条张力牵伸，采用较小的张力牵伸，有利于改善条干。

（4）并条工艺设计的特点。并条工序对涤棉混纺纱产品来说是一个重要工序，它不仅要改善棉条结构，保证纤维平行伸直，达到较完整的分离状态，并使棉条的短片段不匀、重量不匀率和重量偏差控制在较好的水平，还要求涤纶与棉纤维混和均匀和混和比例准确。

①并条工艺道数，对纺出的涤棉混纺纱产品的混和比例准确和质量有直接的作用，要根据产品质量和设备条件合理选择。

②并条机的牵伸形式的选择是否正确，对最后的成品质量有很大的影响。要合理选择并条机的牵伸形式。

③合理配置并条工艺参数，对提高成品质量具有重要的意义，根据两种半制品的不同特性，涤纶生条松散，纤维长度长，整齐度好，伸直平行度差；而精梳棉条伸直平行度好，棉纤维柔软，纤维长度较短。针对这两种纤维差异大的情况，为了保证两者混和均匀，混和比例正确，伸直平行度一致的要求，并条工艺设计时要采用重加压和适当偏小的隔距。在生产过程中，并条工艺要合理选择罗拉中心距、罗拉压力与压力分配、牵伸倍数等。

④涤棉混纺条混并时要采用 6 根喂入，采用 3 道混并有利于纤维混和。化纤条定量的设计应该根据纱线线密度、原料性能和产品质量要求等，纺涤纶混纺纱时，定量控制在 13 ~ 24g/5m。

在罗拉加压量大和后道设备的牵伸能力大的前提下，可以适当加重定量。在头、二道并条的定量选配上一般逐道减轻。

⑤前张力牵伸倍数与加工的纤维、出条速度、集束器和喇叭头口径等有关，一般为0.99～1.03，由于化纤弹性大，可取1或略小于1。当喇叭头口径较小或采用压缩喇叭头时，前张力牵伸倍数要略大掌握。前张力牵伸倍数大小以棉网能顺利集束下引，不起皱为准，较小的牵伸倍数对条干均匀有利。纺化纤时，后张力牵伸倍数一般配置为0.98～1.01（带上压辊）、1.0～1.03（不带上压辊）。

⑥罗拉握持距要根据纤维长度和整齐度等而定，涤纶长度长，整齐度高，牵伸力大，应适当放大罗拉握持距。

⑦并条机各罗拉加压的配置要根据牵伸形式、前罗拉速度、条子定量和原料性能等综合考虑，一般在罗拉速度快、条子定量中时要适当加大罗拉加压量。

（5）粗纱工艺设计的特点。在粗纱工序上，纺制涤棉混纺纱与纯棉产品很类似，需要在工艺上作适当的调整，以适应加工涤棉混纺纱产品。

①合理选择粗纱机的牵伸形式，以提高粗纱的条干均匀度。

②粗纱工艺配置是否合理对成品质量有很大的关系。在生产过程中，在粗纱工艺要合理选择罗拉中心距、罗拉压力与压力分配、牵伸倍数等。罗拉加压适当偏大掌握，涤棉混纺纱的粗纱捻系数要偏小控制，一般都在58左右。

④由于化纤纤维长度长，整齐度好，使得双胶圈牵伸区的摩擦力较纯棉纺时大，故粗纱定量应适当减少。一般为在2～2.5g/10m。

⑤纺化纤时，由于牵伸力较大而需要减小总牵伸倍数，以保证产品质量，总牵伸倍数一般控制在5～10倍。粗纱机的牵伸分配主要根据牵伸形式和总牵伸倍数而定，同时参考熟条定量和粗纱定量等因素。

⑥由于化纤纤维长度长，纤维之间的联系力大，须条的强力比纺棉时大，故纺化纤的粗纱捻系数较纺纯棉时小一些，一般为纺纯棉的50%～60%。具体工艺设计时要根据原料种类和定量而定。

⑦锭速的选择要根据纤维特性、粗纱定量、捻系数和设备性能等有关，由于粗纱捻系数较小，锭速比纺纯棉时小。

⑧由于化纤纤维长度长，纺纱过程中的牵伸力大，因此采用较大的罗拉握持距，罗拉加压较纺纯棉时大20%～25%。

（6）细纱工艺设计的特点。细纱工序是成纱最后的一道工序，它决定着最后的产品质量，要纺出优质的涤棉混纺纱，细纱工艺是一个重要环节。目前，纺制纯棉产品的细纱机一般都能纺制涤棉混纺纱产品。在细纱工序上，纺制涤棉混纺纱与纯棉产品很类似，需要通过在工艺参数上作适当的调整，适应加工涤棉混纺纱产品，以提高产品质量。生产过程中，采用“大隔距、重加压、小附加摩擦力界”的原则。

①合理选择牵伸倍数。一般情况下，总牵伸倍数选择为35倍左右。

②细纱工序采用小钳口、大隔距、重加压的工艺路线。选择罗拉加压为：目前，前罗拉压力一般都在11～17daN/双锭左右，前中罗拉压力比在（1.6～2.1）∶1范围内，后罗拉压力要根据

后区隔距、后区牵伸倍数和粗纱捻系数等而定，一般接近或略大于中区压力。

③由于涤棉混纺纱产品要具有滑、挺、爽的风格，因此，细纱捻系数要比纯棉提高10%。由于涤棉混纺纱抗捻性强，实际捻系数要比计算捻系数低10%左右，应以实际捻系数为准。设计时涤棉混纺纱的捻系数要偏大控制，一般都在380左右。

④可以使用新型胶圈，胶圈要富有弹性，这样有助于增强摩擦力界。生产过程中，胶圈不宜太紧，太紧会使弹性减弱，也不应太松，太松会造成胶圈打盹，对质量都是不利的。

⑤细纱机钢领和钢丝圈在涤棉混纺纱生产过程中，如选配得当，不仅能提高产量，还能减少毛羽，提高成纱的质量。可以采用平面钢领和锥面钢领，钢领直径为35～42mm。钢丝圈的选配一般比纯棉产品偏重一些，大2～3号。

⑥细纱机的总牵伸倍数可比纺棉时稍大，一般为30～50。后区牵伸倍数为1.14～1.5。

⑦锭速的选择要考虑纺纱线密度、纤维特性、钢领直径、捻系数等有关，纺涤棉混纺纱时，由于捻系数大，断头率比纯棉纱低，故锭速较纯棉高一些。

⑧罗拉中心距与所纺化纤长度相适应，由于纤维长度长，整齐度好，故隔距要偏大控制。因牵伸力大，有利于对纤维的控制，钳口隔距比纺棉时略大。

(7)工艺设计表。各工序的工艺设计见表2－57～表2－62。

表2－57 混用原料成分设计表

混用原料成分				
原料混用比例(%)	品 级	长度(mm)	含杂率(%)	含水率(%)
新疆棉30 山东棉20	1.58	30.3	1.45	8.7
湖北棉28	成熟度系数	短纤维含量(%)	纤维线密度(dtex)	皮辊棉百分比(%)
河南棉22	1.64	10.5	1.64	0
涤纶	长度(mm)	线密度(dtex)	强度(cN/dtex)	伸长率(%)
	38.00	1.5	5.64	21.8

表2－58 加工涤纶卷子的开清棉工艺设计表

开清棉工艺流程							
FA002A型×2→FA104型→FA022－6型→FA106型→A062型→A092型→FA141A型×2							
开清棉工艺							
棉卷干定量(g/m)	棉卷长度(m)		棉卷伸长率(%)	棉卷干净重(kg)	转速(r/min)		
	计算	实际			豪猪打手	综合打手	棉卷罗拉
370	28.9	29.6	2	11	518	760	12
给棉罗拉与打手隔距(mm)		打手与尘棒隔距(mm)(进口×出口)			尘棒与尘棒隔距(mm)		
梳针	综合	梳针	综合		梳针		综合
9	10	12×20	13×16		全封闭		反装

表 2－59 加工涤纶生条的梳棉工艺设计表

梳 棉 工 艺

机型	生条干定量(g/5m)	总牵伸倍数		棉网牵伸倍数	转速(r/min)			
		机械	实际		刺辊	锡林	盖板(mm/min)	道夫
FA201	19.5	91.1	93.1	1.152	789	340	78	25

刺辊与周围机件隔距(mm)

给棉板	第一除尘刀	第二除尘刀	除尘刀	第一分梳板	第二分梳板	锡林
0.25	0.3	0.3	1.2	0.5	0.5	0.15

锡林与周围机件隔距(mm)

活动盖板	后固定盖板	前固定盖板	道夫	前上罩板	前下罩板
1/2/3/4/5	1/2/3	1/2/3/4			
0.23/0.2/0.18/0.18/0.2	0.45/0.4/0.3	0.2/0.2/0.2/0.2	0.1	0.79/1.08	0.79/0.6

表 2－60 加工涤棉混纺纱的并条工艺设计表

并 条 工 艺

道别	机型	条子干定量(g/5m)	并合数	总牵伸倍数		牵伸倍数分配			前罗拉速度(mm/min)
				机械	实际	1～2	2～3	3～4	
混并一	FA311	16.8	6	9.08	8.97	5.04	1.016	1.5	266
混并二	FA311	15.8	6	8.48	8.44	4.96	1.012	1.22	258
混并三	FA311	14.5	6	8.06	7.75	4.93	1.012	1.22	252

罗拉握持距(mm)		罗拉加压(N)	罗拉直径(mm)	喇叭口直径(mm)
1～2	3～4	1×2×3×4	1×2×3×4	
40.5	50	298×294×396×392	35×35×35×35	3.6
39.5	50	298×294×396×392	35×35×35×35	3.4
39.5	50	298×294×396×392	35×35×35×35	3.2

表 2－61 加工涤棉混纺纱的粗纱工艺设计表

粗 纱 工 艺

机型	粗纱干定量(g/10m)	总牵伸倍数		后区牵伸倍数	计算捻度(捻/10cm)	捻系数	罗拉中心距(mm)		罗拉加压(daN)
		机械	实际				1～2	2～3	1×2×3
FA401	3.8	8.01	7.64	1.41	2.44	52	40	60	15×20×14

罗拉直径(mm)	轴向卷绕密度(圈/10cm)	转速(r/min)		锭翼绕纱		钳口隔距(mm)	集合器口径(mm)
1×2×3		前罗拉	锭子	锭端	压掌		
28×25×28	42	280	660	1/4	3	5.5	15

表2－62　加工涤棉混纺纱的细纱工艺设计表

<table>
<tr><td colspan="11">细　纱　工　艺</td></tr>
<tr><td rowspan="2">机 型</td><td rowspan="2">细纱干定量(g/100m)</td><td rowspan="2">公定回潮率(%)</td><td colspan="2">总牵伸倍数</td><td rowspan="2">后区牵伸倍数</td><td rowspan="2">捻向</td><td rowspan="2">计算捻度(捻/10cm)</td><td rowspan="2">捻系数</td><td colspan="2">罗拉中心距(mm)</td></tr>
<tr><td>机械</td><td>实际</td><td>1～2</td><td>3～4</td></tr>
<tr><td>FA506</td><td>1.252</td><td>3.2</td><td>31.8</td><td>30.35</td><td>1.24</td><td>Z</td><td>102.33</td><td>370</td><td>43</td><td>62</td></tr>
<tr><td colspan="2">罗拉加压(N)</td><td>罗拉直径(mm)</td><td colspan="2">转速(r/min)</td><td rowspan="2">胶圈钳口(mm)</td><td colspan="2">钢　领</td><td rowspan="2">钢丝圈型号</td><td colspan="2" rowspan="2">集合器口径(mm)</td></tr>
<tr><td colspan="2">1×2×3</td><td>1×2×3</td><td>前罗拉</td><td>锭子</td><td>型号</td><td>直径(mm)</td></tr>
<tr><td colspan="2">15×13×12</td><td>25×25×25</td><td>170</td><td>14000</td><td>2.5</td><td>PG1</td><td>42</td><td>RSS10/0</td><td colspan="2">2</td></tr>
</table>

思考题

1. 纺纱工艺设计的基本原则及内容是什么？
2. 试述纺纱工艺设计的方法及步骤。
3. 不同纺纱品种对原棉的性能要求如何？
4. 在原棉的分类与排队的过程中，使用回花及再用棉时应注意哪些问题？
5. 试述涤棉混纺纱普梳纱及涤棉混纺精梳纱的工艺流程。
6. 纺纱各工序机器的牵伸倍数、半制品定量确定的原则及方法是什么？
7. 在确定细纱机总牵伸倍数及后区牵伸倍数时应考虑哪些因素？
8. 在并条机及粗纱机上纺化纤与纺棉相比牵伸倍数与半制品定量有何不同？为什么？
9. 头、二道并条机的牵伸分配有哪两种方式？各有何特点？
10. 头道及二道并条机上，后区牵伸倍有何不同？为什么？
11. 在确定精梳小卷定量时应考虑哪些因素？
12. 精梳准备工序各机器的并合数、牵伸数及牵伸分配确定的依据是什么？
13. 在确定梳棉机的生条定量时应考虑哪些因素？
14. 棉卷定量及梳棉机的牵伸倍数对梳棉机的产量、质量有何影响？确定的原则是什么？
15. 在进行纺纱各工序工艺参数设计时应考虑哪些基本原则？

第三章　纱线产品开发

本章知识点

1. 纱线产品开发的一般方法。
2. 棉纱线品种分类及常用纱线产品设计。
3. 新型纤维纱线产品开发。
4. 利用新型纺纱技术开发纱线新产品。
5. 多组分复合纱开发的原则和方法。
6. 花式纱线产品开发。

第一节　纱线产品开发的一般方法

一、纺织产品开发的特点

纺织产品开发，是将纺织纤维（包括天然纤维和化学纤维）运用纺、织、染、整等技术，而生产出纺织产品（包括丝、纱、线、绳、机织物、针织物、编织物、非织造布）和复合材料、复制品的全过程。其内容包括对工程基地的勘测设计与施工，原材料的选择、开发与研究，设备和产品的设计制造，工艺、技术和施工方法的研究，生产过程的管理和控制等。涵盖了农牧养殖工程、生物工程、化学工程、化纤工程、纺织工程、染整工程、服装工程、机械工程、电气自动化工程等学科。

以日本开发的仿高级兽皮新产品为例，首先分析高级兽皮的结构，了解到基本特征是由光亮、粗硬、挺直且较长的刚毛，较细、较短的中毛，细而柔软的绒毛以及底毛所组成；并且按照不同的长度，不同的细度、不同的硬挺度、不同的色泽，以一定的分布和密度组成。然后从选择高分子材料入手，按照所开发产品的结构特征及性能要求，配合以特殊的纺丝设备和纺丝技术，开发成不同形状的异形截面丝、中空丝、复合丝、高收缩丝、防静电丝、三维卷曲丝等系列纤维材料，再结合新型的织造工艺及设备进行编织，在后整理阶段采用新型整理剂、后整理设备及工艺，最后开发出了几乎能以假乱真的仿水貂、仿银狐裘皮等高档人造毛皮产品。产品从试制成功到实现批量生产，还要创造包括生产场地、设备、工艺、管理、操作等在内的一系列规模化生产条件。

由此不难看出，纺织产品开发工程体系是一个复杂和庞大的系统工程，需要进行多种学科的交叉。

二、纱线产品的特征

纱线产品是构成终极纺织品的主要元素之一，与之相关的原料、纺纱方法、纱线品质等将对终极纺织品的应用效果和经济效益产生直接影响。纱线产品的开发关系到纤维材料的应用、纱线的形成方法和结构、纱线的性能特征等，合理的纱线设计和开发可以开拓后道产品开发的思路，是纺织产品开发的重要环节。作为各类织物的原料，纱线产品的基本品质特征包括以下方面。

1. 纱的线密度 较细的纱线可织造薄而柔软的织物，且织物紧密，成品光泽柔和。

2. 细度不匀率 纱线的细度不匀率直接关系到成品的外观品质和强度等性能。

3. 纱线的加捻特征 纱线的捻度、捻回角、捻幅、捻系数都是表示纱线加捻性质的。加捻的目的是增加纤维间的摩擦力，增加纱线强力，这些都与成品的物理性能（如织物的强力、弹性、刚性、耐磨性、收缩性等）有密切关系。

4. 纱线的机械物理性能 纱的强力、弹性、耐磨性等，这些都与织物的成品品质、物理性能以及是否容易织造有关。

除了上述基本的品质特征外，纱线产品还具有功能性、花式性等特征。

决定纱线品质特征的因素，除了纤维材料以外，由纺纱方法所决定的成纱结构也是重要因素。

三、纱线产品开发的路径和方法

1. 原料选用 应根据最终纺织品的要求进行原料选择，传统的棉纤维、长度细度适合的其他天然纤维、化纤、新型化纤、功能性纤维、新型再生纤维等都可以作为棉型纱线产品的原料，不同的原料可以进行单一纤维的纯纺，也可以将两种或两种以上纤维进行混纺。原料的特性将决定纯纺纱线制成的纺织品的主要特性，如纯棉产品吸湿、透气，穿着比较舒适，但挺括性欠佳，比较容易起皱；纯涤纶产品挺括、不易变形，强力高、耐磨性好，但穿着舒适性较差，不透气。混纺纱线制得的纺织品可以将不同纤维的特点得以综合表现，如涤棉混纺产品在保持纯棉产品吸湿透气性能的同时，具有较好的挺括、耐磨性能。当然，产品的最终特性与纤维的混纺比例有关。

2. 纺纱方法选择 应根据所选择的原料及成纱的结构和性能要求确定纺纱方法。短纤维纺纱除了传统的环锭纺外，还有转杯纺、喷气纺、摩擦纺、涡流纺等新型纺纱；在环锭纺的基础上又发展了紧密纺、赛络纺、缆型纺、低扭矩纺等新技术；另外，还有包芯纺纱、包缠纺纱以及各种花式纺纱。这些纺纱技术和方法具有不同的成纱机理，因而形成了丰富多样的纱线结构。不同的纱线结构，纤维在纱线中的聚集形态和方式不同，表现出纱线不同的外观效果和品质特征。

3. 生产过程控制 针对选定的原料和纺纱方法，制定周全的生产计划，做好生产过程的工艺、设备、运转、试验等方面监督控制工作，确保产品符合设计要求。

第二节 棉纺纱线品种设计

一、棉纺纱线品种分类

这里所指的纱线品种均是用棉纺系统生产的纱线。

1. 按纺纱原料分　现代棉纺生产系统适用的原料包括棉型和中长型纤维，主要分为下列几种。

(1)棉型纤维纱线：指用纯棉及棉型纯化纤纺制，以及棉与化纤混纺、不同棉型化纤混纺所得纱线。

(2)中长纤维纱线：指用中长型化纤纯纺或混纺所得纱线。

(3)其他纤维混纺纱线：指在毛纺、麻纺、绢纺等系统中产生的长度和细度符合棉纺设备加工的再生纤维与棉或化纤混纺所得的纱线。

2. 按纺纱方法分

(1)环锭纺纱：纺纱线密度在4～200tex范围。

(2)转杯纺纱：纺纱线密度在14.5～150tex范围。

(3)喷气纺纱(喷气涡流纺纱)：纯棉或棉与化纤混纺，纺纱线密度在10～30tex范围。

(4)包缠纱：纺纱线密度在4～150tex范围。

(5)涡流纺纱：纺纱线密度一般在20tex以上。

(6)摩擦纺纱：纺纱线密度为70～400tex的高特纱或废纺纱。

3. 按纺纱工艺设备差别分

(1)梳棉纱(普梳纱)：指用普梳棉纺系统生产的纱线。

(2)精梳纱：指用精梳棉纺系统生产的纱线。

(3)紧密纺纱：指用环锭纺的紧密纺技术生产的纱线。

(4)赛络纺纱：指用环锭纺的赛络纺技术生产的纱线。

(5)烧毛纱：指纱线在后加工工序中经过烧毛处理的纱线。

(6)上蜡纱：指纱线在后加工工序中经过上蜡处理的纱线。

(7)丝光纱：指纱线在后加工工序中经过丝光处理的纱线。

4. 按产品用途分

(1)服装用织物用纱：指用以织制服装用面料的纱线，包括机织服装、针织服装、内衣、外衣等用纱。

(2)家用纺织品用纱：指用以织制家用纺织品的纱线，包括毛巾、床单、绒毯、床罩、被套、窗帘、沙发布、台布、手帕、线带等用纱。

(3)产业用纺织品用纱：指用以制备产业用纺织品的纱线，包括土工布、医用纺织品(纱布、防护用品等)、包装用袋布、帆布、篷盖布、特种功能用布等用纱。

5. 按染整加工分　织物不同的染整加工，对纱线的要求也不同。可以分为漂白坯布用纱、印花坯布用纱、染色坯布用纱(浅色、深色、杂色、特深色)、烂花坯布用纱(10～14.5tex涤棉包芯纱)、其他整理坯布用纱(树脂、丝光、电光、轧花、防皱、防缩、液氨等)及丝光用纱线等。

6. 按织造工艺分　织物的织造方法不同，对纱线的强力、外观等也有不同的要求。一般可分为有梭织机用纱、无梭织机用纱、针织(经编、纬编)用纱等。

7. 按织物组织分　织物组织不同，纱线在织物表面的显现机会和表现效果也不同。一般可分为平纹织物用纱、斜纹织物用纱、贡缎织物用纱、麻纱织物用纱、提花织物用纱等。

8. 按纺织品功能分 纺织品的功能化可以用具有某种功能的纤维原料经过纺纱织造而获得,也可以对纺织品进行功能整理而获得。用功能性纤维纺制的纱线称为功能性纱线,可用以制备各种功能性纺织品。主要的功能性纱线包括弹力纱线、阻燃纱线、高吸湿纱线、高收缩纱线、抗静电纱线、抗起球纱线、水溶性载体纱线、导电纱线、防辐射纱线、远红外纱线、抗菌防臭纱线等。

9. 按纱线形态分 利用纱线外观形态的变化可以产生多种花式纱,如结子纱、包芯纱及其他花式纱(圈圈、波纹、螺旋、粗节、小辫子等)等。

10. 按纱线色泽变化分

(1)有色纤维纱:纤维染色或原液染色后纺成的纱。

(2)色纤维混纺纱:两种或两种以上色纤维纺成的纱。

(3)AB 双色纱:两根不同色泽的粗纱(或条子)在细纱机上合并纺成的纱。

(4)双色股线:指两根不同色泽的单纱合股加捻的线。

11. 按纱线加捻情况分 纱线加捻可以有 Z 捻和 S 捻两种捻向,因此,单纱有 Z 捻单纱和 S 捻单纱;股线加捻时,捻向可与单纱相同或相反,与单纱同向加捻有 ZZ 捻和 SS 捻股线,与单纱反向加捻的股线有 ZS 捻和 SZ 捻股线。

纱线的加捻强度是影响纱线性能的重要指标,根据捻系数不同可以分为弱捻纱(捻系数 < 300)、中捻纱(300 < 捻系数 <400)、强捻纱(捻系数 >400)、超强捻纱(捻系数超过临界捻系数)。

12. 按纱线成品包装和质量分

(1)筒子纱:成品出售或去后道织造加工的纱线一般做成筒子纱,包括柱形筒子纱、锥形筒子纱;一般卷绕筒子纱、松式卷绕筒子纱、紧密卷绕筒子纱;定长筒子纱、不定长筒子纱;无结筒子纱、有结筒子纱;过电清筒子纱、不过电清筒子纱等。

(2)绞纱:进行染色、丝光等处理的纱线一般做成绞纱。

二、常用纱线产品设计

(一)常用机织物用纱设计

1. 府绸织物 府绸织物属细特高密平纹或提花织物,有丝绸织物的风格,一般比较轻薄。织造府绸的纱线常用单纱线密度为 13 ~ 29tex,股线线密度为 10tex ×2 ~ 14tex ×2,J7.5tex ×2 ~ 10tex ×2 等。府绸织物用纱要求强力高、强力不匀率低、棉结杂质小而少、条干均匀、毛羽少。

2. 斜纹、卡其织物 斜纹、卡其类织物要求织物纹路清晰,布面匀整、光洁,织物厚度范围较大,用途较广,有轻薄型的,也有厚重型的。织造斜纹、卡其织物常用单纱线密度为 20 ~ 58tex,股线线密度为 10tex ×2 ~ 24tex ×2,J7.5tex ×2 ~ 14.5tex ×2 等。斜纹、卡其织物用纱要求捻度适中、强力较高、棉结少、条干均匀。

3. 贡缎织物 贡缎织物属缎纹组织,组织紧密,经纬密差异较大,质地柔软、光泽好,富有丝绸感,一般比较轻薄飘逸。织造贡缎织物常用单纱线密度 18 ~ 29tex,股线线密度 14tex ×2。贡缎织物用纱要求捻系数较小,经面缎纹的经纱捻向和纬面缎纹的纬纱捻向应和缎纹组织点的纹路一致,经纱强力要求高,纬纱可稍低。经向缎纹(直贡)要求经纱条干均匀,结杂小而少;纬向缎纹(横贡)要求纬纱条干均匀,结杂小而少。

4. 麻纱织物　麻纱织物采用纬重平组织,使经纱呈现不同的直条纹路,具有挺爽、凉快的感觉,一般比较轻薄。织造麻纱织物一般选用单纱即可,常用线密度在 13 ~ 21tex 范围内。麻纱织物的经纱捻度比其他织物大,纬纱捻度较小。织物的经纬密较小,要求纱线条干均匀,减少粗细节,棉结和毛羽要少。

5. 绒布织物　绒布织物一般采用平纹或斜纹组织,要求起绒后绒毛蓬松平整,手感柔软厚实。织造绒布织物一般选用单纱即可,根据绒布厚薄差异,用纱线密度可在 18 ~ 96tex 范围内选用。绒布织物用纱要求纬纱捻系数较小,一般在 266 ~ 285,普梳纱的捻度越小起绒越容易,但需保证一定的强度,捻度不匀率要低,棉结杂质力求减少。

6. 灯芯绒织物　灯芯绒织物由地组织和绒组织两部分组成,织造时纬密比经密大,绒条清晰、丰满、坚固,具有手感柔软、厚实的特点。织造灯芯绒织物常用单纱线密度为 14.5 ~ 36tex,股线线密度为 14tex ×2 ~ 29tex ×2。灯芯绒织物用经纱应具有较高的强力和耐磨性,常用高捻度股线;纬纱捻度可适当降低,以求提高割绒效果。为使割绒时减少跳针,提高割绒质量,纱线应控制棉结杂质含量。纬密高时,对黄白纱色差要求特别高。

7. 平绒织物　平绒织物表面全部披覆均匀平整的绒毛,有柔和的光泽,优良的弹性,手感厚实柔软,耐磨性要比一般织物高 4 ~ 5 倍。织造平绒织物常用单纱线密度为 14 ~ 29tex,股线线密度为 14tex ×2 ~ 29tex ×2。割纬平绒织物,纬密高,要求经纱具有较高的强力,且棉结杂质少,选用精梳纱效果较好;割经平绒织物经密高,经纱强力要求更高,纬纱强力要求一般。

8. 麦尔纱织物　麦尔纱织物属低特、稀、薄平纹织物,具有质地轻薄、手感柔软、透气性能良好等特点。织造麦尔纱织物一般选用低线密度单纱,常用范围为 10.5 ~ 14.5tex。麦尔纱织物因纬密稀,要求纬纱具有较好的条干均匀度,同时,对纱的强力和棉结杂质也有较高要求。

9. 巴厘纱织物　巴厘纱织物属轻薄平纹织物,具有质地轻薄、手感滑爽、外观透明,透气性和耐磨性良好等特点。为了达到应有的风格特征,一般选用低线密度股线,常用范围为 J6.5 tex ×2以下。巴厘纱织物用纱宜采用高捻或强捻工艺,以达到布孔清晰,透气性好,手感挺爽的效果。经纬纱必须采用同一捻向,保证布面纹路清晰。低特巴厘纱采用精梳股线,并与单纱相同加捻。织物纬密较稀,要求纬纱具有较好的条干均匀度。

10. 羽绒织物　羽绒织物属低特高密平纹织物,织物平整光洁,质地紧密,并有一定透气性能,但不能跑绒。织造羽绒织物一般选用低线密度单纱,常用线密度范围为 J10 ~ 14.5tex。羽绒织物用纱控制经纬纱捻度比府绸织物略低,总体质量要求较高,如单纱强力高,强力不匀率低,棉结杂质小而少,条干均匀等。

11. 起皱织物　起皱织物的皱褶是采用普通纱线作经纱,强捻纱作纬纱织成,再经过印染加工,强捻纬纱产生收缩而形成的,根据织物组织设计,皱褶可以有规则或无规则。起皱织物具有手感滑爽、松皱、穿着舒适、弹性好等特点。起皱织物一般选用单纱织造,常用线密度范围为 10 ~ 20tex。经纱采用一般捻度,纬纱采用临界捻度以上的强捻,捻系数大于常用捻系数 1.8 ~ 2.5 倍。用两次加捻法,并经热定捻处理。因织物经纬密小,又采用强捻纬纱,对原纱强力和条干要求较高。

12. 烂花织物 烂花织物是采用涤棉包芯纱织成烂花坯布，经印染加工制成凹凸透明，花纹新颖，轻薄如绢，手感滑爽的装饰或服装面料。烂花织物一般采用线密度在10～14.5tex范围内的涤棉包芯纱织制。要求纱线捻度适当，捻系数在304～333之间，过小手感不爽，缺乏绢筛感，且易起毛、起球。过大成扭结纱。涤/棉包芯纱包覆率一般取39%～43%，过多易缺丝，过少易包覆不良。薄型用5tex以下的涤纶细长丝，厚型常用7.6tex以上较粗的涤纶丝。

13. 牛仔布织物 牛仔布具有粗犷自然，穿着舒适随意，耐穿、耐洗的特点。一般采用染成靛蓝色的经纱和原色纬纱织造，要求色彩鲜艳，白点均匀，多数采用三上一下右斜组织。织造中重型牛仔布一般选用36～100tex范围的单纱，轻型牛仔布一般选用10～20tex的单纱或相当线密度的股线。中重型牛仔布一般用质量较好的转杯纱，轻型宜用普梳或精梳环锭纱线。牛仔布用纱要求强力较高，棉结杂质少，结头少，耐磨性好。

（二）常用针织品用纱设计

1. 绒衫 绒衫面料具有绒毛厚实，弹性好，起毛匀的特点，要求脱毛少。常用58 tex、96 tex的纯棉纱、纯腈纱、棉腈混纺纱织制。绒衫面料用纱要求条干均匀，棉结杂质少，起绒面用纱的捻度要少。

2. 弹力针织服 弹力针织服具有美观、紧身、富有弹性、穿着舒适等特点，其面料根据适用的场合一般分为高弹、中弹和低弹，如泳装、紧身内衣等属于高弹针织服，普通内衣、T恤衫、运动装等属于中弹针织服，外衣一般属于低弹针织服。弹力针织服一般采用10～60tex的弹力纱线（氨纶包芯纱或包覆纱）织制，氨纶丝在纱线中所占的不同比例决定了最终的弹性高低。对弹力纱线的要求是无断丝、缺丝、露丝等疵点，捻度不匀率低。

3. 棉毛衫 针织棉毛衫具有手感柔软、布面清晰、纹路挺凸、保暖透气、穿着舒适的风格特征，常用18tex、J15.3tex纯棉纱及相应线密度的低比例涤棉混纺纱（其中涤纶的比例在30%以下）织制。棉毛衫用纱的要求是条干均匀、捻度适中，棉结杂质小而少，粗节（大肚纱）少。

4. 汗衫 针织汗衫具有纹路挺凸、手感滑爽、凉爽透气、穿着舒适的风格特征，布面阴影小而少。常用14tex、18tex、J12.7tex、J18tex、J10tex×2、J7tex×2等纯棉纱织制。汗衫用纱的质量要求是条干均匀，细节和粗节要少，捻度较多，棉结杂质小而少，表面光洁、毛羽少。

5. 外衣 针织外衣具有蓬松挺括、毛型感强、弹性优良等风格特征，常用纱线线密度为18tex、18tex×2等，多采用涤粘混纺、涤腈混纺、膨体腈纶、纯涤纶等中长纤维纱线。要求纱线条干均匀、纱疵少，蓬松而富有弹性。

（三）常用家纺类产品用纱设计

1. 毛巾用纱 毛巾产品丰满厚实，手感柔软，吸水性好，常用线密度为18～29tex、10tex×2的纱线织制，要求纱线高强、低捻，结杂小，而对纱线的条干、纱疵等要求不高。

2. 手帕用纱 手帕产品表面光洁、手感舒适，一般以纯棉纱为主，要求条干均匀，棉结杂质少，纱疵小而少，高档手帕用纱经过精梳工序，并选用品质较好的长绒棉。一般手帕产品用14～28tex的纱织制，高档手帕产品选用J7～10tex的精梳纱织制。

3. 床上用品（被单、被套、被里、床罩）用纱 床上用品以纯棉和涤棉混纺产品居多，有纱、半线、全线三种，高、中、低档产品的原料及质量均有较大差异。常用纱线线密度范围为10～

28tex、14tex×2~18tex×2，要求纱线强力较高，棉结杂质少，条干均匀。

4. 毯类用纱 毯类属中厚织物，包括绒毯、线毯、童毯、腈纶毯等，毯类的起绒纱必须用低捻，确保绒毛丰满厚实，童毯要用阻燃纱线或经阻燃处理。毯类用纱的线密度在28~96ex范围内选用。

（四）常用染整坯布用纱设计

坯布的染整方法有多种，经过不同的染整工艺，布面的外观效应将产生不同的变化。因此，对纱线的质量指标控制有所侧重。印花坯布，织物表面五颜六色的花纹可以掩盖一部分外观疵点，因此，对纱线的棉结、杂质、条干的要求不高。漂白坯布，因油污、色纱、煤灰纱等有色疵点经织物漂白后在布面显现突出，因此，这类疵点要严格控制，同时，棉结尽可能小而少。染浅色坯布，要严格控制棉杂，防止松散棉结染色后布面呈现较深的点子。染深色和特深色坯布，要严格控制原棉中的僵斑、软籽表皮、死纤维等杂质疵点，因这类杂质疵点不易上色，布面易呈现抗染白点，生产这类产品，必须采用成熟度高的原棉，并经良好梳理，使棉结杂质小而少。树脂整理坯布，织物经树脂整理后棉结显现率高，色布强力降低较多，因此，必须选用强力高，棉结少的纱线。

（五）常用弹力纱线设计

弹力纱线是由高弹纤维与普通纤维共同组成的，常用的高弹纤维为氨纶长丝，根据氨纶丝在纱线中的比例不同，可以将弹力纱线分为高弹纱线（氨纶丝含量为30%左右）、中弹纱线（氨纶丝含量为15%左右）和低弹纱线（氨纶丝含量为5%以内）三种。氨纶丝与其他纤维（或纱线）的复合方法有多种，形成了几种不同的弹力纱线的加工方法。

1. 氨纶包芯纱 以氨纶为芯纱外层均匀包覆短纤维，外包纤维可以是棉、粘胶纤维、天丝等其他短纤维的单一成分或混和成分。包芯纱可以在环锭细纱机或转杯纺纱机上纺制，需要附加一个芯丝喂入装置，并控制好氨纶丝的预牵伸以及芯丝与外包纤维的相对位置。这种纱线的特点是外包纤维覆盖均匀，染色效果好，但产量比较低，多用来生产低弹力纱线，织制弹力机织物，用作牛仔裤、灯芯绒服装、外衣、衬衫等。

2. 氨纶包覆纱 用其他化纤长丝或短纤纱（棉及化纤、纯纺或混纺）以螺旋形包覆氨纶长丝。这种弹力纱可以用空心锭纺纱机直接纺制，产品的特点是毛羽少，表面光洁，芯纱无捻度，布面平整，成本较高。因为这种纱线的加工过程没有对氨纶丝实现均匀包覆，表层纤维不单一，所以染色较难一致。氨纶包覆纱多用来制作弹力针织物，如内衣、运动服、丝袜等。

3. 氨纶交捻纱 在倍捻机或捻线机上附加氨纶预牵伸装置，使经过牵伸的氨纶丝与一根或几根单纱捻合成线，由此纺制的弹力纱称为氨纶交捻纱。该产品产量较高，但交捻后纱线表层纤维也不是单一成分均匀分布，因此要注意交捻纱线染色的一致性。氨纶交捻纱比较适合加工纬纱不染色的牛仔类织物。

4. 空气变形纱 在空气包覆机上，利用空气变形方法将超喂的化纤长丝与氨纶丝交绕在一起，可以生产空气变形弹力纱。其特点是无包覆效果，手感粗硬，不匀，单产高，成本低。空气变形弹力纱适合加工手感要求和染色要求不高的弹力织物。

不管采用何种方法生产的弹力纱线，均要防止产生断丝、缺丝、露丝（包芯纱），一般3cm以内断丝会造成局部弹力不足、不匀而产生起皱、起泡；纱线的捻度不匀要低，保证织造以后弹力的均匀性；另外，氨纶含量要符合要求，过低弹性达不到要求，过高造成成本增加。

（六）常用有色纤维纱的设计

利用有色纤维纺纱可以增加产品的花色效果，取消后道染色加工，有利于清洁化生产。有色纤维纺纱可以采用下列几种方法。

1. 天然彩棉纯纺纱、混纺纱 彩棉具有天然色彩，色泽柔和自然，鲜艳亮丽，纤维强力和长度略低于普通棉，多采用彩棉和白棉以多种比例混和纺纱，以提高可纺性，高档产品经精梳工序。彩棉产品具有手感柔软、吸湿透气、穿着舒适等纯棉产品的特点，可以制作高档天然色彩的针织内外衣。

2. 有色化纤纯纺纱、混纺纱 主要用于较难染色的合成纤维，通过原液染色可提高纤维的色牢度，增加色谱。经原液染色后，纤维的基本性能和可纺性变化不大，但加工过程易锈蚀通道，成本较高。产品可以纯纺或不同纤维进行混纺，以粘纤、涤纶、腈纶等较为多见。有色化纤纯纺主要加工装饰用品，如汽车内装饰材料、地毯、缝纫线、绳带等；有色纤维混纺纱常用于机织和针织，制作服装、毛衣、家纺用品等。

3. 有色纯棉混纺纱 将原棉或棉条染色，再通过不同色泽或与本色白棉混和纺纱，可以增加产品的色彩效果，丰富花式品种。棉纤维经煮练染色后可纺性下降，一般染色棉的使用率小于50%，设计合理的混和方法，优化配置各道工艺参数，保证纺纱过程正常，产品质量符合要求。利用原棉或棉条染色后纺纱，可以生产麻灰纱、彩星纱、彩色纱等，高档产品采用精梳工艺，产品线密度多在14.5～30tex范围内，主要用于针织。

4. 有色化纤与棉混纺纱 将有色化纤与原棉混和纺纱，产品不需要后道染色加工，并能显现特殊的混色效果。混和方法可以多种，棉包混和、棉条混和结合使用；可以生产彩星纱、彩色纱、麻灰纱等产品，制作圆领衫、运动衫、袜子、时装、装饰物等。

（七）常用低线密度纱的设计

一般把线密度在10tex以下的纱线称为低线密度纱，低线密度纱往往用于高档轻薄型纺织品，因此质量要求非常高，对纺纱的原料、设备、工艺、操作、温湿度等方面均要严格控制。常用的低线密度纱根据原料可以分为纯棉、涤棉混纺和纯涤纶三类。

纯棉低线密度纱的品种设计见表3－1。生产时7.5tex以下均采用100%长绒棉，10tex可根据产品要求部分采用长绒棉；一般都需经过精梳工序；巴厘纱用股线的捻向配置为ZZ组合；纺纱各工序采用小张力、低速度工艺；纬纱要经定捻处理；保证成纱强力，控制纱疵、结头等。

表3－1 纯棉低线密度纱品种设计

品种	线密度（tex）
高档手帕布、针织内衣	J10
巴厘纱、横贡绸等	J7.5
针织内衣、高档细纺府绸、羽绒布、巴厘纱、抽纱织物等	J10×2、J7.5×2
商标、高档衬衣、高档睡衣、高档床上用品等	J6×2
高档内衣及衬衣、工业滤布、精密仪器擦镜布、特种橡胶底布等	J5×2

涤/棉混纺低线密度纱主要用作高档衬衣、外衣面料，这类产品一般采用双股线织制，根据产品用途，可以控制棉纤维的混纺比在35%～80%范围，线密度为J10tex×2、J7.5tex×2等；涤棉混纺低线密度纱还可用来生产绣花线，线密度常为J10tex×3。生产时涤纶宜用0.8～1.32dtex线密度；原棉宜用1～2级细绒棉或长绒棉；涤棉混和采用精梳棉条和涤纶条混和。

纯涤纶低线密度纱一般用作缝纫线的生产，线密度大多为10tex×3。生产时采用单唛涤纶，保证质量稳定；后加工采用倍捻等无结头工艺，确保纱线结头少、强力高。

三、主要纱线品种的代号

纱线的加工工艺、成分比例、原料及用途都可以通过一定的代号加以表示，表3－2表示主要纱线的品种代号，并举例说明。

表3－2　主要纱线品种代号

类　别	品　种	举　例	类　别	品　种	举　例
按不同工艺分	绞纱线	R28，R14×2	按不同原料分	涤棉混纺纱	T/C 13
	筒子纱线	D20，D12×2		维粘混纺纱	V/R 18
	精梳纱线	J10，J7×2		涤粘混纺纱	T/R 18
	烧毛纱线	G14，G10×2		腈纶纯纺纱	A 20
	经电子清纱纱线	E28，E9.8×2	按不同用途分	经纱线	28T，14×2T
	转杯纺纱线	OE36		纬纱线	28W，14×2W
按不同混纺比分	涤棉（65/35）混纺纱	T/C(65/35)13		针织用纱线	10K，7×2K
	涤棉（50/50）混纺纱	T/C(50/50)18		起绒用纱	96Q
	棉涤（55/45）混纺纱	C/T(55/45)28			

第三节　利用新型纤维开发新产品

随着科学技术的不断发展，涌现出许多新的纤维材料，新型纤维材料可以在保持天然纤维良好特性的基础上赋予更加优异的性能和特殊的功能，其应用有效促进了纺织技术进步和新产品开发。利用新型纤维材料开发纱线产品的一般思路是：首先分析纤维的性能特点，为纱线设计及后道产品的应用提供依据，其次是针对其性能特点分析纤维的可纺性，最后是解决纤维的纺纱技术难点。下面列举几种新型纤维材料的纱线开发。

一、天丝纤维纱线开发

天丝（Tencel）纤维是一种新型再生纤维素纤维，其加工技术较粘胶纤维有所改进，纺丝生产流程短，从原料投入到纺成纤维只需3h，而普通粘胶纤维的生产周期是24h。生产过程采用无毒含水溶剂,且可回收,回收率达99.5%。天丝纤维具有可生物降解的特点,是一种绿色环保纤维。

(一)天丝纤维的性能特点

天丝纤维具有以下主要性能特点。

(1)具有较高的干强和湿强。

(2)与纤维素纤维间抱合力较大,较易混纺。

(3)湿模量较高,使产品的缩水率较低,纱线的缩水率仅为0.44%。

(4)圆形截面和良好的纵向外观使其织物具有丝绸般的光泽,优良的手感和悬垂性,服装具有飘逸感。

(5)具有原纤化的特性。通过对原纤化的控制,可做成桃皮绒、砂洗、天鹅绒等多种表面效果的织物,形成全新美感,适合开发光学可变性的新潮产品。

(二)天丝纤维的适用产品

由天丝纤维制成的织物具有吸湿性好、悬垂性好、强力高、抗静电性强、缩水率低和触感柔滑等特点,产品应用领域较广,有棉纺纱、精纺毛纱,各种包芯纱、花色纱线等,但以棉纺纱最多,约占90%,多用于开发轻薄型面料,一般采用平纹、斜纹等简单组织,也有少量强捻纱织物、条绒、平绒织物及提花类织物。天丝纤维有良好的可纺性,可以纯纺,也可与棉、麻、羊毛、羊绒、涤纶、锦纶、腈纶、真丝、氨纶及其他新型纤维混纺,适用于机织或针织。

天丝纤维可用于环锭纺和转杯纺,纺纱线密度范围较广,环锭纺可纺5.8~58.3tex;转杯纺的通常纺纱线密度为83tex、58.3tex、36tex、27.8tex、18.2tex、14.5tex等,用于牛仔布及针织用纱。

目前比较常见的天丝产品有以下种类。

1. 服装面料

(1)100% Tencel及Tencel/超细涤纶(60/40)的混纺织物,制作华达呢或府绸。

(2)Tencel/铜氨纤维交织仿真丝绸,用作外衣上装及裙料等。

(3)Tencel/亚麻(50/50)的轻薄运动上衣面料,隐条或显条花纹。

(4)100% Tencel重磅仿丝绸,斜纹,用作厚型衬衫、外衣等。

(5)100% Tencel匹染单色织物或与真丝、亚麻交织混纺织物,用作内衣、裙料等。

(6)Tencel/锦纶单丝交织的轻磅织物。

(7)Tencel/棉/氨纶的经纬双向弹性华达呢。

(8)Tencel/棉/锦纶(55/15/30)混纺纱,用作高档牛仔布。

2. 装饰及产业用织物产品

(1)高质量工作服、防护服,用于恶劣环境中的劳动保护。

(2)地经为Tencel的天鹅绒、毛巾等立绒织物,具有良好的吸湿性和手感。

(3)Tencel纱线制备的缝纫线、轮胎帘子线等。

(4)轻薄型卫生用即弃产品,如包扎材料、揩布、尿布、医用织物等。

(5)香烟过滤嘴、特种纸。

(三)天丝纤维的纺纱要点

针对天丝纤维比较蓬松,表面光滑等特点,短纤维纺纱应注意以下几点。

(1)采用短流程开清棉,尽量采用少打、轻打、少落及合理分梳、轻定量、慢车速的工艺,以减少对纤维的损伤。适当加重棉卷和生条定量以提高纤维间的抱合力。

(2)由于天丝纤维抱合力差,易造成须条滑脱及意外牵伸等问题,故并条工序定量应适当偏大控制,同时采用"大隔距、低速度、小张力"的工艺原则。采用两道并条 8 根并合,牵伸倍数接近并合数。为使纤维得到良好的平行度和伸直度,消除弯钩纤维,同时又要保证条干均匀度,应合理配置两道并条的后区牵伸倍数,一般采用头道较大的后区牵伸倍数,二道后区牵伸倍数要小。

(3)粗纱工序采用"重定量、小张力、低速度"的工艺原则。由于该纤维表面较光滑,生产过程中应注意机后劈条现象。由于天丝纤维抱合力差,粗纱捻系数应偏大掌握,以避免细节问题的出现,但要避免在细纱出现"硬头"现象。

(4)细纱工序采用低硬度高弹性胶辊、镀氟钢领和镀氟钢丝圈。工艺配置注意牵伸力和握持力相适应,避免出"硬头"现象,以防成纱短粗节增加。合理控制车间温湿度,避免产生较严重的静电现象,出现罗拉带花而形成大量的纱疵造成后道工序无法生产。

二、莫代尔纤维纱线开发

莫代尔(Modal)纤维是奥地利兰精公司开发的新一代高湿模量再生纤维素纤维。该产品以天然原木为材料,生产加工过程清洁无毒,被称为绿色纤维。其纺织品的废弃物可以自然进行生物降解,具有良好的环保性能,对环境无害。

(一)莫代尔纤维的性能特点

莫代尔纤维具有以下主要性能特点。

1. 较高的强力　莫代尔纤维具有高湿模量、高强力,湿强力约为干强力的 59%,它的干湿强度均优于普通粘胶纤维,原纤化程度小,具有较好的可纺性与织造性。莫代尔纤维的高强度使它适于生产超细纤维,可以在环锭或转杯纺纱机上纺纱,纱线疵点少。该纤维成纱线密度范围广,低线密度纱制作的超薄织物,具有较好的强度、外观、手感、悬垂性,加工性能良好;高线密度纱制作的厚重织物厚重而不臃肿,风格独特。

2. 良好的吸湿性　莫代尔纤维吸湿性与粘胶纤维相近,大于棉纤维。因此,用它制成的面料柔软滑爽,吸湿透气,穿着舒适。

3. 真丝般的光泽和舒适的触感　莫代尔纤维具有丝绸般的光泽和极柔软的触感,用其制作的纺织品华贵高档。莫代尔纤维与棉纤维的混纺产品具有优良的丝光效果。

4. 耐磨性能好　莫代尔纤维表面顺滑耐磨,可避免清洗过程中纤维的相互缠结。因此,莫代尔织物比较耐用,不易收缩变形或失去光泽。莫代尔织物经过多次水洗后,依然保持原有的光滑外观及柔顺手感。

5. 染色性能佳　由于莫代尔纤维吸湿性优良,因此容易染色。莫代尔纤维产品可用天然的纤维素纤维产品的预处理、漂白和染色工艺加工。天然的纤维素纤维染色适用的染料,如直接染料、活性染料、还原染料、硫化染料和不溶性偶氮染料等均可用于莫代尔织物的染色,在相同的上染率的基础上,莫代尔织物表现出更好的色泽,外观鲜艳明亮,且染色均匀,色泽保持持久。莫代尔纤维与棉纤维混纺可进行丝光处理。

(二)莫代尔纤维的适用产品

莫代尔纤维具有棉的柔软性、丝的光泽性、麻的滑爽性,在具有天然纤维吸湿性和透气性的同时,还兼有合成纤维的强伸性。该纤维可以纯纺,也可与羊毛、羊绒、棉、麻、丝和涤纶等混纺,还可以采用交织的方法。该纤维已经成为改善织物性能的一种理想的绿色纤维,利用该纤维开发的产品风格多样,应用领域较为广泛。

莫代尔织物具有以下风格特点。

(1)手感光滑、细腻、柔软,具有较强的丝质感,显现真丝般的光泽。

(2)莫代尔的高湿模量增加了产品的尺寸稳定性。

(3)面料成衣效果好,具有天然的抗皱性和免烫性,经反复洗涤依然柔顺。

(4)染色性能好,色彩表现亮丽。

利用莫代尔纤维开发适销对路的产品,一方面可以提升我国纺织品在国际纺织品市场的竞争力,另一方面也可以满足人们对纺织品舒适健康要求日益增长的需要。如莫代尔与棉混纺,面料具有良好的吸水性和透气性,可以制作高档内衣和家纺用品;莫代尔丝质般的光泽,优良的可染性,及染后色泽鲜艳的特点,同样适用于外衣织物,采用适量挺括保型性好的涤纶与莫代尔纤维混纺纱线制成织物,或者采用涤纶纱线与莫代尔纱线交织制成织物,产品具有良好的抗皱保型性,选用府绸或提花组织,面料的档次和外观质量均较理想。目前莫代尔纤维不仅用以生产针织内衣、儿童服装、运动衫、睡衣、床上及装饰用品,还能与其他功能性纤维一起生产各种功能性服装。

(三)莫代尔纤维的纺纱要点

莫代尔纤维的特性对纺纱过程有一定影响:纤维表面太滑顺,卷曲少,抱合力差;纤维与机械部件间的摩擦因数小,易打滑,影响成纱条干;纤维细,容易在加工过程中产生棉结。因此,在纺制莫代尔纤维纱时,要掌握以下要点。

(1)开清棉采用多梳、轻打、少打、少落的工艺配置,以精细抓取、自由开松为主,尽量减少握持打击,以减小对纤维的损伤和棉结的产生。为了避免纤维疲劳,适当采用短流程配置。

(2)梳棉宜采用慢车速、紧隔距、快转移的工艺。由于莫代尔纤维在加工过程中很容易被摩擦而起毛起球,为有利于纤维的转移,减少纤维滞留在针布上的时间,将锡林与刺辊的隔距减小,由棉的7mm改为5mm;减小刺辊的转速,由810r/min改为610r/min,以增大锡林与刺辊的线速比(锡林的速度300r/min);生条定量宜偏重掌握,若定量太轻,会造成剥网困难,如采用23g/5m左右的干定量;其他各工艺隔距可以按纺化纤的设计。

(3)头并采用自调匀整装置,兼顾熟条的长短片断均匀度;机后条子要注意平行喂入,否则会出现牵不开的情况;粗纱尽量加大捻度,以减少意外牵伸。

(4)莫代尔纤维比较滑顺,细纱的加捻效率比较低,牵伸过程中易出现打滑,因此要采用大的后区罗拉隔距和重加压;莫代尔纤维细度细,很容易被摩擦起球,因此细纱捻系数不能太小;

为控制张力、减少断头，钢丝圈的线速也不能太高。

（5）络筒工序要注意纱线通道光洁，在保证成形良好的前提下，尽量减少对纱线的摩擦，络纱张力适当减小；结合金属槽筒、电子清纱器、空气捻接器等技术，实现无结纱的生产。

三、竹纤维纱线开发

竹纤维是从天然生长的竹子中提取的一种新型纤维素纤维，按照纤维制取方式的不同可分成竹原纤维和竹浆纤维两类。"竹原纤维"被称为"原生竹纤维"或"天然竹纤维"；"竹浆纤维"被称为"再生竹纤维"或"竹粘胶纤维"。竹原纤维不是单纤维，而是束纤维，在加工过程中保留了其原有的天然特性；竹浆纤维属于人造纤维中的再生纤维素纤维，和普通粘胶纤维的制备方法相似。适用于纺织加工的竹纤维一般为竹浆纤维，简称竹纤维。

（一）竹纤维的性能特点

竹纤维具有以下主要性能特点。

（1）竹纤维的断裂强度与普通粘胶纤维相当，断裂伸长不如普通粘胶纤维，湿态断裂强度较低。

（2）湿膨胀严重，下水后易变形，保型性差。

（3）具有优良的吸湿透气性，在标准状态下的回潮率为12%，与粘胶纤维接近；透气性优于蚕丝、粘胶纤维及一般化学纤维，比棉纤维高3.5倍。

（4）具有一定的抗菌功能。

（5）具有出色的防紫外线功能。

（6）染色性能比粘胶纤维好。

（7）动、静摩擦因数差值相对较大，与粘胶纤维接近，纤维之间具有一定的摩擦力和抱合力，具有较好的可纺性。

（二）竹纤维的适用产品

竹纤维既可纯纺，也可混纺，可与羊毛、棉或彩色棉、绢丝、苎麻及涤纶、天丝、莫代尔、大豆蛋白纤维、粘胶纤维等纤维混纺或交织，可采用环锭纺、转杯纺、喷气纺等方法加工，用于机织或针织，也可色织，生产各种规格的机织面料和针织面料及其服装。机织面料可用于制作夹克衫、休闲服、西装套服、衬衫、连衣裙、床上用品和毛巾、浴巾等。针织面料适宜制作内衣裤、睡衣、汗衫、T恤衫、运动衫裤、袜子、婴幼儿服装和各种防臭鞋袜和其他生活用品。竹纤维产品具有优良的服用性能，又有极佳的保健作用，竹纤维产品很难发生霉变，不易滋生细菌，特别适合于婴幼儿和老年人穿着。

（三）竹纤维的纺纱要点

（1）制备竹纤维时对竹子的蒸煮作用造成纤维蓬松度差，使清花开松困难，开清棉应以少落多松为原则，适当降低打手速度，定量偏轻掌握，并采取防止粘卷的有效措施。

（2）梳棉应多梳少落，采取轻定量、低速度、紧隔距的工艺，在加强分梳的同时，应避免纤维的意外损伤。

（3）并条工序因纤维长度较长，适当放大牵伸隔距，加压比棉重些，采用低速度、轻定量工艺,在保证通道光滑的前提下,采用小口径喇叭口喂入,以提高条子的均匀度和光洁度,使条子成形良好。

(4)粗纱采用低速度、轻定量喂入,捻系数要适中。过大会使细纱工序牵伸不易而出现“硬头”,过小易产生意外牵伸,增加粗纱断头。

(5)细纱以减少毛羽,降低断头为目的,合理配用钢领、钢丝圈,使用弹性胶辊,以重加压、小钳口、大后区隔距、小后区牵伸的工艺为佳。

(6)络筒工序采用金属槽筒,降低车速,适当降低纱线张力,保证纱线通道光滑,减少毛羽的产生。使用电子清纱器和空气捻接器,电子清纱器工艺要适当,做到不漏切、不误切,以清除粗细节、飞花杂质为主,正确清除纱疵。

四、天然彩棉纱线开发

天然彩色棉是一种具有天然色彩的棉花。我国目前种植的天然彩棉主要有褐色、棕色、绿色三种颜色,其发展前景较好,一些处于开发前沿的棉纺织企业已进行天然彩棉纱线及面料的开发,并投入了市场,产品供不应求,市场前景非常广阔。

(一)天然彩棉的性能特点

彩棉产品以尽可能少的后道化学处理体现了产品的绿色生产过程,色彩天然,色泽柔和、典雅,同时体现出一般棉纤维产品的手感柔顺、抗静电、不起球、吸湿透气等特点。与一般白棉相比,彩棉在性能上还有一些差异,具体表现在:

(1)彩棉纤维次生胞壁较薄,胞腔占1/3~1/2,因此,产品的尺寸稳定性差,易收缩和起皱变形。

(2)彩棉纤维中纤维素含量较低,成熟度不够好,主体长度短、细度差,单纤维强度低,短绒率较高。因此,可纺性较差,易起毛。

(3)彩棉的扭曲相对较小,因此彩棉纤维之间抱合力差。

(4)彩棉纤维中木质素、脂肪及棉蜡的含量远高于白棉,造成其吸水性差,回潮率低。

(二)天然彩棉的适用产品

天然彩色棉是利用生物基因工程等现代科学技术培育出来的新型棉花,棉纤维在田间吐絮时就具有各种天然色彩。天然彩色棉具有日久不褪色的特点,在纺织加工中,一般无需漂染等化学工艺处理,不会产生环境污染,也不会有任何化学物质残留,即从种植到成衣实现了“零污染”。天然彩棉不需进行化学染色加工,生产的产品有利于健康与环保,而且降低了加工成本,节约了能源。用它制成的服装穿着舒适、自然,对人体无害,用途广泛,特别适合制作直接接触皮肤的衣物,如婴儿用品、各类内衣睡衣、运动休闲服装、妇女卫生用品等。

目前,国内进行天然彩色棉纺织品试制、加工的企业众多,已形成各种机织面料、针织面料等系列纺织品。

(三)天然彩棉的纺纱要点

(1)由于彩棉的纺纱较为困难,必须将白棉/彩棉进行混纺,以提高纤维的可纺性能。

(2)由于彩棉含糖较高,为了防止后道发生粘卷、绕罗拉等现象,在清花工序对彩棉加适量去糖剂，并进行预开松。同时彩棉纤维与其他纤维的色泽存在差异，清花工序应做好隔离工作以免混入到其他品种中，产生色纤维。针对彩棉纤维长度短、细度细、含杂高、强力差等特点，在清棉工序采用“勤抓少抓，多梳少打，充分混和”的工艺原则，适当降低各打手转速，防止转速过快，将纤维打成束丝，增加棉结。

(3)针对彩棉纤维长度短、强度低、含杂高、短绒多等特点，梳棉工序采用“低速度、较小隔距、轻定量、较小张力”的工艺原则，梳理过程中应尽量减少纤维的损伤、降低短纤率、减少棉结。适当降低刺辊速度有利于减小刺辊对棉层的打击力度，减少棉结，提高成纱质量。但刺辊转速又不宜过低，速度太低时分梳效果与除杂效果差，生条的杂质增加明显。适量减轻锡林和盖板针面负荷，缩小锡林与盖板隔距，提高盖板速度，减小锡林与道夫隔距，使锡林上的纤维易向道夫凝聚，从而提高道夫转移率并减少棉结。

(4)因彩棉短绒多，成熟度差容易形成棉结，梳棉生条短绒、棉结偏高，利用精梳工序可以有效提高纺纱原料的品质。与白棉混纺时，为改善彩棉在精梳工序难以成网，粘卷严重的现象，采用预并混合的方法。因彩棉短绒较多，精梳后，大部分短绒被除去，而白棉短绒相对较少，所以经过精梳后，彩棉的比例相应减少，在预并混和时，彩棉比例应偏高掌握，这样既保证了充分混和，又能准确控制混纺比。为了有效除去彩棉纤维中的大部分短绒与杂质，提高条子的条干水平，应适当降低精梳工序车速，增加落棉率，调整牵伸隔距。

(5)并条采用“顺牵伸、较小隔距、较低速度”的工艺原则，采用短片段自调匀整装置，使棉条混和充分，条干均匀。设备应保证通道光洁、加压稳定、无机械波。

(6)粗纱采用“较小隔距、小后区牵伸倍数、较大捻系数”的工艺。由于天然彩棉纤维长度较短，粗纱捻系数应偏大掌握，并应根据混纺材料的性能进行调整。又由于纤维长度较短，减小罗拉隔距有利于对牵伸区内浮游纤维的控制，同时适当减小后区牵伸倍数，发挥主牵伸区的作用，有利于提高粗纱的条干 *CV* 值。

(7)针对彩棉的特性，细纱工序合理优选钢领、钢丝圈、胶辊等关键纺纱器材，有效降低毛羽、减少断头、提高条干水平。适当减小细纱后区牵伸，发挥主牵伸区的作用，积极提高条干质量。适当降低锭子速度，控制断头。根据产品要求，合理选择细纱捻系数。

(8)络筒工序适当降低槽筒速度，防止因速度过快，造成纱线毛羽的过度增加；同时，做到纱道光洁无毛刺，以减少毛羽的产生。

五、甲壳素纤维纱线开发

甲壳素广泛存在于昆虫类、水生甲壳类的外壳和海藻的细胞壁中，如蟹、虾、鱿鱼骨、蛋壳、蟑螂、真菌等，是自然界仅次于纤维素的第2类化合物，也是除蛋白质以外数量最大的含氮化合物，它的化学名称叫作聚乙酰胺基葡萄糖。纯甲壳素是一种无味无毒的白色或灰白色半透明固体，在水、稀酸、稀碱以及一般的有机溶剂中难以溶解，如经浓碱处理脱去其中的乙酰基就变成可溶性甲壳素叫作甲壳胺或壳聚糖，它的化学名称为聚胺基葡萄糖。我们通常所指的甲壳素，大多数情况下就是指壳聚糖，在应用实践中，大多用的是壳聚糖。将甲壳素或壳聚糖粉末，选用适当的溶剂，采用溶液纺丝的方法便可以制备甲壳素纤维。

(一)甲壳素纤维的性能特点

甲壳素纤维的纵向形态特征与粘胶纤维相似,都有明显的沟槽,不同的是粘胶的横截面为皮芯层结构,而甲壳素截面芯层有很多细小的空隙,因而表现出良好的吸湿、导湿和放湿性能。

甲壳素是目前自然界中被发现的唯一一种带正电荷的动物纤维,它的分子中带有不饱和的阳离子基团,因此对带负电荷的各类有害物质及有害细菌有强大的吸附作用,有效抑制有害细菌的活动,使其失去活性,从而达到抗菌的目的。

由于甲壳素纤维的分子结构中存在大量氨基,从而大大改善了甲壳素的溶解性和化学活性。这种纤维既具有植物纤维的结构又具有与人体骨胶原组织相似的结构,与人体有很好的相容性,表现出较好的医学特性。

(二)甲壳素纤维的适用产品

甲壳素纤维纺织品具有良好的服用性能,用它制成的面料具有挺括、抗皱、色泽鲜艳、色牢度好、手感柔和、吸湿透气性好等特点,面料可用于制作内衣、运动衣、床上用品及婴儿服装等。

用甲壳素制成的纤维属纯天然物质,具有抑菌、镇痛、吸湿、止痒等功能,用它可制成各种抑菌防臭纺织品,被称为甲壳素保健纺织品。

甲壳素纤维还具有良好的医学特性,其类似于人体骨胶原组织的结构及与人体组织的相容性,可以起到抑菌消炎、止血镇痛、促进伤口愈合等作用,可用于制备甲壳素缝线和人造皮肤等。

(三)甲壳素纤维的纺纱要点

甲壳素长丝可用于捻制或编制成医用可吸收缝合线或用于织造多种针织物或机织物;短纤维经过开松、梳理成网、叠网、针刺或水刺等加工可制成各种医用敷料;甲壳素短纤维还可进行纯纺或与棉、毛、麻、丝及其他化纤混纺,用于制作各种保健内衣、童装、运动衣、抗菌防臭袜及床上用品等。

甲壳素短纤维纺纱,因纤维较粗、强力(尤其湿强)低、相对密度大,纺纱比较困难。另外,甲壳素纤维内分子中含正电荷,同性电荷互相排斥,条子内纤维不能抱合在一起,可纺性较差。结合原料成本及纺纱特点,目前的甲壳素短纤维纱线产品,除医学上特殊用途外,主要以混纺产品为主,即将一定比例的甲壳素纤维与其他天然纤维或化学纤维进行混和纺纱。

(1)由于甲壳素纤维原料中束纤维含量较高,在开清棉之前对纤维进行预松解处理,以免在开清棉工序经多次打击形成萝卜丝状纤维束,防止梳棉工序产生大量棉结,影响成纱质量。针对甲壳素纤维偏粗,单强偏低,预处理宜采用“多松、少打、多落”的工艺路线,使纤维得到充分松解,便于纤维之间均匀混和,同时也为后道工序的顺利加工创造条件。

(2)清花主要注意防止纤维损伤。甲壳素纤维单独成卷时,工艺上应采取“薄喂、勤喂、多松少打、以梳代打、少落早落、充分混合”的原则;适当降低各机打手转速,防止纤维损伤;减小尘棒隔距,节约原料;增大棉卷加压、有效采取防粘卷措施,提高正卷率,控制棉卷重量不匀。

(3)梳棉工序应掌握“充分梳理、顺利转移、少落”的原则,工艺上采取大定量、低张力、低道夫速度、低锡林速度、加托棉板等措施;适当提高锡林与刺辊线速比(2.2∶1),保证纤维顺利转移,减少刺辊返花;适当放大锡林与盖板隔距,减少纤维损伤;提高除尘刀位置,增大除尘刀和小漏底入口与刺辊间隔距,减少后车肚落棉。

(4)并条工序在工艺上要采取“重加压、中定量、大隔距、通道光洁、防缠防堵”等措施。采用顺牵伸工艺,头并后区牵伸倍数偏大掌握以提高纤维伸直平行度,改善条子均匀度。

(5)由于甲壳素纤维相对密度大,高线密度,截面纤维根数少,加上同性电荷互相排斥,从而使纤维间抱和力较小,粗纱工序宜采用“小张力,大捻度、大隔距”的工艺原则,较大的粗纱捻系数既可避免粗纱机上卷绕和细纱机上退绕时不产生意外伸长,又可使细纱后区牵伸时纤维变速点稳定。粗纱定量偏大掌握,罗拉隔距比纺棉时适当放大,胶辊压力较纺棉时适当增大,使罗拉握持力适应牵伸力。

(6)细纱工序采用“小后区牵伸倍数,小钳口隔距,大后区隔距”的工艺配置,前档配置中等硬度胶辊,并适当加重压力,以提高成纱条干水平。由于目前甲壳素混纺纱多数用于针织纱,对成纱条干均匀度要求较高,故细纱工序重点是提高成纱条干均匀度、控制粗细节和毛羽。

(7)为了减少络筒对成纱质量的影响,最好采用自动络筒,纺纱张力小,合理设定电子清纱器参数,以减少筒纱的纱疵与毛羽,根据后道工序的要求,控制筒纱质量。

(8)控制好车间温湿度与半制品回潮率。由于甲壳素纤维回潮率较高,吸湿能力较强,回潮极不稳定,在使用前要对回潮高的甲壳素纤维进行烘干预处理,使其回潮率保持在10%左右。严格控制车间温湿度,并粗工序采用低温低湿控制,细纱工序采用高温低湿控制,各工序相对湿度控制范围是:清棉60%~64%,梳棉57%~62%,并粗55%~60%,细纱57%~62%,络筒60%~65%。

六、有机棉纱线开发

(一)有机棉的特征

1. 品种　有机棉生产对棉花品种的选择与传统生产模式差异不大。一般选择适合当地生态区气候条件、土壤类型、灌溉模式等,并具有丰产、优质、耐病虫、成熟期自然落叶等特点的品种,禁止选择应用基因工程技术选育的转基因棉花品种。

2. 地域　地域选择非常重要。通常选择土壤肥力适中,灌溉条件良好、光热资源丰富、病虫害较轻的地区。要求最后一次施用化肥、农药等有机生产标准中禁用物资之后,连续三年不能使用任何化学制品(剂),并经权威性机构检测达标。第一个生产季节一般称为“有机过渡期”,过渡期之后就可以成为有机棉田。值得注意的是有机棉田四周必须要有明显的边界和缓冲区(隔离带),同时地边要种植高秆作物如高粱、甘蔗等以防止外来漂移物的污染(如农药、除草剂等)。

3. 残留检测　有机棉种植者首次申请有机棉田资格认证时,必须呈报关于土壤肥力、耕作层、犁底层土壤和作物样品中的重金属、除草剂或其他可能的污染物的残留含量,以及灌溉水源的水质检测报告,这些都必须符合有机品检测标准。成为有机棉田之后,每三年进行一次同样的检测。

(二)有机棉的性能特点

有机棉的质量同普通棉相比较,无论是在长度、细度、成熟度还是在疵点数量、含杂率、棉结等方面都相对要差一些,说明在目前的种植环境和生产技术条件下,有机棉的质量同普通棉的质量相比还存在一定差距，特别是有机棉高等级的数量相对普通棉高等级的数量要少得多，高等级有机棉只占有机棉数量的40%～50%，高等级普通棉一般会达到70%～80%，所以进一步提高有机棉的质量势在必行。

（三）有机棉的适用产品

1. 有机棉与彩棉的混纺 用彩棉与有机棉混纺解决有机棉色泽单一的缺陷，彩棉具有天然柔和色泽，制得的有机棉/彩棉混纺产品不需染色，混纺后产品色泽柔和典雅，独具风格。织物组织主要选用平纹、斜纹、缎纹或小提花组织，面料格调高雅，布面匀整，纹路细腻，产品图案色调自然，可用于高档男女衬衣或床上用品。有机棉、彩棉的选用既避开了有机棉产品环保染色的高昂费用，又具有色织产品的特性。浆纱过程中采用环保型浆料，后整理采用生物酶退浆，保证了最终成品的天然环保性、舒适性和美观性。

2. 有机棉在儿童产品中的应用 目前的纺织品中不同程度地存在有毒物质和染料，它们对婴儿造成非常严重的伤害，有机棉以其特有的生物环保性更加适合作为儿童用纺织品的原料。有机棉与彩棉以不同比例混纺，生产混纺纱、交捻纱，可以形成多种产品风格，后道可以制备内衣、床褥、被单等儿童系列用品。

3. 有机棉家纺产品的应用 床单、被套等是与人体皮肤直接接触的家用纺织品，无任何化学剂添加是这类产品发展的必然趋势，有机棉产品的绿色环保功能可以较好地满足这类产品的需要。目前有机棉产品的供量远远小于市场需求，有机棉家纺产品是有很大市场潜力的。

（四）有机棉的纺纱和操作要点

1. 工艺方面 在开清工序中，由于有机棉含杂多，未成熟纤维比例高，为了充分开松除杂，又不至于产生过多棉结，开清工序的原则应是“勤抓少取，多松轻打，充分混和”。

在梳棉工序中，由于有机棉纤维偏短、强度偏低、短绒偏多、含杂偏高的特点，梳理过程中应通过降低道夫速度、在轧辊和大压辊之间加装棉网托盘、增大生条定量等措施，控制生产质量，生条棉结控制在30粒/g以内。采用“低速度、较小隔距、轻定量、较小张力”的工艺原则，锡林速度为354r/min，刺辊速度749r/min，道夫速度22.6r/min。

并条工序采用“顺牵伸、较小隔距、较低速度”的工艺原则。采用6根并合，头二道牵伸分配先大后小，末道并条采用自调匀整，有效控制熟条均匀度。选用弹性良好的胶辊，加大胶辊压力，有效控制纤维，提高条干水平。做好罗拉及其他通道的清洁工作，以防止缠绕、堵塞斜管。

粗纱工序采用“较小隔距、小后区牵伸倍数、较大捻系数”的工艺原则。较小的牵伸隔距和小的后区牵伸倍数，有利于牵伸力的稳定，确保粗纱条干质量。较大的粗纱捻系数使粗纱获得必要的紧密度，以免意外牵伸和断头。同时，在细纱后牵伸区产生一定的附加摩擦力界，控制纤维的运动。

细纱工序的重点是提高成纱条干质量，控制细节与毛羽。采用“软胶辊、较小后区牵伸倍数、较低锭速、合适捻系数”的工艺原则。用细长纤维纺纱时，纱的捻系数可以低一些，用粗短纤维纺纱时，捻系数应当高一些。另外，当用精梳棉条时，其纤维的整齐度比粗梳好，捻系数应小些。要求对所有锭子的牵伸区及卷绕部分逐一检查，以降低锭子间的个体差异。

络筒工序合理设定电子清纱器工艺参数，以有效地清除纱线中的有害疵点，进一步提高纱的质量。适当降低槽筒速度，并保持纱线通道光滑，以减少筒子纱的毛羽。

2. 操作方面

（1）加工有机棉的开清棉工序要注意以下几点。

①有机棉进入车间后，必须单独摆放在指定区域内，有明显标识，不能与其他棉包混放。

②全流程开清棉设备，在生产有机棉前，必须进行全面的清洁工作，清洁内容包括：清除各打手、地面、棉箱、输棉帘、角钉帘等处的飞花及油垢杂物；对紧压罗拉、棉卷罗拉进行擦光，防止生产过程中的二次污染；操作工做好清洁工作记录，管理人员检查签字确认。

③清洁设备时必须用专用工具，不能混用，防止间接的污染。

④生产出的有机棉棉卷必须在指定的区域存放，有“有机棉”标识。

⑤棉卷运输车辆在使用前做好清洁工作，并实行专用制度，防止与非有机棉产品混用。

（2）加工有机棉的梳棉工序要注意以下几点。

①梳棉机在生产有机棉前必须全面清洁，清除前车肚及后车肚飞花、油污、杂物等；锡林、盖板、道夫、刺辊针布进行清洁；墙板两侧积花全部清除；圈条盘进行擦光处理；做好清洁工作记录，管理人员检查签字确认。

②清洁设备时必须用专用工具，不能混用，防止间接污染。

③存放生条的棉条桶必须用专用桶，有“有机棉”标识，使用前用专用工具清洁一次。

④存放生条的棉条桶必须在指定区域存放，棉条桶上加盖一层锦纶布，防止飞花污染。

（3）加工有机棉的并条工序要注意以下几点。

①并条机在生产有机棉前必须全面清洁，清除罗拉、压辊、条辊等上的飞花、油污等；皮辊进行清洁；圈条盘擦光处理；做好清洁工作记录，管理人员检查签字确认。

②清洁设备时必须用专用工具，不能混用，防止间接污染。

③棉条桶必须用专用桶，棉条桶上有“有机棉”标识，使用前用专用工具清洁一次，桶底不能有回条回花，积花全部清除，并做好记录。

④存放熟条的棉条桶必须在指定区域存放，棉条桶上加盖一层锦纶布，防止飞花污染。

（4）加工有机棉的条卷工序要注意以下几点。

①条卷机在生产有机棉前必须全面清洁，清除导条部分、成卷罗拉、小卷车等处的飞花、油污等；牵伸罗拉进行擦光；胶辊进行清洁工作；做好清洁工作记录，管理人员检查签字确认。

②小卷筒管使用前清洁，实行专用。

③制成的小卷必须在指定区域存放，有“有机棉”标识。

④小卷运输车使用前做好清洁工作，并做好标识。

（5）加工有机棉的精梳工序要注意以下几点。

①精梳机在生产有机棉前必须做好清洁工作，清除锡林、钳板、毛刷、棉卷罗拉、导棉板等处的飞花、油污等；对牵伸罗拉、胶辊、圈条盘等进行擦光清洁；做好清洁工作记录，管理人员检查签字确认。

②清洁设备时必须用专用工具，不能混用，防止间接污染。

③存放精梳条的棉条桶必须使用专用桶，桶上有“有机棉”标识，使用前用专用工具清洁一次，桶底不能有回花、回条及其他杂物，并做好清洁工作记录。

④存放精梳条的棉条桶必须在指定区域存放，棉条桶上加盖一层锦纶布，防止飞花污染。

（6）加工有机棉的粗纱工序要注意以下几点。

①粗纱机在生产有机棉前必须做好清洁工作，清除飞花、油污等；粗纱罗拉擦光；调换牵伸胶辊；做好清洁工作记录，管理人员签字确认。

②清洁设备时必须使用专用工具，不能混用，防止间接污染。

③生产前仔细核对有机棉条桶的标识，防止非有机棉棉条桶混入。

④粗纱管使用专用筒管，与非有机棉有明显区分。

⑤运送有机棉粗纱筒管的小车必须实行专用，运送前必须彻底清洁一次，做好清洁记录。

⑥有机棉粗纱管桶必须在指定区域存放。

⑦粗纱运输车辆实行专用，使用前全面进行清洁，挂上有机棉标识牌，用锦纶布遮好并隔离。

（7）加工有机棉的细纱工序要注意以下几点。

①细纱机在生产有机棉前必须做好清洁工作，清除牵伸区、粗纱架、卷绕部件的飞花、油污等；对细纱罗拉、钢领等进行擦光处理；胶辊、胶圈进行清洗处理；做好清洁工作记录，管理人员签字确认。

②清洁设备时必须使用专用工具，不能混用，防止间接污染。

③生产前仔细核对粗纱筒管标识，防止有非有机棉纱混入。

④细纱筒管使用专用筒管。

⑤运送有机棉细纱筒管的筐必须专用，使用前必须彻底清洁一次，做好清洁记录。

⑥有机棉管纱落纱箱、运输车辆，在使用前做好清洁，应有有机棉标识。

（8）加工有机棉的络筒工序要注意以下几点。

①络筒机在生产有机棉前必须做好清洁工作，清除槽筒、张力片、纱库、插纱锭、电子清纱器、捻接器等纱线通道部位的飞花、油污等，做好清洁工作记录，管理人员签字确认。

②生产前仔细核对细纱管纱标识，防止非有机棉纱混入。

③筒管使用专用筒管，防止非有机棉筒管混入，并有“有机棉”标识。

④管纱小车及纱箱在使用前进行清理，不得有非有机棉纱产品留存。

⑤络筒托板揩清，清除污迹。

⑥运送有机棉管纱的小车，必须专用，运送前必须彻底清洁一次，做好清洁记录。

⑦有机棉管纱必须在指定区域存放。

（9）加工有机棉的打包工序要注意以下几点。

①有机棉产品管纱库专用，有明显的有机棉标识牌，启用前进行全面清洁，有清洁记录。

②管纱运输车在使用前全面清洁一次，防止遗留非有机棉而产生污染，有“有机棉”标识。

③打包车在工作前进行处理，清除一切可能的污染。

④外包装刷唛按规范执行，标明品种。

⑤打包后分区堆放，防止混淆。

七、大豆蛋白纤维纱线开发

大豆蛋白纤维是以榨掉油脂后的大豆豆渣为原料,通过添加功能性助剂,经湿法纺丝而成的再生蛋白质纤维,其生产原理是将豆渣水浸、分离、提纯,通过改变蛋白质空间结构并在适当条件下与羟基和氰基高聚物接枝,制成具有较好成纤性的溶液,再用湿法纺丝制得纤维。

(一)大豆蛋白纤维的性能特点

在大豆蛋白纤维分子结构中,由于蛋白质与羟基和氰基高聚物没有完全发生共聚,通过适当控制蛋白质与羟基和氰基高聚物的分子量,在纺丝过程中可以纺制成蛋白质分布在外层的皮芯结构,并且在纺丝过程中,由于表面脱水,取向较快,纤维表面形成沟槽,形成纤维良好的导湿性能。

大豆蛋白纤维的吸放湿性能好,其周围环境相对湿度发生变化,纤维的回潮率会很快变化。在高温、高湿环境中,该纤维具有良好的吸放湿性能,使得纤维表面保持干爽,从而使其在潮湿的环境中穿着舒适。大豆蛋白纤维制品手感柔软、滑爽,质地轻薄、飘逸,光泽优良。

大豆蛋白纤维体积质量较小,表面光滑、柔软,在纺纱过程中纤维抱合力差,飞花多、疵点多。虽然其比电阻不很大,但纺纱过程中的静电现象还是比较突出的,纤维容易黏附机件,影响正常纺纱。

(二)大豆蛋白纤维的适用产品

根据大豆蛋白纤维的特性,其产品开发以服用面料为主,既可以纯纺,也可与棉、毛、丝、羊绒等纤维混纺。可以利用棉纺系统、毛纺系统及半精纺系统加工,也可以在转杯纺、涡流纺等设备上生产。

纯大豆蛋白织物具有外观华贵、舒适,物理机械性能良好的特点,同时还具有一定的保健功能。大豆蛋白纤维面料具有真丝般的光泽,非常诱人,其悬垂性也较佳,给人以飘逸脱俗的感觉。用低特纱织成的织物表面纹路细洁、清晰,是高档的衬衣面料。

以大豆蛋白纤维织成的女针织衫,色感柔和,既有桑蚕丝织物的天然光泽和悬垂感,又有较强的羊绒织物的外观和手感,保暖性强,穿着透气、导湿、爽身,具有麻织物吸湿快的特点,风格独特,十分适合高温、高湿地区穿着。

已经开发出的大豆蛋白纤维产品有纯大豆蛋白纤维机织产品、针织产品,还有与各种纤维混纺以及与真丝、毛纱交织的针织产品、机织产品等。

(三)大豆蛋白纤维的纺纱要点

1. 纤维预处理 大豆蛋白纤维在纺纱时静电现象比较严重。因此,必须给湿并且加入一定量的抗静电剂,以提高大豆蛋白纤维的抗静电能力。另外,与其他纤维相比,大豆蛋白纤维表面光滑,纤维之间抱合力差,因而需要加抗滑剂,增加纤维之间的抱合力,使之达到纺纱要求。

大豆蛋白纤维预处理时各种助剂的添加量(占大豆蛋白纤维的干重比例)为:水10%、抗静电剂0.6%~0.8%、防滑剂0.2%。大豆蛋白纤维经预处理后的质量比电阻可以达到纺纱要求。

2. 开清棉工序 大豆蛋白纤维和棉纤维相比,细度细,长度长,不含杂,类似化纤,所以开清棉工序应采用短流程工艺，尽量少落或者不落、多松少打，以免过度打击造成纤维损伤、短绒增加、形成棉结等。工艺上相对于加工棉纤维应降低打手速度、减小尘棒间隔距、增大打手与尘棒间隔距等。

3. 梳棉工序 梳棉工序应针对大豆蛋白纤维的特性合理选配锡林、盖板、刺辊、道夫等梳理元件的针布型号与规格，安装固定盖板，保证梳理状态良好，适当增强梳理部件的释放能力和纤维的转移能力，防止纤维缠绕针布。采用胶圈剥棉装量，防止棉网破洞、破边。工艺上针对大豆蛋白纤维细度细、长度长、强力低、卷曲少等特点，适当放大小漏底进口隔距，抬高除尘刀位置并加大安装角度，实现多梳、少落；适当降低刺辊速度，减少纤维损伤；适当放大锡林与盖板间的五点隔距，以减少棉结的产生；根据成纱线密度合理选择生条定量，适当配置棉网张力，以提高生条质量。

4. 并条工序 主要控制好棉条的重量不匀率和条干不匀率。工艺上适当放大罗拉隔距，适应纤维长度；合理分配主、后区牵伸倍数，头并后区牵伸倍数控制在1.7～2.0，二并后区牵伸倍数控制在1.15～1.25，保证良好的纤维伸直度和条干均匀度；因纤维间抱合力差，棉条经并合容易发烂，采用较小卷装，避免条子产生意外伸长而造成细节。棉条通道要光洁，喇叭口偏小为宜，使棉条有一定的紧密度，以增强纤维间的抱合力。“轻定量、重加压、大隔距、低速度”是加工大豆蛋白纤维的并条工艺原则。

5. 粗纱工序 针对大豆蛋白纤维细而长的特点，粗纱捻系数要适中配置，捻系数过大细纱后区牵伸不开，出硬头；捻系数过小，粗纱易发毛，成纱毛羽多。粗纱后区牵伸倍数掌握在1.1～1.2，罗拉隔距适当放大。合理配置卷装参数，防止因纤维表面光滑而容易产生冒纱、脱圈等现象。大豆蛋白纤维预处理添加的油剂在粗纱生产过程中易在锭翼上积聚，影响正常生产，造成锭翼挂花，因此要及时清洁机台。

6. 细纱工序 根据纺纱线密度及质量要求合理选配钢领、钢丝圈，控制细纱张力，减少毛羽、降低断头。牵伸胶辊硬度适中，加压适当加大，采用较小的后区牵伸倍数，以提高成纱条干质量，减少成纱粗节、细节。

7. 车间相对湿度 因大豆蛋白纤维表面光滑、细度细、吸放湿快，对生产环境的变化比较敏感，因此，车间相对湿度的控制是大豆蛋白纤维纺纱顺利进行的重要因素。相对湿度小，易产生静电，飞花严重；相对湿度大，易缠胶辊罗拉，粘缠针布。各工序的相对湿度控制在70%～75%范围内，并要根据生产状况合理调整。

第四节　利用新型纺纱技术开发新产品

一、利用环锭纺纱新技术开发纱线产品

（一）紧密纺产品开发

1. 紧密纺纱线特点

（1）毛羽少。由于紧密纺消除了加捻三角区，使被加捻的纤维须条中纤维头尾端的受控程

度受到很大提高,加捻以后,纱线表面的毛羽得到很大程度的降低。经测试,3mm 及以上有害毛羽可降低 15% ~85%,降低程度与配棉成分、纱线线密度及品种有关。

(2)强力高。紧密纺工艺由于纤维的伸直度好,减少了纤维在加捻过程中的转移幅度,使紧密纱中纤维的紊乱程度降低,提高了纤维承受力的均匀性,降低了拉伸时纤维断裂的不一致性,从而明显提高纱线强力和耐磨性。研究表明,棉纱的最大拉伸强力可以提高 5% ~15%、化纤纱的最大拉伸强力可以提高 10%;同时单纱伸长率和弹性也得到较大改善,普梳纱伸长约提高 10%,精梳纱约提高 15%,羊毛纱及化纤混纺纱可提高约 20%。

(3)条干好。紧密纺工艺中,纤维须条从前罗拉输出后即受到集聚气流及相应机构的控制,须条同时受到轴向张力作用,使得须条中纤维伸直度提高,纱线条干均匀度更好。在高速卷绕过程中,由于经集聚的须条具有更好地轴向耐磨性,经卷绕产生的纱疵明显少于普通环锭纱。加捻后纱线紧密,蓬松度小,毛羽少,表面光洁,外观效果佳。

(4)捻度小。紧密纺工艺可以提高纤维的伸直度,改善纱线的结构,单纤维利用率提高。研究表明,紧密纺纱仅以低于普通环锭纱 20% 的捻度就可以获得相当的强力水平。捻度的降低,在提高纱线产量、增加效益的同时,可使纱线具有柔软的手感及柔和的光泽,纱线风格得以改善。

2. 紧密纺织物特点

(1)外观表现。紧密纺纱线毛羽少、条干均匀、表面光洁,因此,织成的织物纹路清晰、轮廓清晰,织制色织小花纹面料,图案表现丰满、效果好;紧密纺纱线结构紧密,表面光滑,染色性能好,色彩表现力好,织物光泽度好。

(2)机械力学性能。紧密纱的强力高、条干均匀,因此,其织物的断裂性能及撕破强力提高,耐磨性和回弹性也得以改善,织物不易起球,服装的耐久性和免烫性提高;紧密纱的高强度还能补偿织物及服装在后整理加工过程中造成的强度损失,更加适合于一些特殊的整理加工,因此,可开发特色织物及服装。

(3)风格特征。紧密纱捻度小,手感好,其织物风格独特,手感柔软、细腻、悬垂性好。一般来说,紧密纺织物具有较强的丝绸感,穿着的舒适性明显提高。

3. 紧密纺产品的适应性

(1)高档轻薄型机织物、色织物。由于紧密纺技术明显提高了纱线的综合性能,在相同的原料及生产条件下,可以获得更高的纱线条干、强力及外观质量,因此,可以进一步降低纺纱线密度,适应于高档轻薄型机织物、色织物等。

(2)高档针织物。由于紧密纱在降低捻度的同时能保持足够的纱线强力,可在针织加工过程中减少纱线断头,提高生产效率,因此,紧密纱适合于开发柔软性要求较高的高档针织产品。长期以来,由于经编机速度高,对纱线强力和毛羽的要求较高,经编产品用纱大都选择强力高、无毛羽的化纤长丝,紧密纺技术的发展,明显降低了短纤维纱的毛羽、提高了短纤维纱的强力,使短纤维纱在经编产品中得到应用,丰富了针织物的品种,进一步提高了经编产品的服用性能。

(3)起绒类织物。紧密纱由于强力高、耐磨性好,与传统环锭纱相比,紧密纱可减少磨损量

25%～50%，因此，适合开发起圈、起绒织物，使织物或服装的起圈、起绒不易磨损，割绒织物中的纤维不易摩擦掉；由于紧密纱纤维平行度好，起绒织物的绒毛头端能保持良好状态，织物光泽均匀，外观效果好。

(4)代替部分精梳产品。紧密纺技术明显提高纱线综合性能，利用这一特征，还可以用较低等级的原料开发较高质量要求的纱线，有效降低原料成本，提高经济效益；在一定线密度范围内，还能以普梳紧密纺产品取代相同质量要求的精梳纱产品，有效缩短生产流程，提高经济效益。

（二）赛络纺产品开发

赛络纺纱具有类似于股线的优点，粗纱工序采用“中捻度、低速度、重加压、轻定量、大隔距、小后区牵伸”的工艺原则，粗纱定量偏轻掌握，对提高纱条紧密度、强力和改善条干十分有利；提高粗纱捻度，可使成纱断头减少。细纱工序采用合理的粗纱间距，优化细纱捻度、牵伸倍数、锭速等工艺参数对提高成纱强力及其他性能指标十分有利。赛络复合纱的开发有较高的附加值和市场占有率，为了使复合纱的性能更好，及充分体现复合纱的优点和风格，其纺纱工艺参数对成纱质量的影响，有待进一步细致研究和探讨。

开发赛络纺产品，同时喂入细纱机的两根粗纱可以进行多种搭配，如采用两根相同原料的粗纱，成纱具有类似股线的性能，条干、强力等质量指标将比相同规格的普通环锭纱有明显提高；采用两种不同原料的粗纱，经细纱加捻后，两种原料成分在纱线中会呈现某种分布规律，以此可以提高纱线的外观效果及其他性能。如采用绢丝和棉粗纱进行赛络纺纱，通过粗纱间距、粗纱的排布位置、加捻卷绕等参数的合理选配可以获得丝质感更好的丝绵复合纱；采用两种不同颜色的粗纱，成纱会体现出一种新的混色效果，这种色彩效果与不同颜色的纤维进行散纤维混纺及条子混纺所得到的混色效果都不相同，与两种颜色的细纱合股加捻后所表现的色彩效果也不一样。因此，赛络纺的纺纱原理在提高纱线综合性能的同时，也为纱线产品开发提供了新的思路。

（三）赛络菲尔纺产品开发

以一根长丝代替赛络纺中的一根粗纱，即以一根短纤维粗纱和一根长丝相隔一定间距喂入细纱机即形成了赛络菲尔纺，其中的长丝不经过细纱牵伸机构，从前罗拉钳口处喂入。与传统纺纱工艺相比省去了并捻工序，且由于长丝的支撑作用和特殊的纱线结构，可大幅度降低对短纤维粗纱中纤维细度的要求。该方法用于毛纺上，可用中高特羊毛加工低线密度轻薄产品，原料成本可降低50%以上。该类产品风格独特，面料的弹性、抗皱性、悬垂性、透气性、抗起球性、尺寸稳定性等均优于传统纯毛产品。根据赛络菲尔纺的原理，在产品开发上可以通过改变短纤维粗纱的成分、颜色以及长丝的品种、颜色等设计出新颖、有特色的纱线产品。

（四）包芯纱产品开发

包芯纱是指通过芯纱和鞘纱组合的一种复合纱，一般以长丝为芯纱，短纤为外包纤维——鞘纱。其特点是通过外包纤维和芯纱的结合，可以发挥各自的特点，弥补各自的不足，扬长避短，优化成纱的结构。

包芯纱产品的原料来源广泛，各种原料包括天然纤维、传统化纤、新型纤维、功能性纤维、高性能纤维都可应用，产品应用于诸多领域。常见的包芯纱产品开发见表3-3。

表3-3　包芯纱产品一览表

名　　称	外包短纤维	芯纱（长丝）	产品特点
弹性包芯纱	棉、毛、丝、麻、粘胶纤维等	氨纶为主	生产弹力织物，具有舒适、合身透气、吸湿、美观等特点，广泛用于牛仔布、灯芯绒及针织产品；用于内外衣服装、泳装、运动服、袜子、手套、宽紧带、医用绷带
包芯缝纫线	纯棉或涤纶	高强高模低伸涤纶	高强度、高耐磨、低收缩，适用高速缝纫机；棉包芯纱可防静电及热熔
烂花包芯纱	棉、粘胶纤维	涤纶、丙纶	经特殊印花工艺，除短纤后布面呈半透明，立体感花纹，广泛用于装饰用布，如窗帘、台布、床罩等
新型纤维包芯纱	竹浆纤维、彩棉、有色化纤等	涤纶为主	充分发挥新型纤维的表观视觉效果及手感柔软、吸湿、排湿等性能
中空包芯纱	棉、粘胶纤维等	水溶性维纶	包芯纱经低温溶解长丝后成中空纱，具有蓬松、柔软、富有弹性、优良的吸湿吸水性和保暖性的特殊效果
抗菌防臭包芯纱	抗菌防臭功能性纤维	涤纶等	抗菌防臭用于制作内衣、袜子及其他卫生用品
紫外线、微波屏蔽包芯纱	纯棉、粘胶纤维	金属纤维长丝	能屏蔽紫外线、微波，军用、民用很有前途
远红外包芯纱	纯棉等	远红外功能长丝	能发射远红外光谱，具有保健功能

随着人们生活水平的提高，消费者对纺织品的要求从原来的重视强力、耐磨、挺括等一般实用性转向强调外观、手感及功能，因而纺织品会逐步向个性化、功能化和安全舒适等方向发展。但至今还没有一种纤维堪称十全十美，完全满足人们对衣着的要求，而包芯纱由于其特有的皮芯结构，使其兼具了两种不同组分的特点。因此，由不同原料复合而成的具有特殊功能、手感、外观的包芯纱，将具有广阔的市场前景。

二、利用新型纺纱方法开发纱线产品

（一）转杯纺产品开发

1. 牛仔布用转杯纱　转杯纱在粗特纱领域的生产速度比环锭纱高10倍以上，其独特的纱线结构非常适合牛仔布的要求。因此，用转杯纺生产牛仔布用纱，具有显著的经济效益。转杯纱的条干均匀度比环锭纱好，转杯纱的耐磨性比环锭纱好，转杯纱蓬松，染色鲜艳，已成为生产牛仔布的最佳用纱。

牛仔布属高粗高密织物，布面要求平整光洁、织纹清晰、纹路挺直、色泽均匀、具有立体感。因此，牛仔布用纱要求具有较好的条干均匀度、足够的强力和弹性、较好的染色性能等。牛仔布对转杯纱的具体要求见表3-4。

表3-4 牛仔布对转杯纱的具体要求

指标项目		单位	线密度(tex)		
			97 84	58 48	42 36
单纱断裂强度	经纱	cN/tex	>10.5	>10.3	>10
	纬纱	cN/tex	>9.7	>9.5	>9.3
单强变异系数		%	<12	<12	<12
百米重量变异系数		%	<3	<3	<3
黑板条干均匀度		级	全部一级以上	全部一级以上	全部一级以上
条干均匀度变异系数		%	<12.5	<13	<13
棉结杂质		粒/g	<45	<45	<45
百米重量偏差	每批	%	±2.8	±2.8	±2.8
	月累	%	±0.5	±0.5	±0.5
捻系数	经纱		420-270	420-270	420-270
	纬纱		360-410	360-410	360-410

注 1. 经纬纱都经过定捻处理。
2. 采用球经染色工艺的经纱宜选用较大捻系数。

2. 废纺转杯纱 由于转杯纺对原料的要求不高，纺纱过程产生的回开棉、再用棉，以及纺织品加工、服用过程中产生的再用纤维等，经适当处理及合理配棉后，都能生产高特转杯纺产品。

回开棉即回丝开松棉，纤维长度偏短，长度在10~26mm之间的纤维最多，16mm以下的短绒在40%左右。回开棉的含杂低，一般在0.5%左右，因经历了过多的开松打击作用，纤维疵点比较多，尤其是棉结多，并含有1%左右的残留回丝。回开棉比较蓬松。回开棉用于转杯纺，配棉比例可以用到50%~70%，其余使用相当的原棉进行混配，适纺纱线线密度在80tex左右。

再用棉包括开清棉工序的统破籽、梳棉落棉、精梳落棉等，质量差异大。统破籽经处理后的落杂、开清工序经尘笼排出的地弄花、梳棉工序的车肚花、条粗工序的绒板花、粗细纱工序的绒辊花以及后加工的回丝等下脚原料，经专门的拣净、开松、除杂后，可用于转杯纺纺纱。精梳落棉中有效纤维含量可达80%左右，纤维含杂少，开松较好，16mm以下短绒含量达到65%左右。精梳落棉用于转杯纱时不用特殊处理，可直接使用。

由服装厂裁剪剩下的边脚布料经开松系统加工后产生的再用纤维也可以用于转杯纺系统。这类纤维的特点是纤维种类繁杂，强力低、强力差异大，短绒率较高。纤维最长35mm左右，最短10mm左右，平均长度24mm左右，离散度26%左右；纤维最粗0.64tex左右，最细为0.32tex左右。平均线密度为0.46tex左右，离散度为32%左右；纤维最大强力为5.2cN左右，最小强力2.2cN左右，平均强力3.82cN左右，离散度为73%左右；16mm以下短绒率为20%左右，单纤维率约为64.7%，其余为单纱头或束纤维。因为再用纤维长度短，长度差异大，短绒率高，单纤率低，纺纱过程十分困难。为了提高再用纤维的可纺性，一般加入20%~25%的载体纤维，例如，低级原棉、涤纶或粘胶纤维。载体纤维的加入，有效提高了纤维的平均长度，大大改善了可纺性。再用纤维生产转杯纺产品，成本低，一般用于生产副牌纱，质量要求不高。

3. 精梳转杯纱 传统的转杯纺纱产品大多数是高特普梳纱。这是因为转杯纺适合比较次的纤维，而且高特纱经济效益比较好。但随着转杯纺纱机转速的不断提高，以及市场对转杯纺产品需求的不断提高，要求转杯纺所纺纱线密度越来越细，精梳转杯纱由此产生。精梳转杯纺的特点是：

(1)可纺低特纱。精梳棉条的含杂率低，使纺纱杯凝聚槽内的积杂显著减少，纱线强力高，为生产低特纱创造了条件，最细可生产10tex的纱线。

(2)断头率下降。使用精梳棉条，使转杯纺纱的断头率显著减少，极大地提高了机器的工作效率。使用精梳棉条纺22tex的纱，千锭时断头率可保持在40个左右。断头率低则停机次数少，停台时间少，接头次数少，机器工作效率高。

(3)纺杯速度提高。使用精梳棉条，可以使纺杯速度高于纺粗梳棉条，而纺纱性能并不受影响。纺杯速度的提高意味着引纱速度的提高，即单位时间内产量的提高，因此经济效益也得以提高。

(4)纺纱捻度可减少。对于针织物的用纱，手感柔软是一个重要的特性，较低的纱线捻度总是受欢迎的。采用精梳棉条，纺杯凝聚槽中不会积聚很多杂质，因而纺纱捻度可以减少。较低的成纱捻度不会增加纱线断头，明显增加了机器的工作效率。

(5)可使用较小的纺杯凝聚槽。纺杯的凝聚槽角度或半径越小，纤维凝聚越紧密，纱线的强力越高。但小角度或小半径的凝聚槽容易积聚杂质，当凝聚槽中积满杂质时，纱线质量明显下降。采用清洁的精梳条子，就可以使用较小的纺杯凝聚槽，生产细特高强纱。

采用精梳转杯纺工艺时，纱线和织物质量将明显提高，同时，在保证成纱质量的前提下，还可以降低配棉等级。

4. 低捻起绒用纱 一般转杯纱是粗特纱，比较适宜生产粗厚起绒布和起绒毯。由于转杯纱的表面有缠绕纤维，而且捻度比环锭纱大20%～30%，所以转杯纱比环锭纱难起绒，而且起绒效果差，绒面不丰满，外观效果和手感比较差。为了满足起绒的要求，就要降低捻系数。当捻系数降低后，纱线强力下降，如果不采用一定的技术措施，就会造成断头率上升，成纱质量波动。因此，起绒转杯纱的关键是降低捻度。

(1)选用假捻效应大的假捻盘。生产低捻起绒转杯纱时，因为纱线捻度低，传到凝聚槽中剥离点处的捻回少，纱线动态强力低，因此，断头严重。解决这一问题比较有效的方法是使用假捻效应大的假捻盘。使用刻槽的假捻盘，对降低断头率非常有效。另外，选用表面摩擦因数大、直径大、孔径大、包围弧大的假捻盘，假捻效应可以有效增加。

(2)纺纱杯转速的选择。纺杯内纱线的张力与纺杯转速的平方成正比。由于低捻纱的强力低，所以纺纱杯转速的提高对纺纱断头率的影响非常显著。纺低捻纱应适当降低纺纱杯转速，并且尽量用直径比较小的纺纱杯。

(3)分梳辊转速的选择。当纺杯转速比较低时，分梳辊转速也应略低一些。

(二)喷气纺产品开发

1. 适纺原料 喷气纱主要是包缠结构，因此对纤维的要求如下。

(1)一定长度，刚性不宜过大，能起到足够的包缠效果。

(2)纤维包缠后,纱的强度主要来源于纤维间的摩擦力和抱合力,因此纤维表面要有一定的摩擦性能(即摩擦因数不能太小)。

(3)适纺纤维:棉型化纤及51mm以下中长纤维的纯纺或混纺。以涤纶为例,可以生产的喷气纺产品有T/C(涤/棉)、T/R(涤/粘)、T/A(涤/腈)等,与棉混纺的倒比例极限值为T/C(40/60)。

2. 适纺线密度 喷气纺有别于其他新型纺纱的特点是比较适合纺中、低线密度纱。

3. 喷气纱的优势产品

(1)低线密度纱合股:由纱的结构决定了股线质量比环锭合股好,股线均匀、强度高,合股后强度增值比环锭合股的强度增值大。

(2)包芯纱:由于喷气纺的成纱机理是假捻→退捻→包缠成纱,因此纺包芯纱时包缠牢,不易剥离,质量比环锭包芯纱好。

(3)磨绒织物:由于喷气纱的短毛羽多,经磨绒不会损伤纱的基体,短毛羽磨起,布面强度损失少,绒面平整、坚牢。

(4)色织物:因纱的直径粗,纱体蓬松,上色效果好,染色鲜艳。

4. 产品领域 根据喷气纱的特点,可开发具有独特风格的新产品。喷气纱既能做机织产品,又能做针织产品。比较适合的有以下类型。

(1)床上用品。主要有床单、被套、床罩、枕套等,有漂白、染色、印花等式样。利用喷气纱条干好、硬挺的特点,制织涤/棉床单类产品,可以获得布面匀整,手感厚实、挺括的效果。而且因短毛羽多,棉型感强,外观丰满,同时具有一定的吸湿性。由于喷气纺纱经清纱装置直接成筒,后道工序加工中的整经、织造断头率降低一半以上,下机一等品率提高4.3%,织机产量提高5%,故织造经济效益有明显提高。如果喷气纱供有梭织机使用,则希望与环锭纱交织使用,即经纱使用喷气纱,纬纱使用环锭纱,其产品风格优于经纬纱均采用喷气纱或环锭纱。

(2)外衣或风雨衣。利用喷气纱织物的良好透气性,制作外衣或经防水处理后作风雨衣,厚实、挺括、透气性好,耐磨性好,无论手感、外观、服用舒适性均优于环锭纱织物。

(3)仿麻类织物。利用喷气织物的硬挺、粗糙等特点,将其加工成仿麻类织物尤为合适。可加工成夏令童装、衬衫等服装,既挺又耐磨,衬衫领口不易磨坏起毛。若经提花织造、染色印花处理,具有色泽鲜艳、耐磨、立体感强等优点。

(4)股线织物。若制成工作服,其耐磨等服用性能优于环锭纱织物。

(5)薄型织物。利用喷气可纺低特涤棉混纺纱、喷气纱摩擦因数大和吸湿性较好的特点可制织夏季衣料和装饰织物。又如改变织物组织,可加工仿丝绸类产品,如绉组织。

(6)磨绒类产品。根据喷气纱短毛羽多,经磨绒不会损伤纱的基体,绒面平整、坚牢的特点,加工的磨绒类产品风格独特、性能优良,可以制作床上用品、冬季睡衣套等。用普梳涤/棉纱与长丝交并,织物经磨毛处理,色泽鲜艳,毛型感强,宜作春秋女衣裙。

(7)针织品。由于喷气纱包缠捻度稳定,故针织性能好,针织物不易歪斜,且条干好、条影少。唯手感较硬,宜作运动衣和外衣,如作内衣需作软化处理。

(8)烂花布。用短涤包芯纱制织烂花布,烂花处没有长丝反光发亮的缺点。

(9)仿毛花呢。利用短毛羽多、吸湿性好的特点,涤/棉与长丝交并,制成仿毛花呢,色泽鲜艳，毛型感强，用涤/粘喷气纱可制成仿毛花呢。

(10)缝纫线。用1.22dtex(1.1旦)或1.33dtex(1.2旦)涤纶纺7.3tex纱再加工成股线，可作强度高、万米无接头的高速缝纫线。

(三)涡流纺产品开发

1. 适纺特数　涡流纺适宜于纺较粗的纱，一般不低于20tex(29英支以下)。对于较细的纱，由于断面内的纤维根数少，纱条的不匀情况很明显，纺制比较困难。

2. 涡流纺适纺纤维品种　涡流纺主要适用于38mm以上的化纤纯纺或混纺，棉纤维只能少量混用。由于涡流纺的纤维伸直度较差，若纤维较长，整齐度好，则纤维间产生较好的抱合作用，有利于提高成纱强力。随着涡流纺设备和工艺技术的不断发展，纯棉产品的开发也获得一定程度的进展。

3. 涡流纺的产品品种　涡流纱产品主要有以下几类。

(1)装饰织物：如用提花织机织造沙发套、台布、靠背、门帘、壁毯等。

(2)针织织物：如用98tex涡流纱在大圆机上制成筒子绒，可制作卫生衬衫裤、厚绒运动衫裤，也可做成儿童套装和拉毛围巾等。也可用涡流纱在横机、圆机上加工并起绒制成外衣、童帽、罗纹弹力衫等。

(3)机织织物：利用高特线密度涡流纱可制仿毛花呢、雪花大衣呢、法兰绒、西服条花呢等。利用中特线密度涡流纱可生产平纹色织布、印花布、条子或格子及条格结合的色织布、小提花织物等。

(4)产业用织物：利用涡流包芯纱织造矿用输送带芯。波兰大多数煤矿都采用134tex的长丝作纱芯，外包40%棉，供织造运输带。

涡流纺纱机上的筒子为平行筒子，可以倒筒做成松式筒子供染色用。不同的纱线色彩，为产品多样化提供有利条件。

涡流纱应用较多的是供针织或机织的起绒织物。如用38mm长的化纤(腈纶、氯纶、粘胶纤维等)，纺制49~97tex(6~12英支)纱，供针织起绒产品之用，如绒衣、绒裤、沙发布、家具布、围巾、靠垫和台布等。用3.3dtex×65mm(50%)、6.6dtex×65mm(50%)纯腈纶纺185tex(3.2英支)纱，织成涤/腈提花毛毯。这些织物起绒后绒面平整度、落毛率和耐毛牢度均优于环锭纱制成的起绒织物，色牢度达到环锭纱和转杯纱的产品水平，又因涡流纱较蓬松，所以产品手感柔软，保暖性好。此外，在涡流纺纱机上还可纺制包芯纱及各种花式纱线。如氨纶包芯纱纬弹靛蓝劳动布，用氨纶长丝为心，外包棉纤维。使用扁平的涤纶长丝做芯纱，用243tex(2.4英支)的短纤维条包覆制成包芯纱，用以制成工业运输带，价格可比环锭纱或转杯纱的织物便宜。

(四)摩擦纺产品开发

摩擦纺具有适纺范围广，可纺棉、毛、麻、丝等天然纤维和涤纶、锦纶、腈纶、丙纶、氨纶、粘胶等化学纤维和再生纤维，还可纺如碳纤维、芳纶等功能性纤维，也可用于玻璃纤维、金属丝等纺纱；更可利用下脚纤维及低档原料纺制高特线密度纱。摩擦纺的另一特点是能纺制多种包芯纱，如用复丝、单丝、弹力丝、氨纶丝作为纱芯的包芯纱均各具特点。

摩擦纺的纺纱品种比较多，用多根不同性质的纤维条，或不同颜色的纤维条喂入，加上改变色条的喂入位置，可以获得色彩变异的花色纱；在成条之前先撒入带色的结子或有色纤维，经牵伸喂入尘笼的凝集区，便成为结子纱或带色彩的纱；用高特长丝或低捻纱超喂作为饰线，同时喂送长丝作芯线，与经分梳辊处理后的单纤维在尘笼凝集区加捻、固结而直接纺得圈圈纱；加装由程序计算机控制的带有电磁离合器的牵伸装置，间歇地向纺纱区添加包覆纤维，制成竹节纱等。

在产品开发中，应充分发挥摩擦纺的优势，扬长避短。应特别重视利用下脚等低级原料，开发传统纺纱方法不易纺制或无法纺制的风格独异的产品，做到以廉取胜，提高经济效益。

摩擦纺纱的产品用途可分为：起绒织物、服装用织物、装饰用织物、产业用织物和废纺产品等五大类。这些产品花式新颖别致，产品风格独特，价廉物美。

1. 起绒织物 采用的原料有羊毛、腈纶、涤纶、丙纶等长丝及下脚纤维，纱的线密度范围一般为 200 ~ 833tex，最细可达 100tex。产品用途有毛毯、汽车用毯、旅游用毯和电热毯等。

毛毯织物的产品风格要求是：具有良好的保暖性，丰厚柔软的手感，良好的弹性及蓬松性能。摩擦纺纱的纱线结构正好适应上述要求。一方面，摩擦纺纱的捻度结构是纱芯和里层捻度大，外层捻度小，这种结构具有良好的起绒效果；另一方面，由于摩擦纱的蓬松性好（其纱的体积约比同特数环锭纱增大 50%），使纱和织物的表面丰满、富有毛茸。摩擦纺成纱蓬松性良好的原因是由于纤维的凝聚和加捻过程都具有随机性，纱线中纤维的伸直度和平行度较差。

毛毯用纱一般都用高特摩擦纺纱，高特摩擦纺纱产品开发实例见表 3 - 5。

表 3 - 5 高特摩擦纺纱产品开发实例

线密度（tex）	原 料	用 途
333.3	涤纶长丝 167dtex	毛毯用
	腈纶下脚	
833.3	涤纶长丝 167dtex	毛毯用
	腈纶下脚	
400	腈纶 3.3dtex × 60mm（50%）	毛毯用
	腈纶 6dtex × 60mm（50%）	
250	涤纶 167dtex	家用织物
	棉短下脚	
833.3	涤纶长丝 167dtex	家用织物
	棉下脚	
192.3	丙纶长丝 450dtex	地毯纱底布
	丙纶短纤 2.8dtex × 60mm	
192.3	丙纶短纤 2.8dtex × 60mm	过滤织物
	丙纶长丝 650dtex	

产品实例如下：

（1）用不同特数，长度为 15 ~ 80mm 的各种再用腈纶混和纺制成 294tex 的毛毯纱。纺纱速度 120m/min，单产 1.95kg/（头·h）。

(2)用下脚腈纶和涤纶混纺制成182tex纱,用作电热毯。纺纱速度180m/min。

(3)用100%有色腈纶下脚料,平均长度为45mm,平均线密度0.43tex,纺制263tex毛毯用纱,做大提花毛毯的起绒纬纱。

2. 服装用织物　用摩擦纺纱机可开发粗纺呢绒和针织物两类产品用纱。

(1)粗纺呢绒用纱:粗纺呢绒用作外衣面料,要求表面毛茸,手感丰满柔软,有良好的弹性及保暖性能。摩擦纺纱机可纺制各种花式纱线,可增加粗纺呢绒的花色品种并满足粗纺呢绒用纱的风格要求。

毛和化纤的下脚料都可用于摩擦纺纱机纺制粗纺毛纱,涤纶长丝废料也可以利用。用氨纶长丝喂入摩擦纺纱机作为芯纱,还可以纺出用于弹力织物的纱。

产品实例如下:

①用90%再生毛与10%合成纤维纺制110~250tex毛纱,用于粗纺呢绒。

②以毛涤纱和涤纶长丝为芯纱,涤纶为包覆纤维,可纺制111tex的粗纺毛纱。

③以氨纶长丝为芯纱,棉纤维为包覆纤维可纺制59tex经纱,织造弹力粗斜纹布。

④用低捻腈纶纱为芯纱,涤/棉纱为"饰纱",成纱外观为毛圈状,织造人字粗花呢,呢面具有立体感,色泽鲜艳,别具一格。

⑤以5tex涤纶长丝为芯纱,用60%精梳落毛和40%棉型涤纶作为包覆纤维,纺制48tex包芯纱,与涤/粘中长纤维纱线交织,做成人字呢。

(2)针织用纱:摩擦纺成纱的捻度较大,手感较硬,与针织用纱要求手感柔软,弹性好相矛盾。但只要合理选配原料,选择恰当的工艺参数,利用摩擦纺纱独特的纱线结构,开发新品种的针织用纱是极有潜力的。

摩擦纺成纱具有分层结构,可根据针织产品要求做成不同结构的新型纱线,如使用不同质量的毛纱时,喂入毛条时将优质毛条排在右端,成纱后位于纱的外层,可以改善成纱手感和质量。

摩擦纺成纱的捻度分布,内层高而外层低,做兔羊毛针织用纱很有利:内层捻度高,毛纱可达一定强力;外层捻度低,则有利于后整理缩毛处理,使织物表观厚度大、绒面丰满、蓬松度和保暖性好。

产品实例如下:

①以羊毛/兔毛/锦纶为70/20/10的比例,纺制100tex兔羊毛针织用纱。可根据不同的需要使用低档次兔毛开松后混和,或使用少量澳毛提高档次,这样摩擦纺纱的成本就低于同特的环锭纺毛纱。

②用兔毛30%与腈纶70%,纺制成100tex毛纱。可采用有色腈纶按需成条,与兔毛混纺成不同色泽的毛纱,编织成衫后,不需染色,可降低产品成本。

③采用粘胶纤维包覆在麻纤维的外层,或丝纤维包覆在麻纤维的外层,喂入纱条时将粘胶纤维(或丝)排在纱线出口端,成纱后粘胶纤维(或丝)置于纱线外层,可改善粘/麻或丝/麻纱的刺痒感。

④用罗布麻60%和棉40%纺制26.5tex针织用纱,可用于T恤衫、汗衫等。

⑤用涤/棉纱为芯纱，用63%的羊毛（大部分为下脚料），30%腈纶下脚料和7%粘胶纤维作为包覆纤维，纺制143tex毛/腈有芯混纺纱，做棒针绒线。

用羊毛/兔毛/锦纶为70/20/10的环锭纺粗纺针织毛纱与同特摩擦纺针织毛纱在同一台横机上织成毛衫，其产品风格与服用性能对比（表3－6）。

表3－6　环锭纺针织物与摩擦纺针织物性能对比

试样		环锭纺	摩擦纺
保暖率（%）		63.2	71.1
耐光牢度（级）		3	3
耐磨牢度	干	4	4
	湿	2～3	4

由于摩擦纺的纱线捻度偏大，纱的刚性较大，在针织横机上退纱时易产生自捻打结的现象，编织前可对毛纱进行预热定型处理。

3. 装饰用织物　装饰用织物以装饰、美化环境作为产品的主要用途。因此其织物更加注意表面效果，力求产品风格粗犷、色彩鲜明、悬垂效果好、立体感强。摩擦纺纱机具有纺制花式纱线、高特及超高特纱的功能，加上独特的纱线结构，使它的产品适用于品种繁多的装饰织物。

（1）地毯用纱。地毯用纱要求厚实饱满，有良好的缩绒性能，优良的弹性，并具有防腐性和吸湿性。摩擦纺成纱由于外层捻度小，外观蓬松，因而可以较好地满足弹性和缩绒性的要求。采用抗腐蚀性较好的纤维，可纺制地毯底布用纱。

产品实例如下：

①以丙纶长丝为芯纱，用棉或粘胶纤维做包覆纤维，可纺制130tex的丙纶包芯纱，做低档地毯的底衬。

②用13tex棉纱做芯纱，用50%黄麻、50%低级棉做包覆纤维，可纺制1000tex的垫毯用纱。垫毯用手工钩编。

（2）窗帘布用纱。窗帘布要求耐光、防尘、隔音、保暖、色彩鲜艳明快、图案纹理立体感强。

摩擦纺纱手感柔软蓬松，通过改变不同颜色纱条的喂入位置，可纺制出色彩变化神奇的花色纱线；还可在成条之前撒入带色的结子或色纱，纺出结子纱或彩色纱、竹节纱等，织成窗帘布。产品花纹典雅随和，立体感强，具有环锭纱和转杯纺纱都无法比拟的优势。

产品实例如下：

①用1.7dtex的腈纶（长38mm），纺制208tex的化纤纱织制装饰窗帘布。

②用直径20～30μm的羊毛纤维作为包覆纤维，以玻璃纤维长丝为芯纱，纺制208tex包芯纱织制窗帘布。

（3）贴墙布用纱。贴墙布要求色泽柔和、富有立体感、吸湿性好、防腐耐污。将原棉与腈纶或粘胶纤维混纺，制成吸湿性能好、富有立体纹理的贴墙布用纱。纺制出的纱线整成纱轴后，在浆槽中上黏合剂，再用墙纸胶压机将纱线压粘在大幅的墙纸上，经烘干后成卷。

产品实例如下：

用下脚棉和再用腈纶纺制100～333tex棉腈混纺纱，排列密度为6～12根/10mm。

(4)家具覆盖织物用纱。家具覆盖织物要求光滑平整、不易折皱、颜色鲜艳、耐磨性能良好。摩擦纺成纱的条干均匀度好，可使外观平整；又因纱线伸长率较大，可抗折皱；各式花式纱线可使织物色彩缤纷；但织物的耐磨性较差，可以通过工艺调整，改变外层纤维品种来改善纱线的表面结构，改善织物的耐磨性。

以沙发用布为例，沙发用布要坚固厚实、毛型感强、透气性好。可以用13tex涤/棉纱做芯纱，用30%羊毛和70%腈纶做外包纤维纺制100tex混纺包芯纱为纬纱，经纱为纯棉线，交织成提花沙发用布。产品在织物结构设计上要体现纬纱浮点较多，使布面富有立体感、雅致大方。

4. 工业用布和特种性能用布

(1)过滤布用纱。由于摩擦纺成纱具有较好的均匀度，里紧外松的纱线结构，可以使过滤布具有均匀和立体的多层过滤效果。

产品实例如下：

①用1.7～3.3dtex、40mm长的粘胶纤维纺制1000tex过滤布用纱。

②将棉、粘胶纤维、丙纶在高特摩擦纺纱机上纺制成混纺纱可做工业过滤器。纱的特点是具有较大的体积(比环锭纱大10%～25%)，使过滤器具有较高的过滤效果。

③用2.8dtex、长60mm的丙纶短纤维，包覆650dtex的丙纶长丝制成192tex的包芯纱，织成过滤织物。

(2)特种性能用布。摩擦纺纱的优点是适用原料范围广，对原料的可纺性能要求不高，因而可纺制具有特种性能的纤维。如高强度、防腐、防寒、绝缘、阻燃纤维，还可以纺制碳纤维、陶瓷纤维、玻璃纤维、金属纤维等原料，织制成特种性能用布。如消防服装、绝缘布、轮胎帘子布、运输带、制动器和离合器垫片等。以凯夫拉纤维为例，它可适应+180℃高温和-190℃低温，还具有良好的耐化学性能和较高的抗伸长特性，因而在许多方面可取代石棉。

5. 废纺织物　粗特摩擦纺纱机在使用低级原料和纱厂下脚料及无梭织机的布边下脚料等方面具有很高的经济效益。可纺纤维可以短至10～20mm，芯纱用废棉纺纱或长丝，也可喂入纤维条。这种摩擦纺成纱由于混和用料十分廉价，且前纺设备简单、产量高、效率高和卷装大等因素，使纺纱总成本大大降低。

废纺的摩擦纺成纱因其特有的纱线结构—里紧外松及纱芯捻度大，外层捻度较小，而特别适用于清洁布、拖布等。由于纱线外层纤维抱合较松，所以具有较高的吸湿和吸尘能力。它对小灰尘和绒毛具有优异的收集和吸附能力，且吸水速度很快。

美国和法国都用100%的棉下脚或粘胶纤维下脚料纺制500～1000tex抹布用纱。甚至可用无梭布机切下的布边直接纺制成纱，即将2～6根布边喂入，同时喂入一根长丝做纱芯或喂入一根做外包纤维用的粗纱，制成废纺包芯纱，用于地毯纱或织制成抹布或窗帘布等。

(五)自捻纺产品开发

自捻纺采用的原料范围较广，无论是天然纤维或化学纤维，纯纺或混纺，只要纤维长度较长、刚性不大都可在自捻纺纱机上加工。纺制不同原料的品种时，除了牵伸工艺参数要进行适当调整外，其他部分无需改变，且自捻纺产品翻改方便，既适于小批量生产，又适合大批量生产，自捻纺还能生产一些传统环锭纺难以适应甚至不能生产的产品。

由于自捻纱加捻原理的特点及纱条捻度分布不均匀性，自捻纺纱不适宜加工棉及棉型化纤。自捻纺纱适纺原料长度一般为60～230mm，而在这个长度范围内，纤维越长越容易纺纱。所以目前自捻纺主要用于中长纤维纺纱及精梳毛纺，且羊毛不可太粗，一般品质支数在58支以上。自捻纺的主要产品有以下几种。

1. 膨体腈纶类 这是生产量最多的一类自捻纺产品，包括服装用布、装饰用布、围巾、毛毯、枕巾、披肩、毛巾等。这类产品采用膨体腈纶为原料，一般在化纤厂经牵切拉断直接成条。来自化纤厂的膨体腈纶牵切条俗称混和条，即由40%高收缩纤维和60%正规纤维组成。在纺成自捻纱线后经汽蒸处理，其中高缩纤维回缩，正规纤维便蓬松膨胀，形成既丰满又柔软的腈纶膨体线。膨体腈纶类产品大多为17tex/4(2ST)T自捻线，是在自捻纺纱机上将两根ST纱，通过第二次一定相位的汇合直接进行并纱，然后又通过捻线机的少量追捻纺成的。因为是四股并合，纱线均匀度好，加上其(2ST)T结构，追捻无需经过退捻再加捻，有利于克服自捻纱线的弱点，而且由于追捻捻度少，手感较理想。四股自捻线截面结构松紧一致，吸色深且均匀。这类产品的线密度一般要求较高，经拉毛、起绒等处理后，由于自捻纱线捻度分布不匀所引起的织物表面条干不匀及反光效应不甚理想等，都能得到一定程度的掩盖。腈纶膨体自捻纱线可用于装饰用布(窗帘布、沙发布等)、服装用布(粗花呢、花式呢等)、围巾、毛毯、枕巾、毛巾被、披肩巾等。

腈纶膨体自捻线的各类产品，都有一个毛型感要求，在这方面与环锭产品相比还是有差异的，除了要从自捻纱线结构方面采取措施外，不改变或尽量少改变腈纶牵切混和条中的纤维长度将会有好处。采用再割来减短纤维长度，主要是为了适应现有中长自捻纺纱机的超大牵伸机构。从发展来看，应设法使牵伸机构去适应纤维长度以及合理解决喂入条子的定量问题。

2. 色纺中长化纤类 色纺中长化纤产品是由中长化纤经原液染色后纺制的自捻纺产品。中长化纤包括涤纶、腈纶与粘胶等化学纤维，一般是几种化纤混纺。在自捻纺纱中，应根据产品品种的需要选择混纺纤维的种类与比例，在纤维的性能上主要考虑纤维的长度与细度。

选择纤维长度时，应考虑中长散纤维要经过传统的棉纺前纺设备的加工，平均纤维长度应在76mm以下，否则现有的梳棉机工艺等难以适应。但也不能过短，若短于60mm，则由于自捻纱有无捻区，自捻纱强度就会过低而增加自捻纺与捻线追捻加工中的断头。国内大量的实践证明，用于自捻纺的中长化纤，其纤维长度应控制在65～76mm的范围内，适当增加纤维长度可以使自捻纱(ST纱)及自捻线(STT纱)的强度等指标明显改善。所以，配有独立前纺设备的中长化纤自捻纺车间，均已把纤维长度控制在71～76mm，但有些中长自捻纺车间因与环锭中长合用前纺，纤维长度仍为65mm左右，其纺出自捻纱线的强度等指标就偏低。通常，涤纶、粘胶等中长纤维大多采用平切(等长)，纺纱时，应将两种以上长度不同的纤维混用，不要采用一种等长纤维。自捻纺用中长化纤的细度，应以每根单纱条断面内纤维平均根数不少于35根为宜。不同原料混纺时，与传统纺纱一样，纤维可以粗细不同。

色纺中长化纤类自捻纺产品可用来生产低特全涤派力司、纺毛花呢、啥味呢、法兰绒、银枪大衣呢、丝毛呢以及针织产品等。

3. 羊毛类　根据纤维的长度来看,自捻纺可以用于毛纺,但发展并不是很快。主要原因可能是毛纺产品的原料成本在产品总成本中占的比重很高,且一般属于高档产品,由于自捻纱在质量上有某些缺陷,难以提高产品的质量和档次,故在毛纺上的应用受到一定限制。用于自捻纺的毛纤维原料一般要满足下述两项要求。

(1)若采用纯毛纺,则单纱条断面内平均纤维根数应不少于37。一般讲,用于毛精纺织物的毛纤维细度应在26μm或更细。但粗羊毛也可以通过自捻纺做地毯、装饰布等产品。若用毛与化纤混纺,则单纱条断面内平均纤维根数应多于35。

(2)用于自捻纺的毛纤维平均长度应在60mm以上,短于20mm的纤维含量应在10%以下。

目前,除长毛绒外,还很少用纯羊毛纺自捻纺精纺产品,大多采用毛与化纤混纺,如毛/涤、毛/锦粘花呢等,自捻纺支数大多为公制9.7tex×2~16.2tex×2(36公支/2~60公支/2),但也有供衬衫料用的高达10tex×2(100公支/2)的自捻纱线。国内曾生产过三股自捻纱毛涤花呢,通过三根单纱条的相位差调节,在一定程度上克服了自捻纱结构上的缺陷,加上便于多种颜色搭配,风格新颖,具有立体感。同时,还生产过涤粘疙瘩纱钢花呢,在成品表面分布着彩色疙瘩点子,既可掩盖自捻纱的反光不匀,又可使成品别具风格。

4. 苎麻类　苎麻是我国的特产,做夏季衣料有良好的服用性能。按自捻纺纱的要求,苎麻纤维的长度是足够的,苎麻纺纱工艺在采用精梳以后,纤维整齐度也能满足要求,但苎麻纤维的细度不太理想,而苎麻纱用作夏季服装料又要求支数高,这是一个矛盾。即使有些地区生产的苎麻纤维线密度较低,可达0.53~0.56tex(1800~1900公支),但根据自捻纱每根单纱条中纤维根数要达40左右这一基本要求,其纯纺的纱支范围也有限。再由于苎麻纤维的刚性大、抱合力差,因此,必须采用苎麻纤维与涤纶等化纤混纺的方法。一般使用的混纺比例为30∶70(苎麻∶涤纶),若采用经碱变性处理的苎麻纤维,因其伸长、勾接强度与卷曲度、抱合力等性能都有改善,在纺10tex×2(100公支/2)麻涤自捻纱时,苎麻纤维的混用比例可提高到40%。自捻纺纺苎麻,主要生产麻涤夏季衣料,纺纱线密度在10tex×2~11.9tex×2(84公支/2~100公支/2)。

由于传统苎麻纺的环锭工艺,生产水平相对于棉纺还有一定差距,故在苎麻纺中采用自捻纺的经济效果更为显著。采用自捻纺能提高麻涤的可纺支数及增加苎麻纤维的混纺比例,用以织造更为凉爽的高档夏季服用衣料。自捻纺纺出的麻涤纱比环锭麻涤纱毛茸少,小白点少,布面光洁,这对苎麻织物是很可贵的。自捻麻涤线的强力低于环锭,但织物的质量不相上下。

麻涤织物都是浅色、细薄产品,故应注意自捻纱线结构缺陷在布面上的反映。除选择好自捻纱和自捻线的捻度外,还应注意织物结构与组织的选择,可以采用提花、变化平纹、隐条、隐格以及印花等设计,以凸显麻类织物的风格特征。

5. 维纶类　用自捻纺生产的维纶产品,经试验研究成熟的主要是农用塑料管和三防(防水、防火、防霉)帆布。由于维纶强度高、伸长小,且具有耐碱、耐腐蚀、耐日晒的特点,适于做这类产品。这种产品采用维纶自捻纱后可节省棉花原料,同时,由于维纶环锭纺纺纱困难较多,因此,在工艺、经济以及产品质量等方面也有明显的好处。

(1)农用塑料管。农用塑料管是供农业输水的管道,系利用多股线织成管状骨架材料,然后在内外涂塑而成。采用牵切自捻纱多股线代替类似规格的棉维混纺或维纶短纤纯纺环锭多股线,可以提高管子的柔软度与爆破强度,既提高了质量,又降低了成本。

(2)三防帆布。工业用的篷盖帆布大多采用棉帆布经蜡漆处理而成,这要耗用大量的棉花,强度也低,还容易腐烂。改用牵切维纶自捻纱多股线,强度提高,不易腐烂,用纱量减少,加工成本也有所降低。

另外,国内还研究成功用维纶自捻纱做装饰布、鞋面鞋里布等。

第五节　多组分复合纱产品开发

随着新型纤维的不断开发,纺纱原料日趋丰富。将不同的纤维原料通过不同的方法混合成纱可以赋予纱线多种不同的性能特征,以更好地满足后道纺织品对纱线的需求。一般将两种或两种以上不同品种纤维通过不同方式混合纺制而成的纱线称为多组分复合纱线。纤维的混和可以在散纤维时进行,也可以在成条后进行,甚至还能在成纱后混和,不同的混和方式将形成纱线不同的结构和性能特征,其后道纺织品中也将呈现不同的风格特征。纺纱生产工艺流程决定了纱线的形成过程,和其他短纤维纺纱系统相比,棉型纺纱流程较短,即纱线的形成周期较短,纤维的混和方式和混和效果不如其他短纺纱系统,因此,棉型多组分复合纱品种相对较少。针对棉型纺纱系统的特点,结合一些新的纺纱技术,探讨利用棉纺设备开发多组分复合纱,以进一步增加棉型纱线品种,提高产品附加值,更好地满足市场的需求。

一、原料的选择

在棉纺设备上可以加工的原料几乎涉及所有的纤维种类,天然纤维中除了棉纤维以外,在毛、绢、麻纺纱系统中产生的一些回料和下脚以及羊绒、兔毛等都可以经过棉纺系统生产出很有特色的纱线产品。各种传统的或是新型的再生纤维也是棉纺系统开发新产品不可缺少的原料。各种棉型或中长型的合成纤维因其具有的性能特点也在棉型纱线产品中显示出独特的作用,为提高棉纺产品的性能特点和实现特有的功能发挥了积极作用。除了短纤维可以在棉纺设备上加工,各种化纤长丝(合成纤维或再生纤维)也可以在成纱的最后环节与短纤维进行复合,如环锭细纱机、转杯纺纱机等都可以将长丝与短纤维进行复合纺纱。因此,在棉纺系统开发多组分复合纱线具有丰富的原料资源,如何进行原料的合理组合设计是开发多组分复合纱产品的基础和关键。

1. 原料的选择和搭配要体现性能互补　纤维本身的性能将形成纺织品最终的风格特征,将不同纤维组合纺纱的最大优势就是可将几种不同纤维的特点集中体现在最终的纺织品上。不同的纤维材料具有不同的性能特点,如果在原料选择时能充分考虑不同纤维的性能优势并加以互补,即可使最终的纺织品获得较为理想的风格特征。如棉纤维具有良好的吸湿性,但光泽不如绢丝,柔软不及羊绒,挺括不如麻,如果将这几种天然纤维组合,就可以获得美观、舒适、高档的天然纤维纺织品,而原料成本又不会很高;棉纤维和一些新型的再生纤维(如天丝、莫代尔、大豆蛋白、玉米、竹纤维)等组合,可以多方面改善纯棉产品的性能,如悬垂性、吸湿性、亲肤性、柔软性、抗菌性等。棉纤维与合成纤维的混纺产品提高了纱线的多种机械力学性能,如强伸性、耐磨性等。但并不是说所有不同性能的纤维都适宜搭配组合,比如,一般很少会将羊绒和合成纤维进行组合,因为两者性能差异太大,产品的风格特征完全不同,这样的组合降低了羊绒产品的档次,在性能上也体现不出优势。因此,选择原料进行组合的原则应该是尽可能发挥组分中各种纤维的特性,全面提高纱线的综合性能,降低原料成本,提升纱线品质。

2. 原料的混和纺纱要体现可纺性的改善　短纤维纱线具有独特的成纱结构,是长丝类纱线无法比拟的。短纤维成纱过程涉及开松、除杂、梳理、成条、并合、牵伸、加捻、卷绕等多种工艺作用,其作用效果与纤维性能有很大关系,亦即不同纤维的可纺性不同。相比于棉纤维,其他天然纤维、再生纤维、合成纤维的可纺性均稍差些,可纺性不好的纤维一般开松、梳理、牵伸比较困难,这类纤维的纯纺纱比较难做,除了在纺纱油剂、温湿度控制、设备改造及工艺调整上采取必要的措施外,还可以通过与可纺性较好的纤维进行混和纺纱,在提高可纺性的同时生产出颇具特色的纱线,如彩棉与白棉混纺、玉米纤维与其他再生纤维素纤维混合纺纱等。

3. 不同原料组合要确定合适的混和比例　不同纤维的混和比例是开发多组分复合纱线要考虑的另一个重要因素,为了使最终成纱具有一定的风格特征,一般会有一个主要组分,在此基础上通过搭配其他纤维来改善主要组分的某些性能或使成纱具有更好的特征。确定主要组分的另一方面可使整个混和原料具有相对稳定的性能,便于加工过程中控制相关工艺和质量。原料的主要成分还对纱线的原料成本起了很重要的作用,如绢丝与棉的混和纱线,一般以棉为主,少量绢丝的加入可以保持较低的原料成本且赋予纱线较好的丝质感,较好地提高了纱线的附加值。如果以绢丝为主要成分,添加少量的棉,可在一定程度上降低原料成本,产品的性能特征也不会有太大影响。确定不同原料的混和比例可以结合产品档次、性能特征、生产成本以及纺纱加工过程综合考虑。

二、不同原料复合方式的选用

将不同原料进行复合纺纱,技术关键之一是原料的混和方式。在棉纺生产系统中实现纤维的混和有以下几种方式。

1. 棉包混和　棉包混和也叫散纤维混和,适合纺纱性能比较接近的纤维混和,如棉纤维之间的混和、合成纤维之间的混和、再生纤维之间的混和等。这种混和方式的特点是可以保持原来的纺纱工艺流程,混和比较彻底。纺纱时应根据原料组分的性能特点(纤维长度及整齐度、含杂情况、摩擦性能、纤维强力等)合理配置纺纱工艺参数。因为在开松、梳理过程中会产生一定的落棉,这种混和方式相对来说比较难以精确控制混和比例。对于可纺性比较差的纤维,有时也在棉包混和时混入一些可纺性较好的纤维以改善可纺性,一般纯彩棉纺纱比较困难,市场上见到的彩棉产品往往都是将其以不同比例与白棉的混纺产品。生产棉和山羊绒的混纺产品时,有人先将棉纤维纺成精梳条后再将其撕断成散纤维,再与山羊绒在开清棉工序混和后制成山羊绒与棉的混和条,目的就是为了改善山羊绒在棉纺设备上的可纺性。当然,这样的方法明显增加了生产成本,比较适用于高档、高附加值的品种。

2. 棉条混和 适合纺纱性能差异比较大的纤维之间的混和,如天然纤维与合成纤维、再生纤维的混和;不同天然纤维(棉、羊毛、绢丝等)之间的混和;部分再生纤维与合成纤维之间的混和等。在棉纺系统中采用条子混和一般采用三道混并条,可以实现均匀的混和效果。这种混和方式有利于精确控制混纺比,又能使不同纤维在纱线中呈均匀分布。但三道混并条后条子过于熟烂,会不同程度地影响后道粗纱、细纱的生产。由于棉纺流程的限制,条子混和难以实现混纺比差异较大的纤维之间的混和,如某种纤维的含量小于10%就难以实现。

3. 粗纱混和 将棉纺赛络纺技术应用到多组分复合纱的生产上,可在细纱机上一个牵伸单元中同时喂入几个不同组分的粗纱,牵伸加捻后的细纱中,不同组分的纤维呈不均匀分布。这种方法在实现不同组分原料混和的同时,可使纱线性能得到一定程度的提高,如毛羽的减少、强力的提高、不匀率的降低、耐磨性的改善等。由于不同组分的粗纱在细纱机上同时牵伸再捻合,各组分原料的机械物理性能差异以及相关的工艺(粗纱间距、须条捻系数、细纱捻系数等)对成纱的最终性能有很大影响,实际使用时应多方案对比进行优选。

4. 成纱阶段或成纱后混和 在成纱阶段实现不同组分的混和主要是指在细纱机上进行长丝与短纤维的复合,包芯纱、赛络菲纱、包缠纱等。成纱后的复合包括长丝与短纤维纱的复合、短纤维纱之间的复合等,可在并线机、捻线机、花式捻线机、包覆机、平行纺纱机等设备上实现,如交捻纱、包覆纱、包缠纱等均属此类。这种混和方式可供选择的原料非常广泛,可以开发的产品可以是中低档的,也可以是高档、高附加值的。不同原料之间的复合方式灵活多样,纱线结构丰富多变,具有较大的新产品开发空间。

三、产品特点及应用

纱线的形成方法决定了纱线的结构,在相同的原料成分的基础上,纱线结构又决定了最终的成纱性能。多组分复合纱因其原料和复合方式的多样性,可以形成各种纱线结构,大大丰富了纱线的品种,可以较好地满足各种纺织品对纱线结构和性能的要求。按照构成复合纱的原料形态将可利用棉纺设备生产的复合纱分成短纤维复合纱与短纤维(纱)与长丝复合纱两种。

1. 短纤维复合纱的结构和性能 短纤维复合纱中不同的纤维因其复合方式不同将呈均匀或不均匀分布。采用棉包或棉条混和时,一般可使纱线中的各纤维成分呈均匀分布,纱线结构主要取决于最终的成纱方法,如普通环锭纺、紧密纺、赛络纺、缆型纺等,纱线具有最终成纱方法所形成的纱线性能特点。当将不同品种的粗纱在细纱机上进行类似赛络纺纱时,纤维成分的分布往往是不均匀的,由于纤维本身性能的差异将使最终成纱中的纤维分布形成一定的规律,在一定程度上影响纱线的性能和风格。如绢棉复合时,如采用条子混和,因绢丝一般比棉纤维细而长,在加捻转移过程中有较多的分布于纱芯的倾向,绢丝在最终产品中难以体现出性能和风格上的优势。当采用绢棉双粗纱喂入时,绢丝对棉纤维的包覆效果会明显增加,即使在绢丝的比例较低时也可较好地体现出产品的丝质感。

2. 短纤维(纱)与长丝复合纱的结构和性能 这类复合纱具有非常丰富的原料来源以及多

变的复合方式，比较有代表性的产品有包芯纱（短纤维包长丝）、包缠纱（长丝包覆短纤维须条型、长丝与短纤维纱包覆加捻等）、长丝与短纤维须条牵伸后并合加捻（赛络菲尔纱）等。短纤维包芯纱的特征是纱线较蓬松，覆盖系数很高，不起毛、不起球。常规产品有棉氨包芯纱、毛氨包芯纱、麻氨包芯纱、棉涤包芯纱等，外包短纤维也可以采用多组分。一般包缠纱具有结构蓬松、手感丰满、条干均匀、强力高、表面毛羽少等优点，不同的原料成分和包缠方式会形成包缠纱不同的特点，在进行这类产品开发时，可以根据产品的风格要求，通过原料特性和包缠方法对纱线结构进行针对性设计。赛络菲尔纱一般由化纤长丝与天然短纤维粗纱为原料组成，其纱截面大致呈圆形，在赛络菲尔纱中，因长丝的喂入方式可以形成不同的分布特点，如长丝被短纤维包围或长丝位于成纱外侧。不同的分布特点也会形成不同的成纱性能，在这种方法中，短纤维和长丝都可以是多组分的。

随着各种新型纤维的不断出现以及纺纱技术的不断发展，多组分复合纱在满足纺织品的多样化和功能性方面将会体现出十分明显的优势。棉纺生产系统具有流程短、产量高、技术完善、适用原料广泛、工艺调节灵活等特点，在进行多组分复合纱的开发和生产上比其他纺纱系统具有明显优势。充分利用各种可用原料，结合棉纺生产系统及设备的特点进行复合方式的创新可以开发出许多独具特色的复合纱品种。

第六节 花式纱线产品开发

花式纱线是指在成纱过程中采用特殊的设备及加工工艺对纤维或纱线进行特种加工而得到的具有特殊结构及外观效果的纱线，大多数花式纱线均具有特殊的装饰效果。花式捻线机是加工花式纱线的专用设备，其生产的花式纱线一般由芯纱、饰纱和固纱三部分组成，通过原料及加工设备和工艺的变化可以开发出丰富多彩的花式纱线品种。本节所述的花式纱线主要指利用花式捻线机加工而成的花式纱线。

一、花式纱线的原料选择

（一）芯纱原料的选择

芯纱是构成花式纱线的主干，分布在纱线的中间，也称为基纱，是饰纱的依附体，也是构成纱线强力的主要部分之一。在花式纱线的纺制过程及后道产品的加工过程中，芯纱往往要承受较大的张力，因此，芯纱的选择要考虑纱线的用途以及后道产品的加工情况。

1. 芯纱强力要求 一般的花式纱线都要求芯纱有较高的强力，以承受加工过程中的张力。如果花式纱线用作机织产品中的经纱，除了考虑较大张力外，还要顾及纱线在综筘上所受的磨损，因此，在保证纱线有足够的强力的基础上，要控制花型滑移产生的变形很小。这类产品选用的芯纱可以考虑较粗的锦纶长丝、涤纶长丝、涤棉混纺纱、中长化纤纱等。

2. 芯纱的染色性能要求 不同的花型，芯纱在纱线中的分布状态不同，大部分花式纱线的芯纱呈部分外露。对需要染色的本色花式纱线，芯纱的染色性能必须与饰纱的染色性能相同，以保证有可靠的染色工艺和较好的色彩效果。如饰纱用羊毛,芯纱只能用锦纶长丝或羊毛纱,绝不能用涤纶长丝或中长化纤纱。

3. 芯纱根数的确定 大多数花式纱线采用一根芯纱即能获得较理想的效果,但对于超喂比大于2.5的大圈圈线,必须用两根芯纱,且两根芯纱要分开,采用三角形做法才能保证圈圈稳定、密实、圆整。

4. 芯纱捻向的确定 花式捻线机是采用空心锭加捻的方法将固纱与芯纱和饰纱进行捻合成纱,固纱的捻合方向决定了空心锭的转向,而芯纱的捻向必须与空心锭的转向相适应。具体说来,如果固纱进行Z向捻合,空心锭则为S向回转,此时的芯纱必须采用S捻的单纱,否则,若采用Z捻的话,芯纱会随着空心锭的回转退捻而无法正常生产。若采用两根单纱,则可以采用Z捻纱。

5. 芯纱线密度的确定 如果用单纱做芯纱,其线密度可适当高些,如用20~29tex范围内的棉纱、涤棉纱或中长化纤纱,以保证有足够的芯纱强力;如果采用双根芯纱,为使芯纱不显得太粗,可采用较细的单纱,如14tex左右,此时,单根芯纱捻向应与空心锭捻向相反。

当芯纱采用较粗的棉纱、毛纱或混纺纱时,由于芯纱表面毛羽较多,使饰纱可以在芯纱表面获得较好的附着力,保型性较好,花型容易固定,不宜滑移。若采用较粗的化纤长丝做芯纱,由于长丝表面光滑,加上纺制的的花式纱线密度大捻度低,饰纱在芯纱表面的附着效果不理想,花型容易滑移。适当加强固纱张力,或采用低弹丝做芯纱和固纱,可在一定程度上增加饰纱和芯纱的附着力。

(二)饰纱原料的选择

在花式纱线中,饰纱以各种形态包缠在芯纱外面构成装饰效果非常独特的各种花型,是决定花式纱外观效果的主要成分,也称之为效应纱,一般其用量占花式纱线总重量的50%以上。一般以饰纱在芯纱表面的分布形态作为花式纱线的命名依据,如圈圈线即为饰纱以圈圈形态包缠在芯纱的表面,双色圈圈线即为纱线表面的圈圈有两种不同颜色的纤维构成,间断双色花式线即在一根花式线的表面A、B两种颜色交替出现。花式线的色彩、花型、手感、弹性、舒适性等性能特征主要取决于饰纱原料。饰纱可用加工好的各类纱,也可用各种长丝以及经过牵伸后的纤维须条做原料。

1. 用短纤纱做饰纱 为使花式纱柔软而富有弹性,一般要求饰纱的捻度小、条干均匀。如大圈圈纱可以选用48支和50支羊毛的混和条纺制的毛纱或用马海毛纺纱,较粗的羊毛弹性较好,有利于大圈圈成型良好。生产小圈圈时应采用64支以上的细支羊毛纺纱,且需经过蒸纱工艺稳定其捻回,否则较大的成纱捻度会使圈圈扭结形成小辫子。如用棉纱或混纺纱做小圈圈的饰纱时,除了控制纱线的条干和捻度外,最好把纺好的纱在仓库中存放半个月以上,使捻度自然定型。值得注意的是,用粘胶短纤纱做小圈圈时,捻度要适当提高,因为粘胶弹性较差,捻度太小硬挺度不够,容易出现压圈影响,圈圈成型不良。

2. 用长丝做饰纱 长丝的种类和规格较多,用作花式纱的饰纱时应该考虑纱线的外观、性能及用途。一般来说,生产小圈圈时,要选择较细单丝的长丝,如165dtex/96f或165dtex/148f,由于同样粗细的长丝,根数多纤维就细而柔软,容易形成小圈圈;如生产大圈圈时长丝最好选用

165dtex/48f,单纤维粗,刚度大、弹性好,有利于大圈圈的成型;生产仿雪尼尔线绒感的波形花式纱时,选用超细纤维可以体现出产品的风格特征。

3. 用纤维须条做饰纱　用纤维须条做饰纱纺制花式纱时一般要采用具有牵伸机构的花式捻线机,方法是先将饰纱纤维用一般的纺纱工艺制成条子或粗纱,再通过花式捻线机的牵伸作用形成纤维须条包缠在纱线表面。要注意的是,所选纤维品种的长度应该适合花式捻线机的牵伸机构。目前的花式捻线机配备的牵伸机构大都适合毛型纤维长度,因此,用作饰纱的纤维较多采用羊毛或毛型化纤。

4. 用其他原料做饰纱　随着花式纱产品品种的日趋丰富,结合加工方法的创意,可以用作饰纱的原料也越来越广。例如,有一种仿雪尼尔的花式纱要求有很密的波形且表面有明显的毛茸茸的绒感,饰纱原料要选用超细涤纶长丝,至少也要选用165dtex/148f涤纶低弹丝。还有一种由两根单纱在普通合股捻线机上纺制的波形线,其中一根采用高收缩性单纱,另一根为普通单纱,纺成纱后经过后道染色或热定型处理,一根纱收缩,而另一根不收缩的纱则呈屈曲状而形成波形。还可以将一种高收缩纤维和一种普通纤维分别制成粗纱,用两根粗纱同时喂入牵伸机构纺成混纺纱,再用两根这样的混纺纱进行合股加捻,再经过热定型,两种收缩性能不同的纤维在纱线中呈现不同的变形和分布,最终形成一种颇具风格的波形线。采用两根普通粘胶纱做饰纱,一根高弹锦纶长丝做芯纱,在拉伸状态下进行合股加捻,所得产品可以代替氨纶包芯纱。

(三)固纱原料的选择

固纱在花式纱中主要用来固定饰纱的花型,防止花型的变形或移位,称为缠绕纱或包线、压线等。它一般包缠在饰纱的外面,多以强力较高的低特涤纶、锦纶长丝,毛纱或各种混纺纱为原料。从花式纱的结构上看,芯纱和固纱基本上不接触,但受到张力时,两者共同构成花式纱的强力,因此,固纱以选用细而强力较高的长丝或混纺纱为宜,同时,根据产品的外观及风格要求,还要考虑它的染色性能。

二、花式捻线机的工艺作用过程

花式捻线机是用加捻的方法,将以不同速度喂入的芯纱和饰纱捻制成具有某种花式效应,并用固纱对该效应加以固定的花式纱线专用设备,目前多数花式捻线机的固纱采用空心锭加捻的方法将芯纱和饰纱进行固定,也称为空心锭花式捻线机。其工艺作用过程如图3-1所示。

饰纱3经牵伸装置从前罗拉4输出后,与芯纱罗拉2送出的芯纱1以一定的超喂比在前罗拉钳口处相遇而并合,并从空心锭5中穿出。空心锭回转所产生的假捻将饰纱缠于芯纱之外,初步形成花型,此过程称为一次加捻。固纱7从套在空心锭外的固纱筒管6上退出,固纱与由饰纱和芯纱组成的假捻花式纱平行穿过空心锭,并且均在加捻钩8上绕过一圈。这样,在加捻钩以前,固纱与饰纱、芯纱是平行运动的,仅在加捻钩以后,经过加捻钩的加捻作用,即所谓的二次加捻,才与芯纱、饰纱捻合在一起由输出罗拉9输出,最后被卷绕滚筒10带动卷绕成花式线筒11。由于一次加捻与二次加捻的捻向相反,所以芯纱和超喂饰纱在加捻钩以前获得的假捻和花型,在通过加捻钩后完全退掉,形成另一种花型,再由在加捻钩获得真捻的固纱所包缠固定,形成最终花型。

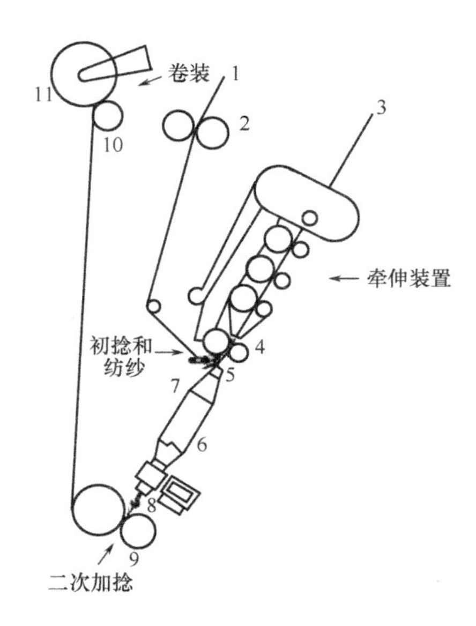

图 3－1　花式捻线机工艺作用过程

三、花式纱产品开发

（一）花式平线

以两根不同线密度、不同原料、不同颜色的单纱并合加捻而成的花式线称为花式平线，相对于其他花式线品种，其外观的花式效果不是太明显，虽然其品种也比较多，但却是最使人们所忽视的产品。这类产品一般在花式捻线机上用两对罗拉以不同速度送出两根纱，然后对其加捻，通过送纱速度及捻度的控制获得比较好的效果。如用一根低弹涤纶长丝和一根棉纱交并，由于低弹丝是有多根单丝集束而成，没有捻度，在经过罗拉送纱时，它会向四周延伸成为扁平状。如果用普通的单罗拉并线机合股并线，压辊只能压住棉纱，对低弹丝没有控制力，又由于在加捻过程中两根纱的张力不同，所以效果较差。因此，必须用双罗拉并线机，使两根纱各用一对罗拉送出，才能控制好每股纱的张力，得到理想的花式平线。

1. 金银丝花式线　金银丝是涤纶薄膜经真空镀铝染色后切割成条状的单丝，由于薄膜延伸性大，在实际使用中往往要包上或合并一根其他纺织纤维形成的纱或线，其外观呈现忽隐忽现的金银光泽，装饰性较强。例如，金银丝与中长纱合并的花式线，由于金银丝是扁的，所以喂纱必须用双罗拉。前罗拉送出一根金银丝，后罗拉送出一根中长纱，前后罗拉速度之比以1.07∶1 左右。如果是两面异色的金银丝，最好先将金银丝加 Z 捻（捻回与合股捻向相反）；然后与一根中长纱并合加 S 捻。如果金银丝不预先加 Z 捻，合股加 S 捻时，对金银丝本身也在加 S 捻，结果不但纱线表面粗糙，而且金银丝的反光效果不均匀。如系红蓝双面双色金银丝，股线上就会出现一段红、一段蓝的情况。如果把金银丝预先加 Z 捻，在并合时用 S 捻将金银丝头道加的 Z 捻退尽，使金银丝保持原状和中长纱并合，就能得到均匀的双色效果。

2. 多色交并花式线　这类花式线可以采用多根不同颜色的单纱或金银丝进行交并而制

成，也可以用不同色彩的纱及多彩的段纱进行包缠，纱线表面呈现多彩的结子或段，或一根线中出现不同的色彩，纱线的外观色彩效果比较独特。多色交并花式线的生产关键是控制色差，因此在生产中应严格操作管理，主要注意以下问题。

（1）每根纱进纱张力尽可能保持一致，防止因张力不均匀而产生倍股，造成色差。

（2）进纱排列方式必须统一，如 ABC 三色的排列必须全部按 ABC 排列，绝不能中间有些锭子出现 BAC 或 CAB 等不规范的排列，最好能在进入罗拉之前，使用三眼导纱器按顺序排列喂入。

（3）捻度必须相等，否则由于锭与锭之间捻度差异而造成色差。

3. 粗细纱交并花式线 这类花式线是将两根特数不同的纱交并而成的。由于粗的纱刚度大，细的纱刚度小，用两根纱在单罗拉捻线机并合时，往往是细的一根纱盘绕在粗的一根纱上，得不到所需要的花式效果。如两根纱分别由两根罗拉送出并配以不同的喂送比，就可以得到不同的效果。如果细的纱喂送比大，细的一根纱就盘绕在粗的纱上成藤捻状，和螺旋线相仿。如果细的纱喂送比小，细的一根纱就紧紧地勒住粗的一根纱，使股线外表成竹节状。在花式捻线机上用两对罗拉以不同速度送出两根特数不同的纱进行交并时，针对两根纱特数的差异控制其送纱速度的差异，不同的送纱速度形成的纱线外观也不同。如果选用两根不同颜色的粗细纱交并，外观将更漂亮。若前后罗拉速比不同，则制成的合股线显得立体感更强。

4. 长丝与短纤纱交并线 这类花式线最好在双罗拉花式捻线机进行生产，一对罗拉送出短纤纱，另一对罗拉送出长丝，按照工艺要求两对罗拉之间有适当的速比。因为短纤纱是多根短纤维通过加捻相互抱合在一起成圆柱状有一定的直径，而长丝是多根单丝集束而成，没有捻度，在外力的作用下它的外形可圆可扁。如果用普通单罗拉捻线机交并时，长丝和短纤纱同时喂入一对罗拉，进入压辊时由于短纤纱成圆柱状，把压辊上抬，而长丝由于受到张力成扁平状进入压辊，因此压辊与罗拉对长丝没有握持力，所以无法使长丝和短纤纱保持近似的张力，往往造成两者张力不同，产生螺旋状的包覆等不良现象。如果采用双罗拉花式捻线机单独用一对罗拉送出长丝，不论长丝的外形如何改变，压辊对长丝始终保持一定的握持力，再利用两对罗拉之间速比的调整可以保证按照工艺要求保持合理的张力。若在并线时有意识地提高长丝张力使长丝把短纤纱紧紧勒住，使长丝以一定程度嵌入短纤纱内，短纤纱即能产生一节节的外形，其形成的织物表面将会呈现清晰的粒子，风格独特。

高弹锦纶丝与短纤纱的交并线是目前比较流行的一种长丝与短纤纱交并花式线，用双罗拉花式捻线机的一对罗拉送出高弹锦纶丝，在有张力的情况下使锦纶丝拉直，另一对罗拉送出两根短纤纱，使两根短纤纱包缠在锦纶丝上。用这种合股线做成的针织衫有一定的弹性，它的使用价值优于氨纶包覆线。参与交并的短纤纱可以是粘胶纱、天丝纱等多个品种，用这种纱织成衣服后不但有一定的弹性而且经久耐穿。

（二）超喂型花式线

超喂型花式线的生产过程中，饰纱的输出速度永远大于芯纱的输出速度，即饰纱相对于芯纱有一定程度的超喂。这类花式线的饰纱包绕在芯纱上，呈波形或圈形分布在纱线的表面，是花式线中品种最多、使用最广的一大类花式线。

从纺制原料来分有纱线型和纤维型两种。纱线型的饰纱为纱线，可一根也可多根，纤维型的饰纱原料是棉条（也可是腈纶条、粘胶条或毛条）或粗纱，也可用各种纤维在带牵伸机构的花式捻线机上进行牵伸后的须条作饰纱，而形成各类花式线。按照形成花式线的外形可以分成两大类，一类超喂比小，一般饰纱与芯纱的喂入速比为（1.1～1.3）∶1，它形成的花式线使饰纱夹持在芯纱和固纱捻度之间向两边弯曲，呈波浪形称为波形线；另一类超喂比比较大，一般饰纱与芯纱的喂入速比为（1.5～3.5）∶1，由于超喂比比较大，使饰纱在芯纱表面形成圈圈状，所以称为圈圈线。

1. 圈圈线 圈圈线是在线的表面形成圈圈。不同的原料和加工工艺可使圈圈的大小、颜色、性状、分布等不同，形成丰富多彩的圈圈线品种。圈圈线的线密度一般为67～670tex，较大的圈圈一般成纱较粗，而较小的圈圈一般成纱较细。圈圈线最突出的为圈圈，一般选择比较好的原料，如弹性好、条干均匀的精纺毛纱，而且单纱捻度要低，用纱线做饰纱的圈圈线称为纱线型圈圈线；也有用毛条（或粗纱）经牵伸后直接作为饰纱，成为纤维型圈圈线，这一类圈圈由于纤维没有经过加捻，所以手感特别柔软。羊毛、腈纶、棉、麻等都可以用作圈圈线的饰纱原料，圈圈线不但用于针织物，也可用于机织物以及手工编织。

（1）通过原料及线密度、捻度、捻向和超喂比等参数的设定和调节，就可以获得各种外观效应不同的圈圈线。设计圈圈线的一般规律如下。

①在超喂比相同时，圈圈的大小与捻度成反比，圈圈的密度与捻度成正比，即捻度愈大，圈圈愈小、愈密，反之则圈圈大而稀。

②在捻度相同时，圈圈大小与超喂比成正比，即超喂比愈大，圈圈愈大。

③空心锭花式捻线机形成的有两种捻度，即假捻和真捻，芯纱和饰纱形成的是假捻，它的捻向在空心锭上下端（以加捻钩或斜孔为中心）是相反的。如空心锭顺时针方向转动时，空心锭上端形成Z捻而空心锭下端形成S捻。固纱包上去的是真捻，其捻向与空心锭下端的捻向相同。因此做纱线型的花式线时，应注意芯纱和饰纱之间的捻向关系，如空心锭上端的捻向与芯纱和饰纱的捻向相同被称为加捻生产，相反时被称为退捻生产。一般用单根短纤纱或中长纱做芯纱时应采取加捻生产，否则芯纱由于退捻易断头；在饰纱是单纱时一般采取加捻生产，顺其捻向使圈圈形成较为顺利而圆整。如用长丝做芯纱和用纤维型的饰纱时则不必考虑捻向，但需要考虑后道使用中的要求。

④生产大圈圈时（超喂比在2.5以上）必须采用双根芯纱，用特制的成型器或开槽压辊使两根芯纱分开，生产时通过加捻成倒三角形状，一般称为三角形做法。这时必须严格控制两根芯纱的张力相同，使加捻点永远在两根芯纱的中点，成等边三角形状。这个三角形的外形能随张力大小和捻度多少而使加捻点上移或下降。这个三角形成等边三角形时效果最好。

（2）随着技术的发展，圈圈线的种类和花色越来越多，如双色、三色、渐变、单边圈圈线等。

①双色或三色圈圈线。整根花式线上均是双色圈圈或三色圈圈。纱线型的双色圈圈线只需在双罗拉花式捻线机上生产，纤维型的双色圈圈线是在三罗拉花式捻线机上生产。而要生产纤维型的三色圈圈线必须采用五罗拉花式捻线机。花式捻线机的罗拉数越多，纱线上的色彩变化也就越多。

②渐变圈圈线。这类花式线必须在四罗拉或五罗拉花式捻线机上生产，它的圈圈从一种色彩逐渐过渡到另一种色彩，同时没有色彩交替的明显交界。如一根黑粗纱和一根白粗纱同时进入牵伸机构，先是白粗纱由多到少渐变，而黑粗纱由少到多渐变，花式线的外表出现以白圈圈开始到浅灰、深灰、黑色这样一个渐变过程。通过渐变过程结合成衣设计，可以在服装上产生非常独特的渐变色效果，同时，过渡色泽非常自然，没有交接的痕迹。花式捻线机的罗拉数越多，可以同时喂入的粗纱也越多，产生的色彩变化将更丰富，如五罗拉花式捻线机可以实现三种色彩的渐变效果。

③单边圈圈线。这种花式线的所有圈圈密密实实地分布在花式线的一边所以称单边圈圈线。这种花式线圈圈的密度非常高，是一个连着一个分布在花式线上，制成的衣服非常别致。

2. 波形线　在生产圈圈线时，采用较少的饰纱超喂，在花式线的两边形成弯曲的波纹，整根波形线呈扁平状分布。波形线用途很广，是花式线中用得最多的品种之一，适纺线密度为50～200tex，大部分原料选用柔软均匀的毛纱、腈纶纱、棉纱等。这类花式线使用原料广泛，粗细均有，因此在机织、针织、精纺、粗纺呢绒时装面料以及装饰织物等产品中均得到广泛使用。

利用环锭双罗拉花式捻线机做第一道工序，在第二道工序中用两根头道线合并反向加捻，使原来的芯纱相互捻合在一起而使波形线饰纱向四周扩展，能得到手感非常柔软的圆形波形线。用这种线制成的衣服其表面布满一层密密的小波形，穿着非常舒适。

双色波形线生产工艺与一般不同，它是以两种颜色生产波形。一种是两根色纱分别向两边弯曲生成双色波纹；另一种是以两种不同颜色的粗纱同时喂入牵伸区，经牵伸后的双色纤维成为双色波形。这类花式线较粗，一般为147～200tex，用于时装面料或装饰织物。

3. 毛巾线　毛巾线的生产工艺和波形线基本相同，它一般喂入两根或两根以上的饰纱。由于饰纱无规律地在芯纱和固结纱表面形成较密的屈曲，织物风格与毛巾十分相似。利用色彩的搭配可以开发出很有特色的产品，如以大红13tex左右的涤棉纱作芯纱和固结纱，用13tex左右的有光粘胶丝作饰纱生产毛巾线，用其作纬纱的织物，在深红的底色上能形成一层白色的小圈，像雪花似的，因此称为“雪花呢”。

4. 辫子线　这种花式线是用一根强捻纱作饰纱，在生产过程中，由于饰纱的超喂，使其在松弛状态下的回弹力发生扭结而产生不规则的小辫子附着在芯纱和固结纱中间成为辫子纱。这类辫子线可用化纤长丝加捻而成，也可以用普通毛纱加强捻，适纺范围为100～300tex。由于辫子是强捻纱，所以手感比较粗硬。

（三）控制型花式线

控制型花式线的生产主要是送纱机构的送纱不是和超喂型一样是等速送纱，而是随时可以变换罗拉送纱的速度，一般有间隙停顿、慢速送纱、快速送纱等三种情况；而送纱的时间也可按照工艺要求进行变换，从而能生产各种比较复杂的花式线。目前生产的空心锭环锭卷绕花式捻线机有两种控制形式，一种是控制芯纱罗拉变速，能生产毛虫线（长结子）、间断毛圈等；另一种是控制中后罗拉超喂，能生产大肚纱、大肚波形纱等。这类花式线的花式效应很有特色。

1. 结子线　在花式线的表面产生一个个相对较大的结子，这种结子是生产过程中由一根纱缠绕在另一根纱上而形成的。结子大小、结子与平线的长度、两个结子的间距等都可以通过工艺设定进行调节。这种结子线一般可在双罗拉花式捻线机上生产。结子所用的原料广泛，各种纱线均能应用。由于结子线在纱线表面形成节结，所以原料一般不宜用得太粗，适纺范围为15～200tex。结子线广泛用于色织产品、丝绸产品、精梳和粗梳毛纺产品及针织产品等。

结子线的种类很多，有纤维型和纱线型结子线，有单色、双色、三色结子线，还有鸳鸯结子线和波形结子线等。

(1)纤维型结子线。纤维型结子线和纱线型结子线不同，它是用粗纱通过牵伸产生的纤维束当芯纱，当输出罗拉及卷绕槽筒停顿时，纤维束就卷绕在芯纱上形成一个结子。这类结子一般比较大；有些产品用于装饰布的结子有黄豆般大小，所以也俗称黄豆纱。

(2)单色结子线。单色结子线指一根纱上出现的结子呈一种颜色，常见的是单色白结子线。

(3)双色结子线。双色结子线没有芯纱和饰纱之分，它是两对罗拉送出两根不同颜色的纱，在纺制过程中两对罗拉交替停顿，使两根纱互相包缠，在一根纱上生成两种不同颜色的结子。由于结子线表面有节结而且捻度较高，一般手感较粗糙，多用作点缀。

(4)三色结子线。在花式捻线机上用三根不同颜色的纱喂入，其中当两根罗拉同时停顿时另一根罗拉送出的纱就包缠在两根停止的纱上生成一个结子。如A、B、C为三种颜色的纱，当A、B停止时，C纱包绕在A、B纱上生产C色的结子，然后三根罗拉同时送纱就生成一段三色平线，如果A、C纱停顿，B纱包绕在A、C纱上生成B色的结子，再纺一段平线，当C、B纱停顿时，A纱就包绕在C、B纱上生成A色的结子。要生产三色结子线，一般的花式捻线机要经过改造，随机电脑软件也要相应改造。

(5)鸳鸯结子线。鸳鸯结子线不同于双色结子线，它是在一个结子中出现两种颜色，即结子的一半是一种颜色，另一半是反差较大的另一种颜色。

(6)波形结子线。在波形线上分布着结子称为波形结子线。

2. 长结子线 长结子线是由一根饰纱连续地一圈挨一圈地卷绕在芯纱上形成一段粗节，有时利用芯纱罗拉倒转可反复地包缠多次而产生较粗的长结子。与结子线不同的是：结子线是以点状分布在花式线上，而长结子是以段状分布在花式线上，好像一条虫子一般，所以又称毛虫线。用这种线制成的织物在布面上有凸出的条状物。长结子线又有别于竹节纱，竹节纱一般两头尖中间大，而长结子是呈长圆柱形的。

(1)单色长结子线。单色长结子线的特点是结子为一种颜色。

(2)双色长结子线。这类线是芯纱和饰纱交替包缠而成的，如A、B两色的纱，一段为A纱包绕在B纱上把B纱全部覆盖，这一段只显较粗的一段A色。然后就是两根纱等速送出生成一段AB合股线，然后A纱慢速，B纱快速包绕在A纱上，覆盖A纱生成较粗的一段B色，如果这时又是AB两根等速送出就生成一段AB合股线，这样循环就在一根AB合股线上出现一段A色或B色的长结子。

(3)三色长结子线。这类线的外表是在双色长结子之外另加一种颜色的长结子。生产比较困难，它不但要求特殊的设备和电脑编程，而且成形器也要作特殊改进。

(4)双色纤维型长结子线。这类花式线要在有四罗拉双牵伸机构的花式捻线机上生产。

它是两根有色粗纱分别和芯纱汇合后各自包绕在芯纱上形成双色结子。这类线有时包得不紧会出现密集的几个大圈如花朵状，另有一种风格。

（5）双色交替长结子线。如果用不同颜色的芯纱和饰纱相互包缠，就成为两种颜色交替的长结子，称为交替长结子线。双色交替长结子线与双色长结子线不同点在于双色长结子线在两个长结子中间有一段很长的双色合股线，而这种交替线仅由两根纱线相互包缠而成。

（6）双色长短交替结子线。双色长短交替结子线为一段AB平线一个A色小结子，再一段AB平线一个B色长结子，接着一段AB平线一个B色小结子，再一段AB平线一个A色长结子，如此交替循环就是双色长短交替结子线。

3. 双色大肚纱　这类花式线也是在有四罗拉双牵伸机构的花式捻线机上生产的。在一根纱上一段纺A色纱，中间一个A色大肚；再纺B色纱时，中间一个B色大肚。此外，在三牵伸机构上也可以生产三色大肚纱。

4. 特种圈圈线　这里重点介绍间断圈圈线、双色及三色交替型圈圈线、橄榄状圈圈线。

（1）间断圈圈线。在生产圈圈线过程中，使芯纱罗拉变速就能生产间断毛圈。如生产大毛圈时，芯纱与饰纱送纱速度相差3倍，如果把芯纱速度提高3倍就与饰纱罗拉等速，生产出一段平线，如此间隔地变速就能使花式线的表面生成一段有圈圈、一段为普通平线的间断圈圈线。这种线一般用在大圈圈产品中，使粗细之间反差明显才能获得较好的效果。

（2）双色交替型圈圈线。这类线是在一根线上一段为A色圈圈线，另一段为B色圈圈线。也可以纺成一段为A色圈圈、一段为AB双色圈圈，再纺一段B色圈圈，每段长度均可自由设定，且可以有规律也可以无规律。

（3）三色交替型圈圈线。这类线是在一根花式线上先为A色圈圈，后变为B色圈圈，然后是C色圈圈。这样三种色彩的圈圈在一根花式线上交替变化，每段长度可以自由设定，同时在两段之间还可以设定一段双色圈圈作为过渡色，如从A色圈圈变为B色圈圈时中间可以嵌入一段AB双色圈圈线，在B色转为C色圈圈时中间也可以嵌入一段CA双色圈圈。可根据产品的实际需要自由选择设定段数、每段的顺序和长度，这类产品一般需要用五罗拉三牵伸系统的花式捻线机才能生产。

（4）橄榄状圈圈线。这类花式线圈圈的大小不是均匀的，而是按给定的规律变化，在一段花式线上圈圈由小到大，再由大到小，依此循环变化，在一个单元中圈圈呈中间大两头小的橄榄状分布在花式线上。

5. 波形线

（1）双色交替波形线。这类线是在一根线上一段为A色波形线，另一段为B色波形线，中间也可以有一段AB波形线。它与双色交替型圈圈线相同，需要在四罗拉双牵伸花式捻线机上生产。

（2）三色交替波形线。这类线和三色交替型圈圈线相似，即在一根花式线上一段为A色波形线，另一段为B色波形线，再一段为C色波形线。可根据产品的实际需要自由选择设定段数、每段的顺序和长度，需要用五罗拉三牵伸系统的花式捻线机才能生产。

（3）双色大肚波形线。这类线是在纺双色大肚纱时适当加一点超喂就会出现波形和大肚结合的双色大肚波形线。由于捻度是向细的部位转移的,所以细的部位波形多,大肚处波形少。

6. 粗节线 在花式捻线机上纺制粗节线有两种类型,一种是在环锭三罗拉花式捻线机上纺制,这种粗节是一段粗纱经拉断后附着在芯纱与固结纱之间形成的。如果拉断的不是很粗的一段粗纱,而是几根纤维,则为纤维型断丝。另一类是在空心锭三罗拉花式捻线机上纺制,利用中后罗拉间隙超喂而形成粗节,通过芯纱罗拉送出的芯纱进入空心锭后再包上一根固结纱,即成粗节线。这类花式线可纺得较粗,一般在100~200tex,主要用于制作粗纺呢绒和针织外衣面料,产品粗犷,手感柔软。

(四)复合花式线

随着纺织产品的日益丰富,对花式线品种的需求也越来越广,出现了把几种不同类型花式线复合在一起的复合花式线,使花式线产品更丰富多彩,并在后道产品的开发中得到了较好的应用。

复合花式线是采用两根或两根以上不同类型的花式线复合而成。通过不同的复合,就可得到千变万化的多种花式线。如用两根双色结子线复合,得到四色结子线或五彩结子线;用结子线与圈圈线复合,则可得到圈圈结子线;在大肚线上包上结子线,即成为大肚结子线。诸如此类,花式变化无穷。复合花式线常用的复合方法有以下两种。

1. 并捻复合法 该法是将两根没有加固纱的花式线用加捻的方法复合在一起,复合时的捻向与原来的捻向相反,这样并制的复合线可以省去二道加固纱工序。但是由于加捻时要有一定的捻度而且复合后纱线变粗,所以手感较粗糙。如用两根双色结子线复合,至少要用四根单纱。

2. 包缠复合法 这种方法是将两根花式线同时用一根固纱缠绕在一起,成为一根复合花式线。如果用两根双色结子线加固纱进行复合,复合时利用固纱再产生又一种结子,最终得到的就是五彩结子线。

采用这种方法纺制的花式线,由于包缠时捻度可用得较小,所以手感较为柔软,不过线较粗,因为一般至少由5根纱组成,而且这种方法工艺复杂。所以这一类花式线常常只用在高档的装饰织物中作点缀,使织物显得高贵华丽。包缠复合由于两根基础花式线没有捻度,所以只能在空心锭花式捻线机或包覆机上进行。

(1)结子与圈圈复合线。用一根圈圈线和一根结子线,通过加捻或用固结纱捆在一起,使毛茸茸的圈圈中间点缀一粒粒鲜明的结子。如用草绿色的小圈加上红色的结子,好比绿草丛中的朵朵小花,鲜艳夺目。这一类花式线是由原来较粗的花式线再复合而成,所以会更粗,一般用于针织物及手工编结线,或用作装饰织物,能显出多色彩的效果。

(2)粗节与波形复合线。利用一根大肚纱在花式捻线机上作饰纱而纺成的花式线可将粗节和波纹复合在一根纱线上。大肚纱一般用中长仿毛型腈纶纱,芯纱和固结纱用锦纶或涤纶长丝,常用的有455tex和222tex两种。由于粗节处形状如爆米花,所以国外称为Popcorn。这类产品已广泛用于针织物和粗纺呢绒,获得较好的效果。如用这种线制成的针织衫,表面一只只大肚波形突出如爆米花状,风格独特。

(3)绳绒线与结子复合线。绳绒线也称雪尼尔线,是目前用得最广泛的花式线之一,由于它的外观比较平淡,因此需在其外面再用段染彩色长丝包上结子,使其外观丰富多彩。一般包结子的饰纱应与底纱(绳绒线)形成鲜明的对比,以便突出结子的效果。

(4)绳绒线与长结子复合线。这类线是在绳绒线外面用固结纱包绕成长结子,纺制时最好加包线张力控制器,否则长结子不易包紧,如用段染彩色长丝包成的长结子还能出现彩节。

(5)粗节与带子复合线。由于粗节线的粗节处捻度较少,不但强力低,而且由于没有相应的捻度使纤维抱合,所以粗节处的纤维很容易发毛,影响外观。如果将粗节与带子复合,用小针筒织带机在粗节外面套上一个管状套管,与深色的粗节纱复合,则能取得更好的效果。

(6)断丝与结子复合线。断丝一般是在两根芯纱和一根固结纱间嵌上一段段色泽反差较大的粘胶丝,使花式线表面点缀一些色彩。但因其色泽单一,立体感不强,所以再在断丝外面用另一种色彩的线做成结子,还可以在结子或双色结子的外面用一根断丝作为固结纱,使单一的断丝既增加多种色彩,又增加花式线的立体感。

(7)大肚与辫子复合线。大肚纱本身比较单调,在其外面包上一根辫子纱不但增加大肚纱的强力,而且在大肚纱上形成的辫子与底纱上形成的辫子有差异,更增加了大肚纱的立体感。另外,由于辫子纱手感较硬,而大肚纱的手感较软,两者复合可取长补短,改善产品的服用性能。

(8)小圈圈与大肚复合线。这类纱线近几年非常流行,用一种黑色涤纶丝做芯纱和包线,用腈纶白纱做饰纱纺成67tex圈圈线包在深咖啡色的大肚纱上。

(9)松树线与圈圈复合线。这类线用钩编机上生产的松树线再和花式捻线机上生产的圈圈线复合,在花式线表面既有圈圈也有松针状的长毛。用这种线做围巾或针织衫时装非常华丽。

(10)小圈圈与花式平线复合线。在黑、红、黄三根腈纶开司米外面用67tex黑涤纶丝做芯纱和固结纱,用白色腈纶做成小圈圈线为包线,生产的这种复合花式线效果良好。

(11)圈圈与段染长丝复合线。这类花式线近年来也非常流行。用段染长丝以不同的密度包在花式线的圈圈中间,使花式线出现了彩节和彩结,非常绚丽多彩。

(五)断丝花式线

断丝花式线是一种效果独特的花式线,可以分为长丝(粘胶长丝)型和纤维型。粘胶长丝型断丝线是利用粘胶长丝湿强力低的原理,给湿后拉断再固定在花式线上而制成的,纤维型断丝花式线是随着牵伸型花式捻线机的发展又出现的新型花式线。

1. 粘胶长丝断丝花式线　它是利用粘胶长丝湿强力低的原理,先用两根低特涤/棉纱或纯棉纱13tex左右包缠在一根13.3tex的粘胶丝上,把这种包好的股线浸在水中再把两根纱拉直,这时粘胶丝被拉断成一段段附着在细的纱上,然后再加上一根固结纱把断丝固定就成为断丝花式线。由于粘胶丝是被拉断的,各段断丝长度会有差异,而且断丝两头出现毛茸茸的绒毛,所以织成织物后有它独特的风格。断丝一般选用对比度较强的色彩如白底上加入红或蓝色的断丝,黑底中加入白色的断丝等均非常好看。

2. 纤维型断丝花式线　纤维型断丝花式线有单色和双色纤维型。

用空心锭花式捻线机生产单色纤维型断丝线的方法是:用两根芯纱从前胶辊两边的两条槽中通过,后罗拉送出的粗纱通过中罗拉的沟槽胶辊及胶圈进入前罗拉,中后罗拉每次间隙送出少量粗纱,前罗拉也就每次间隙拉出少量纤维,结果就使得粗纱中的纤维会间断地分布在纱体中,经两根芯纱夹持加捻而形成断丝线。单色纤维断丝花式线一般所用粗纱条色彩与底色(芯纱和固结纱)色彩形成鲜明的对比。由于纤维长度较长,所以断丝也较长。还有将一种高特的黑色扁平状纤维在纺纱时加入,使白色的纱表面包缠着少量的黑色纤维,风格独特。这类产品在针织物和机织物中均有应用。

双牵伸和三牵伸的花式捻线机可以生产双色断丝或三色断丝。双色纤维型断丝花式线是利用双色粗纱交替喂入花式捻线机生产的。在这种线上一段为 A 色纤维,一段为 B 色纤维。假如第一后罗拉送出一根红色粗纱,第二后罗拉送出一根黑色粗纱,用两根白色的芯纱从前罗拉上胶辊的两条沟槽中通过,经过假捻器的假捻使这两根芯纱汇合成倒三角形状,进入空心锭与固结纱汇合成一段平线,这时如第一后罗拉送出少量的红色纤维后再停止送出,这时少量的红色纤维就由前罗拉的中间送出,正好夹在两根芯纱间进入空心锭再与固结纱汇合产生了一段红色断丝,再纺成一段平线后第二后罗拉送出少量的黑色纤维后停止,这时产生少量的黑色断丝,如此两根后罗拉交替间隙的送出两种不同的纤维就能生成双色断丝。如果纤维送出较多且在两个芯纱上生成一个竹节,也可生成双色竹节。

(六)拉毛花式线

拉毛花式线将用马海毛(也可以林肯毛或腈纶代替)作为饰纱的花式线用钢丝大滚筒拉毛机进行拉毛,形成一种毛绒感非常明显的花式线。

1. 圈圈拉毛花式线 先在空心锭花式捻线机上按照不同细度的要求做成纤维型圈圈线,如果是用腈纶生产拉毛线,芯纱和固结纱均用腈纶短纤纱。要进行拉毛处理的圈圈线圈圈分布较稀,圈圈个数一般在 10 只/10cm 左右,圈圈不能太小,直径一般可控制在 5mm 左右,因此应设定合适的超喂比,捻度应偏小控制,否则拉不出毛。所纺特数大多为 83 ~ 200tex,将这种圈圈线在拉毛机进行拉毛处理,把圈圈拉破而生成毛绒,然后再摇成绞纱成包。这类拉毛绒大多是本白色坯线,在使用时再进行绞纱染色。

2. 双色圈圈拉毛花式线 双色拉毛花式线有两种方法生产,外观效果完全不同。一种是用两根色纺粗纱同时喂入一个牵伸区,纺成双色圈圈花式线后再进行拉毛,而整根花式线均为双色,又由于拉毛后两种纤维交叉混和在一起,所以它的色泽通常是两种颜色的混和色,如用黑白两色纺成的圈圈线拉毛后会生成灰色的拉毛线。另一种方法是用双后罗拉的花式捻线机纺成间断型的圈圈线再进行拉毛,这种拉毛花式线的外观是两种颜色在花式线上一段段地分布,如一段为红色另一段为白色,不过在两段交叉处由于毛长而相互交错,可出现一小段红白 AB 色。

3. 三色圈圈拉毛花式线 这类花式线必须先在有三个牵伸区的花式捻线机上生产纤维型三色间断圈圈线,然后用这种花式线再进行拉毛就能得到间断型的拉毛花式线。生产这类拉毛线时必须注意两点,第一,三种色泽反差必须大一点,这样段与段之间色彩明显;第二,段与段之间距离不能太小,否则拉毛线的绒毛较长,在段与段之间两色绒毛相互覆盖,使短距离的段间效果不明显。

4. 波形拉毛花式线 先在花式捻线机上用较小的捻度纺制较大的波形线,然后进行拉毛。

这类拉毛花式线绒毛短而密,又由于波形的密度比圈圈高,且波形比圈圈小,所以拉出的毛比圈圈拉出的毛短,但其密度比圈圈拉出的毛大。

5. 弹力丝拉毛花式线　这类拉毛花式线在前道纺制圈圈线时加入一根锦纶包氨纶的长丝,先用张力器施加适当的张力,把锦纶丝拉紧后进入芯纱罗拉,和芯纱一同纺制成圈圈线。然后用这种花式线进行拉毛,当这种花式线摇绞后张力消失使弹性恢复,就能生成有弹力的拉毛线。但是在纺制过程中的外加张力及芯纱与固结纱的刚度通常使弹性不能充分恢复,因此只有当染色后使各类纤维充分回缩、柔软度增加时,弹性才能充分发挥出来。

思考题

1. 纱线产品开发的依据及方法是什么?
2. 棉纺纱线产品是如何分类的?试比较不同类型纱线主要性能特征及风格的差别。
3. 天丝、莫代尔及竹纤维分别具有哪些性能特点?分别适宜开发哪些产品种类?
4. 试述天然彩棉的性能特点、适用产品及纺纱关键点。
5. 什么是有机棉?它适宜开发哪些产品?
6. 试述各种新型纺纱方法纱线产品特征。
7. 何谓多组分复合纱?进行多组分复合纱开发时常用的混和方式有哪些?
8. 何谓花式纱线?试述花式纱线的纺制过程。
9. 对花式纱线所用的芯纱、饰纱及固纱所用原料有何要求?
10. 试述花式平线、超喂型花式线、控制型花式线、复合花式线的纺制方法及性能特点。

参考资料

[1]滑钧凯. 纺织产品开发学[M]. 北京:中国纺织出版社,2005.

[2]谢春萍. 新型纺纱[M]. 北京:中国纺织出版社,2009.

[3]狄剑锋. 新型纺纱产品开发[M]. 北京:中国纺织出版社,1998.

[4]周惠煜. 花式纱线开发与应用[M]. 北京:中国纺织出版社,2009.

[5]秦贞俊. 现代棉纺纺纱新技术[M]. 上海:东华大学出版社,2008.

[6]滑钧凯. 纺织产品开发学[M]. 北京:中国纺织出版社,2005.

[7]上海纺织控股(集团)公司. 棉纺手册[M].3 版. 北京:中国纺织出版社,2004.

[8]杨锁廷. 现代纺纱技术[M]. 北京:中国纺织出版社,2004.

[9]李济群,瞿彩莲. 紧密纺技术[M]. 北京:中国纺织出版社,2006.

第四章　上机试纺实验

本章知识点

1. 上机试纺的目的和要求。
2. 试纺所需的设备和仪器。
3. 纺纱工艺设计原则。
4. 纺纱质量控制要求。
5. 各工序试纺具体内容。

第一节　上机试纺实验概述

棉纺实验是调查研究棉纺厂生产过程与产品质量情况的重要方法之一。用仪器实验、目测分析和现场观察等测试方法，对棉纺的半制品、成品质量进行科学的测定和研究分析，反映质量水平及其波动的情况，控制产品规格及质量，并使之不断提高，为开发品种，提高劳动生产率，节约原材料，提供可靠的依据，确保各项指标的全面完成。

一、上机试纺实验目的和要求

通过上机试纺，使学生经过基础理论知识和专业理论知识的学习之后，进行工程技术训练的主要途径和实践活动内容之一，使学生进一步熟悉纺纱设备的性能和正确地使用相关设备和仪器等，通过对棉纺的半制品、成品质量进行测定和研究分析，着重从原料、工艺、设备、操作和半制品质量等方面分析影响成纱质量的原因，进一步掌握所学习的内容。在纺纱工艺设计、半制品检验、工艺调试和实验数据处理等方面得到全面和系统的训练，培养和提高学生解决工程实际问题的能力和创新工作的能力，从而使学生的整体素质得到进一步的提高，使他们能更快地适应企业的生产，能够解决生产中实际存在的问题。

二、实验设备与仪器

1. 实验设备　开清棉、梳棉机、精梳机、并条机、粗纱机和细纱机等。

2. 实验仪器　原棉杂质分析机、卷尺、测速表、天平、棉条测长器、转速表、条粗测长仪、粗纱条干均匀度测试仪、纱线捻度试验仪、恒温烘箱、条粗圆筒测长器、纱线毛羽测试仪、单纱强力试验仪、缕纱测长器、Uster－3 型测试仪等。

三、纺纱工艺设计

1. 纺纱工艺系统选择　棉纺纺纱工艺系统主要包括普梳纺纱系统、精梳纺纱系统和混纺纺纱系统等。

(1)普梳纺纱系统工艺流程:开清棉→梳棉→并条(头道)→并条(二道)→粗纱→细纱→后加工。

(2)精梳纺纱系统工艺流程:开清棉→梳棉→精梳准备→精梳→并条(头道)→并条(二道)→粗纱→细纱→后加工。

(3)混纺纺纱系统工艺流程。

棉:开清棉→梳棉→精梳准备→精梳→棉条①。

化学纤维:开清棉→梳棉→预并→化学纤维条②。

①和②→并条(三道)→粗纱→细纱→后加工。

2. 纺纱工艺原则　配棉根据成纱品种和用途、纱线的质量考核项目为依据选配原料。以保持生产和成纱质量的相对稳定;更好的使用原棉,满足纱线质量要求;节约用棉,降低成本。完成原棉选配表见表 4－1。

表 4－1　原棉选配表

原棉选配表							平均性能
纱线品种							
队数		1	2	3	4	5	
产地							
混比(%)							
等级							
纤维物理性能	主体长度(mm)						
	品质长度(mm)						
	基数(%)						
	均匀度(%)						
	短绒率(%)						
	成熟度系数						
	线密度(tex)						
	断裂比强度(cN/tex)						
	含杂率(%)						
	回潮率(%)						

清花工序遵循“合理配棉、多包取用、加强混和、短流程、低速度、精细抓棉、混和充分、渐进开松、减少翻滚、多分梳、多松少打、薄喂入、轻定量、大隔距、多混和、早落少碎、不伤纤维、以梳

代打、少翻滚、防粘连、逐渐开松、少量抓取、充分混和、低速度、薄喂入”的工艺原则选配工艺参数。

梳棉工序遵循“强分梳、轻定量、低速度、多回收、小张力、好转移、快转移、小加压、大隔距、强分梳、通道光洁畅通、防堵塞、大速比、合适的隔距和五锋一准”的工艺原则选配工艺参数。

并条工序遵循“合适的隔距、稳握持、强控制、匀牵伸、顺牵伸、多并合、重加压、轻定量、大隔距、低速度、防缠绕”的工艺原则选配工艺参数。

粗纱工序遵循“轻定量、大隔距、重加压、大捻度、小张力、中轴向和径向卷绕密度、小伸长、小后区牵伸、小钳口、适中的集合器口径”的工艺原则选配工艺参数。

细纱工序遵循“大隔距、中捻度、重加压、中弹中硬胶辊、中速度、小后区牵伸、小钳口、合适的温湿度”的工艺原则选配工艺参数。

完成 1 个或 2 个品种的纱线工艺设计见表 4 –2。

3. 纺纱工艺和半制品、成品质量间的关系 棉纺工艺是将原棉进行纺纱加工的方法，对纺纱过程中开松、除杂、梳理、并合、牵伸和加捻卷绕等方面的工艺参数，并不是一成不变的，它将随着原棉特性、机械特性和成品质量要求等因素而变化。工艺配置合理与否将直接影响到半制品和成品的质量。

(1)纺纱工艺和棉卷质量的关系。要提高棉卷质量，必须做到不同原棉采用不同的工艺。清花棉箱和走刀数的多少，打手速度的高低，风扇速度的快慢，以及进风形式、各部的隔距等都要合理配置，才能制成均匀度好、含杂少和丝束少的棉卷。

(2)纺纱工艺和生条质量的关系。要提高生条质量，除要求棉卷质量良好之外，梳棉主要做到棉网清晰度好，云斑少，生条棉结杂质少，在机械上做到“四锋一准”，在工艺上要采用紧隔距、强分梳、少返花，并根据原棉特点，调整刺辊速度和后车肚工艺等，以纺出符合国家质量标准要求的生条。

(3)纺纱工艺和熟条质量的关系。合理选用并条工艺道数、并合数、牵伸倍数、牵伸分配、罗拉握持距和胶辊加压等，到达熟条的条干均匀度好，纤维伸直度高，重量不匀率低的目的。

(4)纺纱工艺和粗纱质量的关系。要提高粗纱质量，必须合理配置牵伸倍数、罗拉隔距、胶辊加压和集合器的大小等，粗纱加捻、轴向和径向卷绕密度以及控制粗纱的伸长率等。

(5)纺纱工艺和细纱质量的关系。要提高成纱质量，必须合理配置牵伸倍数、罗拉隔距、胶辊加压、集合器的大小、钢领钢丝圈等，根据织物用途配置合理的捻系数和后区牵伸倍数，以提高成纱强力和条干均匀度，降低细纱断头和减少纱疵，从而提高成纱的整体质量。

四、质量控制

质量控制的任务是对生产的全部产品进行检验和分析，通过对原材料和半制品等进行检验，并调整其性能和工艺参数。在此基础上，经常进行综合分析，采取有效的技术措施，使产品符合质量的标准，达到优质、高产和低消耗的目的。

棉纺厂是多工序和连续性的生产，要纺出符合设计要求的纱线线密度，必须控制好各工序的重量和重量偏差，尤其要掌握好并条的重量，其次是棉卷不匀率、棉卷伸长率和粗纱伸长率，这对稳定成纱重量不匀率有十分重要的关系。控制重量偏差的目的主要有以下几项。

(1)纱、线(成品)每批重量偏差,控制在 ±2.5% 以内。

(2)纱、线(成品)全月累计重量偏差,控制在 ±0.5% 以内。

(3)调节和控制并条重量为主要手段,力求做到细纱不调或少调变化齿轮。

(4)制细纱重量时,要考虑筒摇伸缩率及化纤产品锭捻缩率,使最后的成品符合公称重量要求。

国家标准规定,纱线品质以分等或分级评定。纱线的各项质量指标,必须符合标准中规定的技术要求,并力求做到重量不匀率(重量变异系数)低,重量偏差稳定,强力高,条干均匀度好,疵点少,成形正常,以满足织造工序和用户的生产要求。

第二节　开清棉上机试纺实验

一、实验目的

(1)开清棉各单机工艺参数的选择与计算。根据生产任务,学习翻改产品特数,计算牵伸齿轮齿数的方法。

(2)开清棉上机的质量要求,熟悉开清棉工艺的配置及调节对产品质量的影响。检验棉卷定量(棉卷重量)、重量偏差、棉卷含杂率、重量不匀率和棉卷伸长率、开清棉落棉率及其分析等。

(3)用所学的理论知识分析和解决生产中实际问题的能力。

二、基础知识

并条机工艺设计是根据棉卷规格要求,对清棉机的工艺进行具体的设计和必要的调整,使其生产出合格的棉卷。

开清棉工艺配置及工艺调节要求我们熟悉开清棉设备的组成、作用和工作原理,掌握这些设备的调节原理、方法以及这些调节对产品质量的影响。

三、实验设备与用品

开清棉典型流程一套或单机若干台、棉卷秤、棉卷均匀度试验机、电子天平、Y101 型原棉分析机等。

四、实验内容

1. 棉卷定量翻改上机实验　本实验内容要求根据选定的棉卷定量,配置并调整开清棉各单机工艺参数,调整清棉机牵伸变化齿轮,改变棉卷罗拉和天平罗拉之间的牵伸倍数 E,获得重量差异在 1% 内的棉卷;根据确定的棉卷长度调节棉卷长度变换齿轮,直至棉卷长度达到要求和控制范围。

（1）棉卷的定量：

$$棉卷定量(g/m)=满卷净重(kg)\times 1000/满卷实际长度(m)$$
$$满卷实际长度(m)=满卷计算长度(m)\times(1+伸长率)$$

（2）棉卷的实际牵伸倍数：

$$E_{实}=5\times 棉卷定量(g/m)/生条定量(g/5m)$$

在棉卷生产过程中，由于开清棉工序存在一定的落棉等，所以，实际牵伸倍数与机械牵伸倍数不相同。在实际工艺时，应该考虑这些因素的影响，两者的关系如下：

$$E_{实}=E_{机}/(1-落棉率)=E_{机}\times\frac{1}{\eta}$$

其中，$\frac{1}{\eta}$是牵伸配合率。

计算时，首先确定牵伸配合率，然后根据实际牵伸倍数$E_{实}$，计算出机械牵伸倍数$E_{机}$。

（3）开清棉机加工棉卷的机械牵伸倍数$E_{机}$。在成卷机中，为了获得一定规格的棉卷，需要对棉卷罗拉和天平罗拉之间的牵伸倍数$E_{机}$的大小进行调整。

$$E_{机}=牵伸常数\times 牵伸变换齿轮齿数$$

（4）牵伸配合率：

$$\frac{1}{\eta}=1-落棉率=E_{机}/E_{实}$$

一般情况下，η为109.8%左右。

（5）棉卷长度。开清棉机棉卷长度齿轮（码分齿轮）增加时，棉卷长度长；齿数减少，棉卷长度短。试纺后，测定棉卷的长度，当棉卷的长度有差异时，要重新调整齿轮的齿数，再试纺，直至棉卷长度达到要求和控制范围。

2. 棉卷品质检验的上机实验 棉卷品质检验的上机实验主要包括棉卷重量逐只加减砝码称重、棉卷的均匀度、棉卷含杂率、棉卷的落棉率和棉卷的伸长率等。

（1）棉卷重量的加减砝码称重法。在单打手成卷机上棉卷生产到一定的长度时就会自动切断，所以每只棉卷的长度是一定的，因此，棉卷的重量也应控制在一定范围内。每落下一只棉卷，须予以称重，一般规定重量差异在1%内。为了避免原棉回潮的变化而影响棉卷重量，一般在磅秤上须用加减砝码的方法来调节。此项工作应该根据棉卷的回潮率进行调节。

（2）棉卷的均匀度。棉卷均匀度用每米长度的重量不匀率表示。它是在棉卷均匀度实验仪上进行的。将每米长度棉层自动切断称重，做好记录，用不匀率公式计算出棉卷的重量不匀率。不匀率越大，表示越不均匀。

$$棉卷重量不匀率=2\times\frac{(平均重量-平均重量以下的平均)\times 平均以下项数}{(平均\times 总项数)}\times 100\%$$

（3）棉卷的含杂率。棉卷含杂率影响到生条含杂率和细纱结杂。开清棉工序对于较大杂质,如棉籽、籽棉、破籽等比较容易清除,对于细小杂质则在梳棉机上较容易清除。为了防止可用纤维的损失,对清棉机落棉含杂率要加以适当控制。棉卷含杂试验在纤维杂质分离机上进行,含杂率计算公式如下:

$$棉卷含杂率 = \frac{杂质重量}{试样重量} \times 100\%$$

(4)棉卷的落棉率。开清棉的落棉中,大部分是杂质,也是一部分可用纤维一同成为落棉。从理论来说,落棉中杂质越多越好。落棉率只反映落棉的数量,还不能反映落棉的质量。生产中,常用落棉率、落棉含杂率和除杂效率来反映落棉的数量和质量,分别表达如下:

$$落棉率 = \frac{落棉重量}{喂入原棉重量} \times 100\%$$

$$落棉含杂率 = \frac{落棉中杂质重量}{落棉重量} \times 100\%$$

$$落杂率 = \frac{落棉中杂质重量}{喂入原棉重量} \times 100\%$$

$$除杂效率 = \frac{落杂率}{原棉含杂率} \times 100\%$$

(5)棉卷的伸长率。

$$伸长率 = \frac{(实际长度 - 计算长度)}{(计算长度)} \times 100\%$$

试验时要通过试纺和反复调整有关的工艺参数,直至棉卷达到一定的质量控制指标。

3. 棉卷的质量控制 开清棉工序的棉卷质量指标主要包括以下几个方面。

(1)棉卷重量偏差和正卷率。棉卷的重量指标可用棉卷重量偏差及正卷率来衡量。

①棉卷重量偏差计算:

$$棉卷重量偏差 = \frac{(G - G_0)}{G_0} \times 100\%$$

式中:G——清棉机实际生产的棉卷重量,kg/只;

G_0——设计棉卷重量,kg/只。

开清棉联合机的棉卷重量偏差一般范围是:±1%。

②正卷率:开清棉联合机重量合格的棉卷数量占总生产量的百分率称为正卷率,生产中开清棉联合机的正卷率应在99%以上(正卷是指棉卷重量在标准重量的±1.5%范围内的棉卷)。

(2)棉卷重量不匀率与伸长率。棉卷重量不匀率是反映棉卷每米棉层重量的差异程度的指标。每米棉卷的重量差异越大,则棉卷的重量不匀越大。一般棉卷的重量不匀率应控制在0.8%~1.1%;涤卷的重量不匀率应控制在1.2%左右。

棉卷重量不匀率主要评价棉卷纵向1m片段质量的均匀情况,同时测定棉卷的实际长度,核算棉卷伸长率,供改进生产参考。及时调整和降低同品种各机台棉卷的伸长率差异,减小棉卷的不匀率,可稳定纱线重量不匀率和质量偏差。

①棉卷重量不匀率为0.8% ~1.2%。

②棉卷伸长率为2.2% ~3.2%,台差小于1%。

(3)棉卷含杂率。棉卷含杂率主要评价棉卷的含杂量。对照混棉成分中的原棉平均含杂率,可计算开清棉联合机的除杂效率,作为调整清棉、梳棉工艺的参考。棉卷含杂率按原棉含杂率制订指标,一般为0.9% ~1.6%(表4-3)。

表4-3 棉卷含杂率参考指标

原棉含杂率(%)	1.5以下	1.5~2.0	2.0~2.5	2.5~3.0	3.0~3.5	3.5~4.0	4.0以上
棉卷含杂率(%)	0.9以下	1~1.1	1.2~1.3	1.3~1.4	1.4~1.5	1.5~1.6	1.6以上

(4)总除杂率和总落棉率。通过了解开清棉联合机落棉的数量和落棉中落杂的多少,计算其除杂效率,由此分析开清棉联合机工艺处理和机械状态是否适当,以提高质量,节约用棉。根据原棉含杂率确定除杂效率和统破籽率,清棉除杂和落棉参考指标见表4-4。

表4-4 清棉除杂和落棉参考指标

原棉含杂率(%)	除杂效率(%)	落棉含杂率(%)	统破籽率(%)
1.5以下	30~40	50	60~75
1.5~2.0	35~45	55	65~80
2.0~2.5	40~50	58	70~85
2.5~3.0	45~55	60	75~90
3.0~3.5	50~60	63	80~95
3.5~4.0	55~65	65	85~95
4.0以上	60以上	68	85~95

思考题

1. 试述改善棉卷含杂数量的途径?

2. 试述棉卷在卷绕时产生意外伸长的原因?

3. 在开清棉工序中,为了提高开松除杂效果,应该采取哪些有效的技术措施?

4. 棉卷质量的控制指标有哪些?它们对成纱的质量有什么影响?试述棉卷质量的控制方法?

5. 在开清棉工序中,为了提高棉卷均匀度所采用的方法?

6. 试述开清棉工艺设计原理和主要影响因素?

第三节　梳棉上机试纺实验

一、实验目的

（1）掌握梳棉机工艺参数的选择与计算。根据生产任务，学习翻改产品特数，计算牵伸齿轮齿数的方法。

（2）了解梳棉机上机的质量要求，熟悉梳棉机工艺的配置及调节对产品质量的影响。检验生条定量、重量偏差、重量不匀率、条干不匀率、生条含杂率、梳棉机落棉率及其分析等。

（3）锻炼用所学的理论知识分析和解决生产中实际问题的能力。

二、基础知识

根据纺纱工艺设计单提供的生产工艺条件，对梳理机的工艺进行设计和必要的调节，生产出符合质量要求的纤维条。

此实验是一个实践性很强的实验，它不仅要求我们熟悉梳理机的工作原理，掌握这些设备的机构组成、作用、任务、作用原理和调整方法，而且还要运用所学的理论知识对生产中遇到的问题进行分析。在上机之前，根据所用原料的性质，运用所学的理论，对梳理机生产的工艺进行设计，确定梳理机的上机工艺参数。

梳理机的工艺调节所涉及的部位很多，主要包括针布的选择、各部件的速度和隔距的确定。针布的选择主要根据原料的线密度、长度以及强度等指标选择。而锡林速度、刺辊速度、道夫速度需要根据原料的性能来确定。隔距的配置不仅影响梳理效能、纤维损伤情况及除杂效果，而且对下机生条的短纤率、棉结以及制成率有直接影响。隔距的大小需要根据原料性能和半制品的品质要求调整。实验过程中，必须根据生产中出现的具体问题，对各工艺参数进行具体的分析和调整。

三、实验设备与用品

梳棉机典型机台、条干均匀度仪、条粗测长器、电子天平、Y101 型原棉分析机等。

四、实验内容

1. 生条定量翻改上机实验　根据所给原料和工艺要求，配置梳棉机工艺，确定生条定重、输出速度、牵伸倍数、梳理隔距、梳理速度等参数；根据所定的工艺，调整梳棉机的牵伸倍数、各梳理隔距、刺辊和道夫转速等工艺参数，并记录。最终获得重量差异符合要求的生条。

（1）生条定量的控制范围。梳棉机牵伸倍数随所纺纱的线密度不同而不同。在纺低特纱时，常选用较大的牵伸倍数，同时棉卷的质量较轻，因此，生条定量较轻；反之，应较重。在纺线密度相同或相近的纱时，一般若产品质量要求较高可采用较轻的生条定量。

一般生条定量轻，有利于提高转移率，有利于改善锡林和盖板间的分梳效果。

当梳棉机在高速高产和使用金属针布以及其他高产措施后，定量过轻有以下缺点。

①喂入定量过轻，则在相同条件下棉层结构不够均匀（如产生破洞等），且由于针面负荷低，纤维吞吐量少，不易弥补，因此生条条干较差。

②生条定量轻，直接提高了道夫转移率，降低了分梳次数，在高产梳棉机转移率较高、分梳次数已显著不足的情况下，必将影响分梳质量。

③生条定量轻，为保持梳棉机一定的台时产量，势必要提高道夫转速，这不利于剥棉并易造成棉网飘动而增加断头，对生条条干不利。所以生条定量不易过轻，一般为 20 ~ 25g/5m；但也不宜过重，以免影响梳理质量。梳棉生条定量控制范围见表 4 – 5、表 4 – 6。

表 4 – 5　梳棉机生条定量的控制范围

机　　型	A186F、A186G FA201B、FA203A	FA221、FA224、 FA225、FA231	FA232A	DK903
产量[kg/(台·h)]	最高 40	25 ~ 70	40 ~ 80	最高 140
生条定量(g/5m)	17.5 ~ 32.5	20 ~ 32.5	20 ~ 32.5	20 ~ 50

表 4 – 6　生条定量的控制范围（锡林转速 360r/min 左右）

纱线密度(tex)	32 以上	20 ~ 30	12 ~ 19	11 以下
生条定量(g/5m)	22 ~ 28	20 ~ 26	18 ~ 24	16 ~ 22

（2）定量与牵伸的计算。梳棉机牵伸倍数的上机实验包括棉条实际牵伸倍数、梳棉机加工生条的机械牵伸倍数和牵伸配合率等。

①梳棉机实际牵伸倍数：

$$E_{实} = \frac{棉卷定量(g/m) \times 5}{生条定量(g/5m)}$$

计算时，定量均按公定回潮率的重量或干重量来计算。

②梳棉机机械牵伸倍数：

$$E_{机} = 圈条压辊线速度/棉卷罗拉线速度 = 牵伸常数/牵伸变换齿轮齿数$$

在梳棉生产过程中，由于部分杂质、短绒和少量的可纺纤维会成为落棉，所以，实际牵伸倍数与机械牵伸倍数有一定的差异。在实际计算牵伸变换齿轮时应该考虑这些因素的影响，它们有以下的关系：

$$E_{实} = E_{机}/(1 - 落棉率) = E_{机} \times \frac{1}{\eta}，其中 \frac{1}{\eta} 是牵伸配合率。$$

一般先确定牵伸配合率，再根据实际牵伸倍数 $E_{实}$，计算出机械牵伸倍数 $E_{机}$。$E_{机} = E_{实} \times \eta$

③牵伸配合率 $\frac{1}{\eta} = 1 - 落棉率 = E_{机}/E_{实}$，一般情况下，$\eta$ 为 104.89% 左右。

（3）梳棉机变换齿轮上机调整。

①梳棉机压辊齿轮：调节梳棉机棉网张力大小。齿数增加，棉网张力小，纺出重量重；齿数减少，棉网张力大，纺出重量轻。

②梳棉机快慢齿轮：调节道夫速度。齿数增加，道夫速度加快；齿数减少，道夫速度减慢。

③梳棉机轻重齿轮：调节纺出重量轻重。齿数增加，纺出重量重，牵伸倍数小；齿数减少则反之。

根据理论设计要求，上机安装梳棉机有关变换齿轮，并调整其他工艺参数。试纺后，测定有关参数，当发现有较大的差异时，要重新调整变换齿轮的齿数，再试纺，直至生条的质量达到规定的要求。

2. 生条品质检验的上机实验

(1)生条重量、重量不匀和回潮率。

①生条的重量偏差：

$$生条的重量偏差 = \frac{生条实际平均干重 - 设计标准干重}{设计标准干重} \times 100\%$$

根据以上的关系，上机和调整变化齿轮，试纺后，测定生条的重量偏差、生条的重量不匀率等，如果发现定量偏差较大时，要重新调试和确定齿轮的齿数，再试纺，直至纺出重量正确，达到控制范围的要求。

②生条的重量不匀率：

$$重量不匀率 = \frac{2 \times (平均重量 - 平均重量以下平均) \times 平均以下项数}{平均 \times 总项数} \times 100\%$$

用测长仪摇取长度5m的时间控制在(4±0.5)s，取样数不少于20段，逐一称重。

(2)梳棉机落棉检验(表4-7)。

①在准备试验用的棉卷上取100g棉卷作为棉卷含杂试验样品。

②称重并记录实验用棉卷、棉条筒的重量。

③在后车肚内铺放牛皮纸，如有吸尘装置，必须先堵吸风口，然后铺放牛皮纸。

④开车、生头，将未成条的回花收集称重做记录。

⑤对满筒的棉条筒逐筒过磅并记录棉条重量。

⑥试验结束后，收集末尾的回花及未用完的棉卷分别称重记录。

⑦分析试样的结杂，开车20~30min后取样，做1g棉条中棉结杂质粒数检验；取100g棉条，做生条含杂试样。

⑧分别分析后车肚花、斩刀花、抄针花的含杂，也可将前车肚与后车肚一起分析。

$$总落棉率 = \frac{落棉总重量}{净喂入棉卷重} \times 100\%$$

$$落棉总重量 = 后车肚花 + 抄针花 + 盖板花 + 前车肚花 + 扫车花 + 油花 + 绒辊花$$

$$某部分落棉率 = \frac{某部分落棉重量}{净喂入棉卷重量} \times 100\%$$

$$落棉含杂率 = \frac{试样含杂重量}{净喂入分析机试样重量} \times 100\%$$

$$落棉含纤率=\frac{试样含纤维重量}{净喂入分析机试样重量}\times100\%$$

$$落杂率=\frac{杂质重量}{净喂入棉卷重量}\times100\%$$

$$=(落棉率\times落棉含杂率)\times100\%$$

$$落纤率=落棉率\times落棉含纤率\times100\%$$

$$可纺纤维百分率=\frac{可纺纤维重量}{分析长度试样重}\times100\%$$

可纺纤维指 16mm 长度以上的纤维，从分析机的净棉中取样，试样为 50mg。

$$总除杂效率=\frac{棉卷含杂率-生条含杂率\times制成率}{棉卷含杂率}\times100\%$$

$$部分除杂率=\frac{某部分落杂率}{各部分落杂率之和}\times总除杂效率\times100\%$$

或：

$$部分除杂效率=\frac{某部分落杂率}{棉卷含杂率}\times100\%$$

$$风耗率=1-(制成率+总落棉率)$$

$$棉卷含杂率=\frac{分离出的杂质重量}{喂入分析机的棉卷重量}\times100\%$$

$$生条含杂率=\frac{分离出杂质重量}{净喂入分析机的生条重量}\times100\%$$

表 4-7　落棉实验表

<table>
<tr><td>棉卷重量(kg)</td><td rowspan="6">落棉分析项目</td><td rowspan="6">落棉重量(g)</td><td rowspan="6">落棉率(%)</td><td colspan="8">落棉分析</td></tr>
<tr><td></td><td colspan="3">杂质</td><td colspan="4">纤维</td><td rowspan="5">部分除杂效率(%)</td></tr>
<tr><td>生条重量(kg)</td><td rowspan="4">杂质重(g)</td><td rowspan="4">落棉含杂率(%)</td><td rowspan="4">落杂率(%)</td><td rowspan="4">纤维重(g)</td><td rowspan="4">落棉含纤率(%)</td><td rowspan="4">落纤率(%)</td><td rowspan="4">可纺纤维百分率(%)</td></tr>
<tr><td></td></tr>
<tr><td>回花、回条(kg)</td></tr>
<tr><td></td></tr>
<tr><td>棉卷含杂率(%)</td><td>后车肚</td><td></td><td></td><td></td><td></td><td></td><td></td><td></td><td></td><td></td><td></td></tr>
<tr><td></td><td>盖板花</td><td></td><td></td><td></td><td></td><td></td><td></td><td></td><td></td><td></td><td></td></tr>
<tr><td>生条含杂率(%)</td><td>抄针花</td><td></td><td></td><td></td><td></td><td></td><td></td><td></td><td></td><td></td><td></td></tr>
<tr><td></td><td>合计</td><td></td><td></td><td></td><td></td><td></td><td></td><td></td><td></td><td></td><td></td></tr>
<tr><td>制成率(%)</td><td></td><td colspan="3">总除杂效率(%)</td><td></td><td colspan="2">棉卷含水率(%)</td><td></td><td colspan="2">棉条含水率(%)</td><td></td></tr>
<tr><td>备　注</td><td colspan="11"></td></tr>
</table>

(3)生条条干均匀度。采用电容式条干均匀度仪，试样一般取 70m，半桶时取样，试验速度一般取 25m/min，实验时间 2.5min。

(4)生条棉结杂质。每台车取0.5g生条一段,采用棉结杂质检验装置,在自然光下由人工计数棉结和杂质数量。

3. 生条的质量控制 生条质量的好坏,不仅反映生条质量或梳棉工序工艺技术水平的质量指标,而且还直接影响到细纱的质量指标,主要包括生条条干不匀率、生条重量不匀率、生条短绒率、生条中棉结杂质含量和总落棉率。一般梳棉机的落棉率为3% ~5%。它可分为生产运转中经常性检验项目和参考项目两大类,见表4-8。

表4-8 梳棉工序质量控制参考指标

<table>
<tr><th colspan="2">经常性检验项目</th><th colspan="2">参考项目</th></tr>
<tr><td>生条条干不匀率</td><td>4.0% ~5.0%</td><td rowspan="4">棉网清晰度</td><td rowspan="4">反映棉网中纤维的伸直平行度和分离程度</td></tr>
<tr><td>生条重量不匀率</td><td>4.0%以下</td></tr>
<tr><td>生条含杂率</td><td>0.2%</td></tr>
<tr><td>1g生条中棉结/杂质粒数</td><td>(15~50)/(60~110)</td></tr>
<tr><td rowspan="4">后车肚落棉率与棉卷含杂率之比</td><td>中高特纱:100~120</td><td rowspan="4">生条短绒率</td><td rowspan="4">14%以下</td></tr>
<tr><td>中特纱:120~150</td></tr>
<tr><td>低特纱:150~160</td></tr>
<tr><td>刺辊部分的除杂效率:50% ~60%</td></tr>
</table>

思考题

1. 如何控制梳棉生条的质量指标?
2. 梳棉机的主要工艺参数对梳棉机生条的质量有何影响?
3. 牵伸齿轮改变后,是否影响梳棉机理论产量?道夫速度改变后,是否影响纺出的生条定量?
4. 梳棉机能否将不均匀的棉卷加工成均匀的棉条?为什么?
5. 为什么梳棉机的实际牵伸倍数和机械牵伸倍数有差异?
6. 梳棉机锡林、盖板和道夫速度的大小对生条的混和均匀作用有何影响?

第四节 精梳上机试纺实验

一、实验目的

(1)掌握精梳工艺参数的选择与计算。

(2)了解精梳机上机的质量要求,熟悉精梳工艺的配置及调节对产品质量的影响。

(3)锻炼用所学的理论知识分析和解决生产中实际问题的能力。

二、基础知识

精梳机工艺设计是根据产品规格要求,对精梳机的工艺进行具体的设计和必要的调整,使其生产出合格的纤维条。

精梳机工艺配置及工艺调节要求我们熟悉精梳机的组成、作用和工作原理,掌握这些设备的调节原理、方法以及这些调节对产品质量的影响。精梳机的作用主要是排除生条中的短绒和结杂,进一步提高纤维平行顺直度。主要的工艺参数包括喂入小卷和输出条定重、输出速度、牵伸倍数、给棉方式和给棉长度、钳板定时定位、锡林定时定位、分离罗拉准转定时,顶梳进出高低、精梳落棉率等。

三、实验设备与用品

精梳机一台、条干均匀度仪一台、条粗测长器一台、纤维条若干。

四、实验内容

1. 精梳机牵伸倍数的上机实验 精梳机牵伸倍数的上机实验包括棉条实际牵伸倍数、精梳机加工棉条的机械牵伸倍数和牵伸配合率等。

(1)精梳机的实际牵伸倍数 $E_{实}$。精梳机的实际牵伸倍数主要由小卷定量、车面精梳条的并合数、精梳机定量决定。

$$E_{实}=\frac{小卷定量(g/m)\times 5\times 车面精梳条并合数}{精梳条定量(g/5m)}$$

计算时,定量均按公定回潮率的重量计算。

(2)精梳机加工精梳条的机械牵伸倍数 $E_{机}$。精梳机的机械牵伸倍数是指圈条压辊和承卷罗拉之间的牵伸倍数。

$$E_{机}=牵伸常数\times 牵伸变换齿轮齿数$$

在生产过程中,由于部分杂质、短绒和少量的可纺纤维会成为落棉,所以,实际牵伸倍数与机械牵伸倍数不相等。在实际计算牵伸倍数时,须考虑这些因素的影响,它们的关系如下:

$$E_{实}=E_{机}/(1-落棉率)=E_{机}\times\frac{1}{\eta}$$

其中,$\frac{1}{\eta}$ 是牵伸配合率。

计算时,先确定牵伸配合率,根据实际牵伸倍数 $E_{实}$,计算机械牵伸倍数 $E_{机}=E_{实}\times\eta$。

一般情况下,η 为101%左右。

根据设计工艺等要求上机安装牵伸变换齿轮,并调整其他工艺参数。试纺后,测定精梳条的定量，如果定量超出控制范围时，要重新反复试纺，直到精梳条定量达到一定的控制范围。

2. 精梳机定时定位上机调整

(1)精梳机给棉方式和给棉棘轮调节：调节精梳机给棉长度的大小。棘轮齿数增加，给棉长度缩短，锡林对小卷的梳理作用强，可提高棉网质量，但影响精梳机的产量；增加给棉长度时，产量增加，但若小卷中纤维的伸直平行度差时，将会增加锡林梳理负荷，使落棉增多。所以，当纤维长度长，小卷的定量轻，准备工艺好时，可以采用长给棉。

(2)锡林定时、钳板定时、分离罗拉顺转定时按照工艺设计要求进行调整。

(3)落棉隔距调节：落棉隔距越大，锡林对棉丛的梳理效果越好，棉网质量提高，但精梳落棉率高。落棉隔距对于落棉率和精梳条质量有很大的影响，隔距大，落棉多。在原棉和工艺条件不变时，落棉隔距每增减1刻度，落棉率变化为2%～2.5%。落棉隔距是调节落棉和锡林梳理的重要手段，落棉隔距的大小主要根据纺纱线密度、纺纱的质量、原棉性能和落棉要求等因素决定。

3. 精梳条品质检验的上机实验

(1)精梳条重量、重量不匀和回潮率。精梳条重量、重量不匀和回潮率实验仪器、试验方法、实验结果的计算方法同生条。

(2)精梳条条干均匀度实验。精梳条条干均匀度实验仪器、试验方法、实验结果的计算方法同生条。

(3)精梳机落棉检验。精梳落棉分析每次实验的试样不少于300g，每月每台1～2次。

①关车，清除落棉，空条桶称重，将准备好的精梳小卷逐只称重并做好记录；放上准备好的空条桶，开车，待条桶纺满后关车。

②称满桶重量，分别称取每眼落棉重量。实验过程中有回花、回条要一并收取称重，分别将剩余的棉卷逐只称重，并做好记录。

③记录实验机台的工艺参数，如落棉隔距、顶梳安装尺度和给棉长度等。

④改变落棉隔距，重复上述的实验过程。

⑤将落棉隔距恢复到原来的位置，改变顶梳安装尺度，再重复上述的实验过程。

⑥实验结果计算：

$$\text{喂入总重量}=(\text{满桶重量}-\text{空桶重量})+\text{落棉总重量}+\text{回条}+\text{回花}$$

$$\text{各眼喂入重量}=\text{开车前小卷重量}-\text{关车后小卷重量}$$

$$\text{平均落棉率}=\frac{\text{落棉总重量}}{\text{喂入总重量}}\times 100\%$$

$$\text{各眼落棉率}=\frac{\text{各眼落棉重量}}{\text{各眼喂入重量}}\times 100\%$$

4. 精梳条的质量控制　精梳条的质量控制指标主要有落棉率、精梳条重量不匀率、条干不匀率、棉结杂质、短绒率、落棉短绒率等。

(1)条卷质量。条卷质量指标主要有重量不匀率、短纤维指标(表4-9)。

表4-9 条卷重量不匀率及短纤维率的控制范围

纺纱线密度(tex)	大于7.29	5.83~7.29	小于5.83
条卷重量不匀率(%)	0.90~1.10	1.05~1.15	1.10~1.20
条卷短纤维率(%)	13~15(16.5mm以下)	12~14(20.5mm以下)	12~14(20.5mm以下)

(2)精梳条质量。

①精梳落棉率控制的范围。精梳落棉率一般规律是:当成纱质量要求越高、所纺纱线线密度越细、所用纤维越长、给棉长度长、后退给棉方式时,精梳落棉率应增加。具体的控制范围参考值见表4-10。

表4-10 精梳落棉率的控制范围

项目	成纱品种	落棉率(%)	项目	线密度范围	落棉率(%)
精梳、全精梳及特种精梳纱的落棉率	半精梳纱	12~15	纺纱线密度(tex)	30~14	14~16
	全精梳纱	14~20		14~10	15~18
	特种精梳纱	21~24		10~6	17~20
				6~4	19~23

②精梳条重量不匀率控制范围。精梳条重量不匀率以平均差系数来表示,其控制范围随纺纱线密度的不同而不同。纺纱线密度在9.5tex以上,精梳条重量不匀率控制在1.1%~1.4%;纺6~7tex精梳纱,精梳条重量不匀率控制在1.3%~1.6%。

③精梳条条干不匀率的控制范围见表4-11。

表4-11 精梳条条干不匀率的控制范围

精梳条条干*CV*值(%)USTER2001年公报		精梳条萨氏条干*CV*值(%)	
5%水平	2.74~2.95	9.5tex以上	18~25
50%水平	3.04~3.38	6~7tex	20~28
95%水平	3.60~3.80		

精梳机机型不同,质量指标有较大差异,在正常配棉条件下,其控制范围见表4-12和表4-13。

表4-12 精梳条质量的控制范围

精梳条干*CV*值(%)	精梳条短绒率(%)	精梳条重量不匀率(%)	精梳后棉结清除率(%)	精梳后杂质清除率(%)
小于3.8	小于8	小于0.6	大于17	大于50

表4-13 精梳落棉率的控制范围

纺纱线密度(tex)	30~14	14~10	10~6	小于6
参考落棉率(%)	14~16	15~18	17~20	大于19
落棉含短绒率(%)	大于60			

思考题

1. 精梳前准备工序的工艺道数，一般采用偶数法则，为什么？
2. 精梳棉条与普梳棉条有何不同？精梳纱与普梳纱的质量有什么区别？
3. 精梳落棉的工艺影响？

第五节　并条上机试纺实验

一、实验目的

(1)掌握并条工艺参数的选择与计算。

(2)了解并条机上机的质量要求，熟悉并条工艺的配置及调节对产品质量的影响。

(3)锻炼用所学的理论知识分析和解决生产中实际问题的能力。

二、基础知识

并条机工艺设计是根据产品规格要求，对并条机的工艺进行具体的设计和必要的调整，使其生产出合格的纤维条。

并条机工艺配置及工艺调节要求我们熟悉并条机的组成、作用和工作原理，掌握这些设备的调节原理、方法以及这些调节对产品质量的影响。并条机的作用主要是将纤维条进行牵伸、并合，达到使纤维平行顺直、充分混和的目的。其主要的工艺参数包括输出条定重、输出速度、牵伸倍数及牵伸隔距等。

三、实验设备与用品

并条机一台、条干均匀度仪一台、条粗测长器一台、电子天平若干、纤维条若干。

四、实验内容

根据所给原料和工艺要求，配置并条机工艺，确定输出条定重、输出速度、牵伸倍数及牵伸隔距等参数；根据所定的工艺，调整并条机的并合根数、牵伸倍数、牵伸隔距、前罗拉转速等工艺参数，并记录。

1. 熟条定量翻改上机实验　本实验内容要求根据选定的熟条定量，调整并条机牵伸变化齿轮，改变导条罗拉和圈条小压辊之间的牵伸倍数 E，获得重量差异符合要求的熟条。

(1)熟条定量与牵伸的计算。并条机牵伸倍数的上机实验包括棉条实际牵伸倍数、机械牵伸倍数和牵伸配合率等。

$$\text{实际牵伸 } E_{\text{实}} = \frac{\text{生条定量(g/5m)} \times \text{并合数}}{\text{并条定量(g/5m)}}$$

计算时，定量均按公定回潮率的重量或干重量来计算。

$$\begin{aligned}\text{并条机械牵伸倍数 } E_{\text{机}} &= \text{圈条小压辊线速度/导条罗拉线速度}\\ &= \text{牵伸常数/牵伸变换齿轮齿数}\end{aligned}$$

在棉条加工过程中，考虑到生产中存在一定的纤维散失量、胶辊打滑、机器状态和设备老化程度等因素，所以实际牵伸倍数与机械牵伸倍数存在有一定的差异。在实际工艺设计时，应该考虑这些因素的影响，它们有以下的关系：

$$E_{实} = E_{机} \times \frac{1}{\eta}$$

其中，$\frac{1}{\eta}$ 是牵伸配合率。

一般先确定牵伸配合率，再根据实际牵伸倍数 $E_{实}$，计算出机械牵伸倍数 $E_{机}$，$E_{机} = E_{实} \times \eta$。

牵伸配合率 $\frac{1}{\eta} = E_{机}/E_{实}$，一般情况下，头条的 η 为99%左右，末条的 η 为98%左右，三条的 η 为97%左右。

(2)并条机变换齿轮上机调整。

①并条机冠齿轮：调节纺出重量的轻重。齿数增加，纺出重量轻，牵伸倍数增大；齿数减少则反之。

②并条机轻重齿轮(后罗拉齿轮、底齿轮)：调节纺出重量的轻重。齿数增加，纺出重量轻，牵伸倍数增大；齿数减少则反之。

根据理论设计要求，上机安装并条机有关变换齿轮，并调整其他工艺参数。试纺后测定纺出重量的轻重，当重量偏差超出范围时，要重新计算和选择齿轮的齿数，再试纺，直至纺出重量正确，达到控制范围的要求。

(3)熟条定量的控制。为了保证生产出符合国家标准要求的低特纱，控制末道并条特数是关键。这是因为粗纱机和细纱机的机台多，调节较复杂，还易造成较大的产品质量波动，而并条机调节方便，定量易控制稳定，并在粗纱和细纱工序中还有继续调节的余地。只要并条质量控制正确，细纱定量波动就小。所以，生产厂家都以控制末道并条定量来保证细纱定量偏差。

生产厂以棉条的实际平均干燥定量与设计的标准干燥定量之间的差异率求出纺出重量偏差。为使生产波动小，每个班都要测试熟条定量三次，若定量超过规定范围，换牵伸齿轮时还要分析下列因素后再确定调换。

①一台车眼与眼之间差异大时，可不调换牵伸齿轮齿数，应复试后查明原因。

②如上次试验结果定量轻重趋势与本次相同，应调换牵伸齿轮齿数，如相反，复试后再决定调换齿轮。

③如回潮率变化较大时，调换牵伸齿轮齿数要慎重。

④如果台与台之间的重量差异大时，要结合考虑大部分机台定量轻重的趋势而定，可以将超过控制上限的机台多调些。

⑤调换牵伸齿轮时，还要注意细纱累计轻重趋势，一般对细纱偏轻掌握，如果细纱累计偏重，熟条要偏轻掌握，可减少细纱牵伸变换齿轮的调换次数，以达到稳定生产的目的。

若喂入品定量不变，要求改变输出定量时，必须改变牵伸倍数。在并条上是用牵伸变换齿轮（轻重牙）与牵伸微调齿轮（冠牙）配合起来调节定量的，牵伸变换齿轮可作为粗调，微调齿轮作为细调。

$$机械牵伸倍数(E)=\frac{后罗拉每转时前罗拉输出的长度}{后罗拉每转的长度}$$

$$=牵伸常数\times\frac{牵伸齿轮齿数}{冠齿轮齿数}$$

重量偏差按下式计算：

$$\Delta G=\frac{G_0-G}{G}\times100\%$$

式中：ΔG——重量偏差；

G_0——实际干定量，g/5m；

G——标准干定量，g/5m。

2. 熟条品质检验的上机实验

（1）熟条重量偏差、重量不匀率和回潮率。

①熟条的重量偏差：

$$熟条的重量偏差=\frac{生条实际平均干重-设计标准干重}{设计标准干重}\times100\%$$

根据以上的关系，上机和调整轻重齿轮和冠齿轮，试纺后，测定熟条的重量偏差、熟条的重量不匀率等，如果发现定量偏差较大时，要重新调试和确定齿轮的齿数，再试纺，直至纺出重量正确，达到控制范围的要求。

②熟条的重量不匀率：

$$重量不匀率=\frac{2\times(平均重量-平均重量以下平均)\times平均以下项数}{平均\times总项数}\times100\%$$

用测长仪摇取长度5m的时间控制在(4±0.5)s，取样数不少于20段，逐一称重。

③熟条重量的控制。熟条重量的控制每班每台要测试2～4次，以控制5m片段长度的干重为准。一般采用调节末道并条机的牵伸变换齿轮的方法来控制熟条的干重为准。熟条掌握湿重和控制范围，可以按以下公式计算：

熟条掌握湿重＝熟条标准干重×(1＋实际回潮率)

熟条掌握湿重控制范围＝熟条掌握湿重×(1 ± 规定控制百分率)

通过上述的计算和选择，可以上机安装变换齿轮。试纺后，测定并条的重量偏差、并条的重量不匀率等，当定量偏差较大时，要重新调试和确定齿轮的齿数，再试纺，直至纺出重量正确，达到控制范围的要求。

（2）熟条条干均匀度。采用电容式条干均匀度仪，试样一般取70m，半桶时取样，试验速度一般取25m/min，实验时间2.5min。每台每眼实验1次。

（3）熟条的质量控制。熟条质量指标主要有条干不匀率、重量不匀率、重量偏差等，它们的好坏直接影响粗纱和细纱的质量。工厂中对熟条质量的常规性检验项目及参考指标(表4-14)。

表4-14　熟条质量的控制指标

品　　种	回潮率(%)	萨氏条干不匀率(%)不大于	乌斯特条干不匀率(%)	重量不匀率(%)不大于	重量偏差(%)不大于
低特纱	6~7	18	3.2~3.6	0.9	±0.5~±1.0
中、高特纱	6.3~7.3	22	4.1~4.3	1	
涤棉混纺纱	2~4	13	3.2~3.8	0.8	

思考题

1. 为什么要在并条工序进行严格的熟条定量控制?
2. 为了使牵伸过程顺利进行,则握持力与牵伸力之间有何关系,为什么?
3. 并条牵伸过程中,哪种弯钩容易消除和伸直,为什么?
4. 并条的主要工艺参数有哪些?它们对熟条的质量有何影响?
5. 并条机的总牵伸倍数大小对熟条的质量有何影响?叙述并条工序倒牵伸和顺牵伸的特点。
6. 如何控制熟条的质量指标?

第六节　粗纱上机试纺实验

一、实验目的

(1)掌握粗纱工艺参数的选择与计算。

(2)了解粗纱机上机的质量要求,熟悉粗纱工艺的配置及调节对产品质量的影响。

(3)锻炼用所学的理论知识分析和解决生产中实际问题的能力。

二、基础知识

粗纱工艺设计与质量控制是根据纺纱工艺设计要求对粗纱机进行调试,纺出合格的粗纱。粗纱机工艺调节,主要包括粗纱定量(粗纱线密度)、锭速、牵伸倍数(牵伸分配)、牵伸隔距、捻系数、径向卷绕密度、轴向卷绕密度和下铁炮齿轮的齿数等。

粗纱机锭速应根据实验粗纱机的设计速度,结合原料和纺纱的线密度确定;对粗纱线密度,应根据细纱机的牵伸能力、纺纱品种、产品质量要求以及粗纱机的设备性能综合考虑。

改变粗纱线密度需要调节牵伸变换齿轮齿数,此时,仅改变后罗拉速度,前罗拉速度保持不变;粗纱机的牵伸倍数,应根据纺纱线密度、粗纱机的牵伸效能及细纱机的牵伸能力来考虑;粗纱机罗拉隔距主要根据纤维长度和牵伸形式适当配置,还应考虑牵伸倍数、加压轻重等多项因素；粗纱捻系数主要根据纤维长度、线密度、粗纱定量以及加工的纤维品种而定。

三、实验设备与用品

粗纱机一台、条干均匀度仪一台、条粗测长器一台、天平一台、工具一套、粗纱若干。

四、实验内容

根据所纺纱线线密度的要求，设计粗纱机上机工艺；根据所设计的工艺进行上机调试，主要调节牵伸倍数、罗拉隔距、罗拉加压、锭速、捻度、径向卷绕密度、轴向卷绕密度等。

调节完成后，调节张力使纺纱正常后开车一段时间，测试粗纱的线密度和捻度，如果粗纱的线密度偏差超出范围，可以根据设计密度与实际线密度的比值和车上牵伸齿轮齿数计算该调换的齿轮齿数，并进行调整，直至符合要求。如捻度不符合要求，需要调整捻度齿轮齿数，直至符合要求。记录相关数据。

1. 粗纱定量翻改上机实验　本实验内容要求根据选定的粗纱定量，调整粗纱机牵伸变化齿轮，改变后罗拉和前罗拉之间的牵伸倍数 E，获得重量差异符合要求的粗纱。

(1)粗纱定量与牵伸的计算。粗纱机牵伸倍数的上机实验包括实际牵伸倍数、机械牵伸倍数和牵伸配合率等。

$$\text{粗纱机实际牵伸倍数 } E_{实} = \frac{\text{熟条定量(g/5m)} \times 2}{\text{粗纱定量(g/10m)}}$$

计算时，定量均按公定回潮率的重量或干重量来计算。

$$\text{粗纱机机械牵伸倍数 } E_{机} = \text{前罗拉线速度/后罗拉线速度}$$
$$= \text{牵伸常数} \times \text{牵伸变换齿轮齿数}$$

在须条加工过程中，考虑到生产中存在一定的纤维散失量、胶辊打滑、机器状态和设备老化程度等因素，所以，实际牵伸倍数与机械牵伸倍数存在一定的差异。在实际工艺设计时，应该考虑这些因素的影响，它们有以下的关系：

$$E_{实} = E_{机} \times \frac{1}{\eta}$$

其中，$\frac{1}{\eta}$ 是牵伸配合率。

一般先确定牵伸配合率，再根据实际牵伸倍数 $E_{实}$，计算出机械牵伸倍数 $E_{机}$：

$$E_{机} = E_{实} \times \eta$$

$$\text{牵伸配合率 } \frac{1}{\eta} = E_{机}/E_{实}$$

一般情况下，粗纱的 η 为97.2%左右。

(2)粗纱机变换齿轮上机调整。在调整粗纱机构工艺参数时，必须满足上述条件。粗纱机传动系统较为复杂。粗纱机上设有牵伸、捻度、卷绕、升降、成形、角度等六种交换齿轮，配置在一定位置上，一方面起着各自的特定作用，另一方面有时又有相互影响的作用，需要配合协调。

改变粗纱纺出线密度特数时，需调整牵伸变换齿轮齿数，这时，仅改变后罗拉转速，前罗拉输出速度不变。如果粗纱线密度特数改变较大时，将对卷绕直径的增量影响较大，这时需调整成形变换齿轮齿数，使筒管的卷绕速度与龙筋升降速度的逐层降低量与之相适应。本实验内容是改变粗纱纺出定量时，计算牵伸及捻度变换齿轮的齿数，调整相应的工艺参数，上机试纺出所要求的粗纱。

①粗纱机捻度齿轮：调节粗纱捻度的多少。齿数增加，前罗拉速度加快，吐出须条长，但锭子速度不变，所以粗纱捻度减少；齿数减少则反之。

②粗纱机升降齿轮：调节粗纱卷绕密度的多少。齿数增加，粗纱卷绕密度小；齿数减少，粗纱卷绕密度增加。

③粗纱机张力齿轮：调节移动铁炮距离的大小，调节粗纱张力。齿数增加，张力大；齿数减少则反之。

通过试纺，测定粗纱的有关质量指标，当指标偏差过大时，要重新反复调整有关齿轮的齿数，直至达到质量的控制指标。

2. 粗纱品质检验的上机实验

(1)粗纱 10m 平均重量、重量不匀和回潮率实验。

粗纱的重量和重量不匀率。用测长仪摇取长度 10m 的时间控制在 6 ~8s，取样数不少于 20 段，逐一称重。

$$\text{重量不匀率} = \frac{2 \times (\text{平均重量} - \text{平均重量以下平均}) \times \text{平均以下项数}}{\text{平均} \times \text{总项数}} \times 100\%$$

(2)粗纱条干均匀度实验。采用电容式条干均匀度仪，试验速度一般取 25m/min，实验时间 1 ~2. 5min。每台每月实验 1 ~2 次。

(3)粗纱伸长率实验。

①实测后罗拉转数：一般取 50 转；实测前在前罗拉钳口须条上做好开车前起点的记号，50 转关车时做好终止点记号。

②实测中途不能断头，小纱伸长率应在空管卷绕两层左右时关车；大纱伸长率应在落纱前 100m 左右关车。

③测量开、关车标记间的粗纱实际长度，精确到 1cm。

④粗纱计算长度。

$$\text{粗纱计算长度(mm)} = \text{后罗拉转数(50)} \times \text{总牵伸} \times \text{前罗拉直径} \times \pi$$

$$\text{粗纱伸长率} = \frac{\text{粗纱实际长度} - \text{粗纱计算长度}}{\text{粗纱计算长度}} \times 100\%$$

(4)粗纱捻度实验。每个品种取样不少于 20 段，采用粗纱捻度试验机进行测试：将纱样由左至右夹入两端夹头，摇动手柄使捻度退完为止，实验长度为 25cm。记录刻度盘上的捻回数。

$$粗纱平均捻度(捻/10cm)=\frac{全部试验捻度总和\times 0.4}{试样数量}$$

(5)粗纱的质量控制。粗纱质量对成纱质量有十分重要的影响,粗纱的质量控制指标有条干不匀率、重量不匀率、粗纱伸长率等,它们的好坏直接影响细纱的质量(表4-15)。

表4-15 粗纱质量的控制指标

纺纱类别		回潮率(%)	萨氏条干不匀率(%)	乌斯特条干不匀率(%)	重量不匀率(%)	粗纱伸长率(%)
纯棉纱	粗	6.8~7.4	40	6.1~8.7	1.1	1.5~2.5
	中	6.7~7.3	35	6.5~9.1	1.1	1.5~2.5
	细	6.6~7.2	30	6.9~9.5	1.1	1.5~2.5
精梳纱		6.6~7.2	25	4.5~6.8	1.3	1.5~2.5

思考题

1. 粗纱的主要工艺参数有哪些?如何调整?
2. 粗纱为什么要加捻,用什么指标来衡量加捻程度,只用捻度来衡量有什么缺点?
3. 粗纱品质检验有哪些项目?如何控制粗纱的质量指标?
4. 选用粗纱捻系数时应考虑哪些因素?如何掌握和控制?
5. 粗纱伸长率与粗纱张力有什么影响?粗纱伸长率能否充分反映粗纱张力?
6. 粗纱张力过大或过小对粗纱质量有什么影响?
7. 粗纱的加捻作用时怎样实现的?捻度的大小对质量有什么影响?

第七节 细纱上机试纺实验

一、实验目的

(1)掌握细纱工艺参数的选择与计算。

(2)了解细纱机上机的质量要求,熟悉细纱工艺的配置及调节对产品质量的影响。

(3)锻炼用所学的理论知识分析和解决生产中实际问题的能力。

二、基础知识

细纱工艺设计是根据产品要求对细纱机各工艺参数进行设计,在细纱机上进行调试,以保证生产出合格的纱线。

细纱工艺主要包括细纱定量及牵伸倍数设计、捻度设计、速度设计、卷绕圈距设计、钢领板级升距设计、钢领与钢丝圈设计、罗拉中心距设计等。通常先进行细纱定量及牵伸倍数设计，然后进行捻度设计，再进行速度、卷绕圈距、钢领板级升距、钢领与钢丝圈等其他工艺参数设计。

三、实验设备与用品

细纱机，电子天平，纱框测长器，捻度试验机，条干仪，强力仪，粗纱、细纱若干。

四、实验内容

根据产品要求设计细纱机上机工艺，并对细纱机进行调试，主要调节罗拉隔距、锭速、牵伸倍数和捻度。

纺纱时，观察断头或用手提细纱通过手感进行测试，如果断头多或手感张力大，气圈平直；或是气圈半径大，手感张力小，这样就要考虑调整钢丝圈的号数。如果调整钢丝圈号数后，断头仍然多，就要考虑调整车速等其他因素。

开车正常后，对细纱进行线密度和捻度实验。如线密度和捻度不符合工艺要求，根据实测数据进行工艺调整，直至纺出合格的纱线为止。记录实验过程中的相关数据。

细纱为纺纱工程的最后一道工序。产品在正式投产前须先按拟定的工艺参数进行少量试纺。改纺新品种时，也要进行小量试纺。待纺纱号数、捻度等符合国家标准时方可正式投产。

1. 细纱定量翻改上机实验 本实验内容要求根据选定的粗纱和细纱定量，调整细纱机牵伸变换齿轮齿数，改变后罗拉和前罗拉之间的牵伸倍数 E，获得重量差异符合要求的细纱。

（1）定量与牵伸的计算。细纱机牵伸倍数的上机实验包括实际牵伸倍数 $E_{实}$、机械牵伸倍数 $E_{机}$ 和牵伸配合率 $\frac{1}{\eta}$ 等。

$$实际牵伸倍数\ E_{实}=\frac{粗纱定量(g/10m)\times 10}{细纱定量(g/100m)}$$

计算时，定量均按公定回潮率的重量或干重量来计算。

$$\begin{aligned}细纱机机械牵伸倍数\ E_{机}&=前罗拉线速度/后罗拉线速度\\&=牵伸常数\times 牵伸变换齿轮齿数\end{aligned}$$

在细纱生产中存在一定的纤维散失量、皮辊打滑、机器状态和设备老化程度等因素，所以，实际牵伸倍数与机械牵伸倍数存在有一定的差异。在实际工艺设计时，应该考虑这些因素的影响，它们有以下的关系：

$$E_{实}=E_{机}\times\frac{1}{\eta}$$

其中，$\frac{1}{\eta}$ 是牵伸配合率。

一般先确定牵伸配合率，再根据实际牵伸倍数 $E_{实}$，计算出机械牵伸倍数 $E_{机}$：

$$E_{机}=E_{实}\times\eta$$

$$牵伸配合率\ \frac{1}{\eta}=\frac{E_{机}}{E_{实}}$$

一般情况下，细纱的 η 为95%左右。

(2)细纱机变换齿轮上机调整。

①细纱机捻度齿轮：调节细纱捻度。齿数增加，前罗拉速度快，吐出细纱长，但锭子速度不变，所以捻度减少；齿数减少则反之。

②细纱机滚筒齿轮：作用与捻度齿轮相同。当捻度齿轮的齿数调整受到限制时，可以通过滚筒齿轮来调节细纱捻度。

③细纱机棘齿轮(撑齿轮)：调节管纱成形直径，齿数增加，管纱成形直径增加，容量加大；齿数减少则反之。

④皮带盘：调节细纱机的有关速度。电动机皮带盘直径大，速度加快；直径小，速度减慢。

试验时要通过试纺和反复的调整有关齿轮的齿数，直至达到一定的质量控制指标。

2. 细纱品质检验的上机实验

(1)细纱的品质标准。细纱的质量指标主要有条干均匀度(黑板条干或条干变异系数)、重量变异系数、单纱强力变异系数、单纱强度、重量偏差、棉结粒数、棉结杂质粒数、十万米纱疵、粗节、细节、毛羽、断裂伸长等。

①纱线的质量指标可按照国家标准评为优等、一等、二等三档，低于二等水平的评为三等。

②纱线的质量指标可按照 Uster 公报标准评为5%、25%、50%、75%水平，评定标准增加毛羽、千米粗节、千米细节、断裂伸长等指标。

(2)细纱质量评定说明。

①国家标准纱线质量评等的指标为条干均匀度、重量变异系数、单纱强力变异系数、棉结粒数、棉结杂质粒数、十万米纱疵六项指标。其中十万米纱疵作为优等纱的考核指标；单纱强度、重量偏差这两项在超出标准范围时，在原评等基础上作为降等依据顺降一等，两者均超出范围也只降一次，降至二等为止。

②条干均匀度一般标准中列有黑板条干和测试仪条干，可两者中任选一种作为交货依据，发生争议时以条干均匀度变异系数为准。

(3)试纺产品的质量控制方法。

①取样试验产品测试纱线的线密度特数、重量偏差与捻度，如果符合国家标准，再做其他质量指标检测。如果不符合国家标准，可按变换齿轮所处的主动或被动位置，确定比例关系，列出比例式，重新计算所需捻度齿轮与牵伸齿轮齿数，再上机试纺，直至纺出线密度特数和捻度均符合国家标准为止。

②再按国家标准或 Uster 公报规定的测试方法对纱线的条干均匀度、重量变异系数、单纱强力变异系数、棉结粒数、棉结杂质粒数、十万米纱疵、单纱强度、重量偏差等各项质量指标进行检测[参见《棉纺手册》(3版)第五篇第二章]。

③细纱断头率的测试。细纱断头是以千锭时断头数来表示。高中特纱一般测定一落纱，低特纱测定必须包括一次大纱或一次小纱。细纱断头测定时间是指凡一落纱时间在180min 以内

的，测定一落纱；180min 以上的，测定 180min，但应随机而定。

$$千锭时断头数=\frac{实测断头数\times 60min\times 1000\ 锭}{实测锭数\times 测定时间}$$

$$断头合格率=\frac{实测千锭时断头合格台数}{实测总台数}\times 100\%$$

思考题

1. 如何提高细纱的条干均匀度？如何降低细纱的重量不匀率？
2. 细纱牵伸工艺参数是如何确定和配置的？
3. 细纱质量检验指标有哪几项？如何控制？
4. 为什么实际牵伸倍数和机械牵伸倍数不相等？如何确定牵伸配合率？
5. 为什么在保证成纱质量的前提下，细纱捻系数不宜偏高？
6. 试述改善细纱重量偏差的途径？细纱翻改品种工艺上如何调整？